Grundzüge

der

Elektrochemie

auf experimenteller Basis

von

Dr. Robert Lüpke.

Fünfte, neu bearbeitete Auflage

von

Professor Dr. E. Bose,

Dozent für physikalische Chemie und Elektrochemie an der Technischen Hochschule in Danzig.

Mit 80 Textfiguren und 24 Tabellen.

Springer-Verlag Berlin Heidelberg GmbH

1907

ISBN 978-3-662-23587-4   ISBN 978-3-662-25666-4 (eBook)
DOI 10.1007/978-3-662-25666-4

Vorwort zur ersten Auflage.

Die mit regem Eifer betriebenen Forschungen der physikalischen Chemie haben in den letzten zwei Jahrzehnten zu Resultaten geführt, mittels deren eine große Reihe der bisher offnen Fragen der exakten Naturwissenschaften gelöst ist. Unter anderem ist ein tieferer Einblick in das Wesen der Lösungen gewonnen, nachdem die Gültigkeit der AVOGADROschen Regel, die bis dahin nur auf die Gase Anwendung fand, von VAN'T HOFF auch für die Körper im gelösten Zustand dargetan worden war. Ganz besonders ist dieses Ergebnis der Elektrochemie zugute gekommen, wenn es auch auf den ersten Blick mit ihr nicht in Beziehung zu stehen scheint. Man darf heutzutage behaupten, daß die Leitung des galvanischen Stromes in Elektrolyten, wie auch die Entstehung desselben in den VOLTAschen Ketten, über deren Natur man ein Jahrhundert lang im Zweifel war, völlig klargestellt ist.

Die Lehren der Elektrochemie sind in den Fachzeitschriften und den Lehrbüchern der physikalischen Chemie von OSTWALD und von NERNST ausführlich dargelegt. Trotzdem habe ich es unternommen, dieses Büchlein zu schreiben, da ich es für zeitgemäß hielt, in gedrängter Form jene Neuerungen zusammenzustellen und so demjenigen einen kurzen Überblick zu geben, der nicht in der Lage ist, die ausgedehnte Fachliteratur eingehend zu studieren. Um aber dem Leser, von welchem nur die Kenntnis der Grundbegriffe der Physik und Chemie vorausgesetzt wird, die an sich schwierigen Theorien leichter verständlich zu machen, sind die betreffenden Gesetze direkt durch den Versuch abgeleitet. In ganz wenigen Fällen sind zur weiteren Bestätigung mathematische Erörterungen eingeschaltet.

Die Versuche, deren Darstellung einen wesentlichen Teil dieser Broschüre bildet, sind mit den denkbar einfachsten

Mitteln ausgeführt. Sie lassen sämtlich den Vorgang, um den es sich handelt, deutlich erkennen. Ferner aber sind sie so angeordnet, daß das Endresultat in möglichst kurzer Zeit eintritt. Daher mögen sie namentlich auch für den Unterricht brauchbar erscheinen, sowie endlich für die physikalischen und chemischen Übungen mannigfachen Stoff bieten. Freilich darf man von denjenigen Versuchen, bei denen es auf Messungen ankommt, keine all zu sicheren Ergebnisse erwarten, denn zu exakteren Zahlenresultaten sind feinere Instrumente erforderlich, welche nur in den wissenschaftlichen Laboratorien zur Verfügung stehen, zu Demonstrationszwecken aber in der Regel nicht geeignet sind.

Obgleich der Hauptsache nach die rein wissenschaftliche Seite der Elektrochemie behandelt wird, so ist doch auch die Praxis nicht ganz unberücksichtigt geblieben. An geeigneter Stelle wird auf die technischen elektrochemischen Arbeiten, insbesondere auf das jetzt so wichtige Gebiet der Elektrometallurgie, hingewiesen.

Berlin, den 1. Mai 1895.

Robert Lüpke.

Vorwort zur zweiten Auflage.

Einige Monate nach dem Erscheinen meiner „Grundzüge der wissenschaftlichen Elektrochemie auf experimenteller Basis" machte sich die Notwendigkeit einer neuen Auflage geltend. In diesem Erfolg darf ich den Beweis sehen, daß eine kurzgefaßte Darstellung der wichtigsten Kapitel der Elektrochemie ein Bedürfnis gewesen ist, sowie daß die Methodik des Buches, in welchem zur Ableitung der Gesetze und zur Erläuterung der Theorien auf das Experiment das Hauptgewicht gelegt ist, Anklang gefunden hat.

Soweit es mir die Zeit erlaubte, habe ich die erste Auflage in einigen Punkten ergänzt und erweitert. Auch ein Sachregister ist beigefügt.

Berlin, den 18. April 1896.

Robert Lüpke.

Vorwort zur dritten Auflage.

Die dritte Auflage dieses „Grundrisses der Elektrochemie", welche, wie die früheren, nur als Vorstufe für das Studium der elektrochemischen Erscheinungen gelten soll, ist in fast allen Kapiteln umgearbeitet und vervollständigt. Einerseits ist den Wünschen verschiedener Fachgenossen Rechnung getragen, insofern die in Betracht kommenden Grundbegriffe der Elektrizitätslehre näher erörtert, und die Meßmethoden, wenigstens dem Prinzip nach, auseinandergesetzt wurden. Andrerseits sind die bedeutendsten Fortschritte, welche die Literatur der Elektrochemie aufweist, berücksichtigt, und zwar wurden namentlich die schwierigeren Kapitel der Polarisation und der Reaktionen und Wanderungsgeschwindigkeiten der Ionen genauer behandelt, sowie auch die wichtigsten Neuerungen der chemischen Industrie der Salze und Metalle an passender Stelle erläutert.

Berlin, den 10. Januar 1899.

Robert Lüpke.

Vorwort zur fünften Auflage.

Auf Veranlassung der Verlagshuchhandlung hat der Unterzeichnete die Bearbeitung der fünften Auflage der Lüpkeschen „Grundzüge" übernommen.

Seit dem Erscheinen der dritten Auflage (die vierte Auflage war ein fast unveränderter Abdruck der dritten) hat die Elektrochemie eine beträchtliche Reihe von Fortschritten gemacht, deren Berücksichtigung eine nicht unerhebliche Umarbeitung verschiedener Abschnitte erforderte. Der Bearbeiter ist jedoch bestrebt gewesen, dem Ganzen möglichst den Charakter zu erhalten, der ihm von dem verstorbenen Autor aufgeprägt war. Deshalb sind z. B. die verschiedenen Anwendungen auf Fragen der Telegraphie erhalten geblieben und mancher Gegenstand ist in anderer Form und anderem Zusammenklange behandelt worden, als der Bearbeiter bei einem eigenen Werke vorgezogen haben würde.

Die „Grundzüge der Elektrochemie" sollen auch in ihrer fünften Auflage bleiben, was sie bisher waren, eine Einführung, welche nur die wichtigsten Grundlagen dieser Spezialwissenschaft vermittelt, ohne jedoch dem näher Interessierten das Studium größerer Werke und der Originalliteratur abnehmen zu wollen. Vielmehr soll durch gelegentliche Ausblicke gerade zu eingehenderem Studium angeregt werden.

Möge es der Neubearbeitung gelingen, sich in gleichem Maße wie die früheren Auflagen, die Sympathien eines großen Leserkreises zu erwerben.

Oliva bei Danzig, August 1907.

Emil Bose.

Inhaltsverzeichnis.

Seite

II. Abschnitt.

Einleitung.

Die Entdeckung der VOLTAschen Säule war ein Paten-
geschenk für das 19. Jahrhundert und hat auf die Entwicklung
der Elektrizitätslehre in diesem den entscheidendsten Einfluß
ausgeübt. Ist doch dieser einfache Aufbau aus Kupferplatten,
Zinkplatten und angefeuchteten Tuchscheiben der Ausgangspunkt für alle die mannigfachen Apparate geworden, in denen
auf chemischem Wege durch Kombination von Leitern erster
und zweiter Klasse elektrische Ströme erzeugt werden. Aber
so lange auch die VOLTAschen Ketten in Gebrauch sind, so
war man doch über die Theorie derselben, abgesehen von
den wichtigen, aber überwiegend formalen Resultaten zweier
HELMHOLTZscher Arbeiten, noch bis vor ca. 20 Jahren sehr
im Rückstande. Denn die bisherigen Theorien, die Kontakttheorie wie die chemische Theorie, waren in der bisherigen
Gestalt nicht geeignet gewesen, die Entstehung des galvanischen
Stromes in jenen Ketten befriedigend zu erklären.

Erst im Jahre 1889 ist es NERNST gelungen, durch seine
osmotische Theorie den Mechanismus der Strombildung
anschaulich darzustellen.

Die NERNSTsche Theorie baut sich auf der breiten, festen
Grundlage der Energiegesetze auf. Sie setzt weiterhin einige
andere, ebenfalls der Neuzeit angehörige Theorien voraus, die
den wesentlichsten Inhalt der physikalischen Chemie umfassen.
Insbesondere kommt die von HELMHOLTZ 1881 in seiner Faraday-
Vorlesung auf eine atomistische Auffassung der Elektrizität ge-
gründete Theorie der Stromleitung in Elektrolyten, die VAN'T
HOFFsche Theorie der Lösungen und die ARRHENIUSsche Theorie
der elektrolytischen Dissoziation in Betracht.

Alle diese Theorien haben sich in immer wachsendem Grade die ihnen gebührende Anerkennung erworben, nicht allein, weil sie mit dem experimentellen Befunden weitgehend im Einklang sind, sondern vornehmlich auch, weil sie eine große Anzahl bisher rätselhafter Erscheinungen der Physik und Chemie weitgehend veranschaulicht und in ganz hervorragender Weise harmonisch miteinander verknüpft haben. Außerdem haben sie in noch ständig wachsendem Grade erfolgreich auch die benachbarten und verwandten Wissensgebiete beeinflußt. Ganz bedeutende Fortschritte hat endlich die chemische Technologie durch die Entwicklung der theoretischen Elektrochemie zu verzeichnen. Eine große Reihe neuer Fabrikationszweige und industrieller Anlagen ist entstanden, in denen der elektrische Strom schneller und rationeller arbeitet als die alten Methoden und bis jetzt mancherlei Produkte geliefert hat, an deren technische Gewinnung früher nicht gedacht werden konnte.

Der erste Abschnitt dieses Buches bringt neben Beispielen der verschiedenen elektrolytischen Vorgänge die Behandlung des FARADAYschen Gesetzes, der Überführungserscheinungen, des KOHLRAUSCHschen Gesetzes und der ARRHENIUSschen Theorie der elektrolytischen Dissoziation, der zweite bezieht sich auf die VAN'T HOFFsche Theorie der Lösungen, während im dritten die NERNTsche Theorie der Strombildung behandelt werden soll.

Die Erscheinungen und die neuere Theorie der Elektrolyse.

Unter Elektrolyse versteht man die chemischen Vorgänge, welche eintreten, wenn ein elektrischer Strom einen Leiter zweiter Klasse passiert. Letzterer ist stets eine chemische Verbindung im gelösten oder geschmolzenen Zustand und wird Elektrolyt ($\lambda\acute{v}\omega$, ich löse) genannt. Als Zuführungsstellen des elektrischen Stromes zum Elektrolyten dienen Leiter erster Klasse; solche sind die Metalle sowie Kohle und einige Superoxyde, Oxyde, Sulfide usw. In mannigfaltigen Gestalten, meist Blechen oder Drähten, leiten diese den elektrischen Strom in die elektrolytische Zelle, wenn an ihnen ein elektrischer Spannungsunterschied, eine Potentialdifferenz unterhalten wird. Die beiden Berührungsflächen zwischen Leitern erster und zweiter Klasse heißen Elektroden ($\delta\delta\acute{o}\omega$, ich leite), und zwar die eine Anode, die andere Kathode ($\acute{\eta}$ $\acute{\alpha}vo\delta o\varsigma$, der Aufgang, $\acute{\eta}$ $\varkappa\acute{\alpha}\vartheta o\delta o\varsigma$, der Weg hinab). Diesen beiden Bezeichnungen liegt die Annahme zugrunde, daß der Erdmagnetismus von elektrischen Strömen herrühre, welche die Erde parallel den Breitengraden in der Richtung von Osten nach Westen, also von Sonnenaufgang nach Sonnenuntergang umkreisen sollen. Infolge der angelegten Potentialdifferenz tritt mit der elektrischen Strömung eine Bewegung von Massenteilchen im Elektrolyten ein. Gewisse Bestandteile desselben wenden sich zur Kathode, und andere, meist die Restbestandteile, zur Anode. Diese in den bezeichneten Richtungen wandernden Massenteilchen, deren Summe zumeist eine Molekel der elektroly-

tischen Substanz bildet, heißen Ionen (besser wäre Ionten)
(ἰών, Genitiv ἰόντος, gehend), Anionen diejenigen, die zur
Anode, Kationen diejenigen, die zur Kathode wandern. An
den Elektroden aber erfolgen chemische Veränderungen, deren
Gesamtheit den Vorgang der Elektrolyse ausmacht.

1. Kapitel.

Die Erscheinungen der Elektrolyse.

In diesem Kapitel wird eine Reihe elektrolytischer Vorgänge behandelt, welche zeigen sollen, wie mannigfach das
Resultat der Elektrolyse je nach der Natur des Elektrolyten
und der Elektroden sowie der Stärke des angewendeten Stromes
sein kann. Indem möglichst mit einfacheren Fällen begonnen
und allmählich zu verwickelteren übergegangen wird, ergibt
sich eine bestimmtere Form des Begriffs des Elektrolyten. Die
Auswahl der Beispiele ist aber nicht allein mit Rücksicht auf
theoretische Erörterungen getroffen, sondern es ist daneben
auch auf solche Vorgänge Bedacht genommen, welche wichtige
Gebiete der praktischen Elektrochemie erläutern.

§ 1. Elektrolyse geschmolzener Elektrolyte.

Am einfachsten gestaltet sich das Resultat der Elektrolyse
geschmolzener binärer Verbindungen, weil hier die beiden
Ionen an den Elektroden direkt abgeschieden werden.

Die zuerst von Bunsen ausgeführte Elektrolyse des Mag-
nesiumchlorids hat v. Gorup-Besanez durch den bekannten
Vorlesungsversuch mittels der Tonpfeife demonstriert. Als
Elektrolyt ist das in Platingefäßen leicht schmelzbare Kalium-
Magnesiumchlorid zu verwenden. Man erhält es im geschmolzenen Zustand, wenn man eine Lösung von 20 g kristallisierten
Magnesiumchlorid und 7,5 g Kaliumchlorid unter Zusatz von
3 g Ammoniumchlorid in einer Platinschale auf dem Wasser-
bade zur Trockne verdampft und die Salzmasse sodann über
der Gebläseflamme schnell erhitzt. Die erhaltene Schmelze
gieße man in den Kopf einer in einem Stativ befestigten, vor-

her stark angewärmten Pfeife P aus rotem Ton[1]) (Fig. 1) und schließe den Strom von 6 bis 10 hintereinander geschalteten Akkumulatoren mittels einer als Kathode dienenden, durch den geraden Stiel der Pfeife gesteckten Stricknadel k und eines in den Kopf eingesenkten Kohlestabes a als Anode. Die Masse wird fast ganz durch die Stromwärme in Fluß erhalten, doch ist es besser, dem Pfeifenkopf noch eine kleinere Flamme unterzuschieben und dieselbe so zu regulieren, daß die Schmelze nicht erstarrt. Die Masse des Tones ist dicht genug, um die Entstehung von Magnesiumoxychlorid, welche durch die heißen Flammengase herbeigeführt werden könnte und nach F. OETTEL das Zusammenfließen der Magnesiumkügelchen erschweren würde, zu verhindern. Am Kohlestab entwickelt sich Chlor, welches durch einen angefeuchteten Streifen von Jodkaliumstärkekleisterpapier leicht nachgewiesen

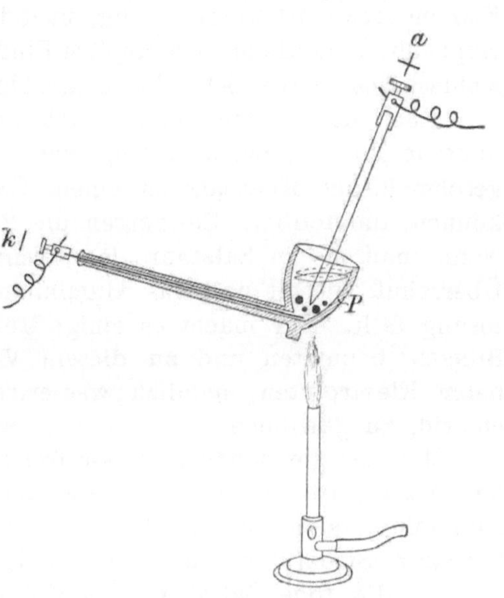

Fig. 1.

werden kann. Am Eisendraht wird metallisches Magnesium frei. Aber letzteres verbrennt teilweise an der Oberfläche der Schmelze, die allmählich ins Schäumen kommt, und nach dem Erkalten zeigt sich das Metall in der Masse meistens so fein verteilt, daß sein Silberglanz nicht zu beobachten ist. Beiden Übelständen hilft man dadurch ab, daß man sogleich nach dem Stromschluß den geschmolzenen Elektrolyten mit einer dicken Schicht ausgeglühten Holzkohlenpulvers bedeckt. Hierdurch wird das Schäumen verhindert, und nach kaum 20 Minuten des Stromdurchgangs sieht man beim Zerschlagen der erkalteten

---

[1]) Zu beziehen von GUNDLACH, Berlin, W., Mauerstr. 90. 1 Dtzd. 1 M.

Masse eine größere Zahl glänzender Magnesiumkügelchen, die 1 bis 2, zuweilen sogar 5 mm dick sind. Dieselben lassen sich in einer Reibschale durch Abschlämmen mit Alkohol leicht isolieren und brennen, wenn sie einzeln in einer Eisendrahtschlinge mittels einer Flamme entzündet werden, mit blendendem Licht 15 bis 30 Sekunden lang. Will man sämtliche Metallkügelchen zu einem Regulus vereinigen, so erhitze man nach Unterbrechung des Stromes das Tongefäß mit starker Flamme etwa 10 Minuten lang, nachdem man, wie F. Oettel empfiehlt, eine kleine Messerspitze Flußspatpulver mittels eines Kohlestabes in die Schmelze eingerührt hat.[1])

Auch das Aluminium ist nach derselben Versuchsanordnung in Form glänzender Kügelchen, die durch Eintragen in geschmolzenes Kochsalz zu einem Ganzen vereinigt werden können, darstellbar. Sie zeigen die Reaktion auf Aluminium, wenn man sie in Salzsäure löst, reines Kaliumhydroxyd im Überschuß zusetzt und das Aluminiumhydroxyd mit Salmiaklösung fällt. Nur macht es einige Mühe, den schon 1854 von Bunsen benutzten und zu diesem Vorlesungsversuch geeigneten Elektrolyten, nämlich wasserfreies Kalium-Aluminiumchlorid, zu gewinnen.

Man bereite zunächst wasserfreies Aluminiumchlorid, indem man getrocknetes Chlorwasserstoffgas über stark erhitztes Aluminium leitet. Einen 4 bis 6 Stunden anhaltenden, regulierbaren Strom von Chlorwasserstoffgas erzeugt man, wenn man in die rohe Salzsäure des Kolbens K[2]) (Fig. 2) mittels des Hahntrichters H konzentrierte Schwefelsäure einträufeln läßt. Das in zwei Waschflaschen F_1 und F_2 mittels Schwefelsäure gut getrocknete Gas wird auf den Boden einer tubulierten, $^1/_2$ Liter fassenden Vorlage geleitet, die mit 5 bis 10 g zerschnittenen Aluminiumblechs gefüllt ist und mit einem großen Brenner erhitzt wird. Nach einiger Zeit setzt sich in dem weiten Halse h der Vorlage das Aluminiumchlorid als weißes Sublimat ab, und nach 2 bis 3 Stunden hat sich eine dicke Kruste des Salzes gebildet, die mit einem Messer los-

---

[1]) Zur Darstellung größerer Mengen von Magnesium muß man sich eines elektrischen Ofens bedienen, s. Borchers, Elektrometallurgie 1891.

[2]) Noch vorteilhafter ist es, die rohe Salzsäure durch Stücke kompakten Salmiaks zu ersetzen.

zubrechen ist. Dieses Aluminiumchlorid ist stark hygroskopisch. Es muß daher sogleich in das beständigere Doppelsalz übergeführt werden. Hierzu ist nur erforderlich, in einem Platintiegel 2 Teile Kaliumchlorid zu schmelzen, 1 Teil Aluminiumchlorid portionsweise unter Umrühren in die Schmelze einzutragen und sodann letztere auf einen trockenen Porzellanscherben auszugießen. Das Doppelsalz läßt sich in gut verschlossener Büchse aufbewahren.

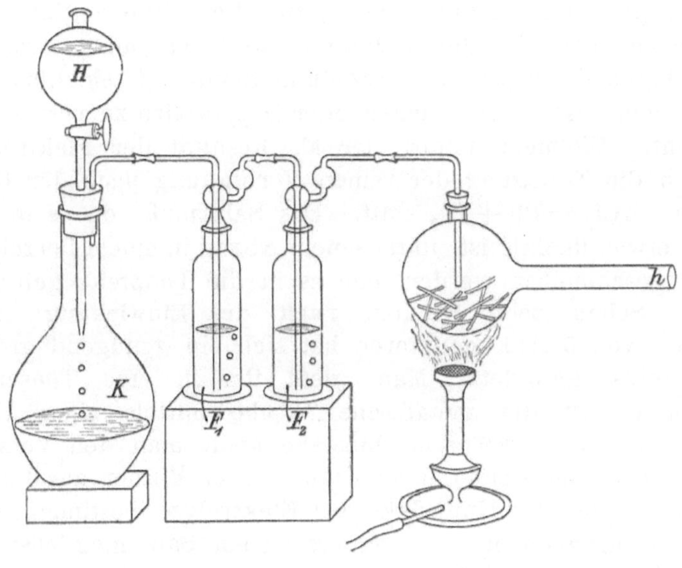

Fig. 2.

Der Versuch der Elektrolyse des Kalium-Aluminiumchlorids entspricht im Prinzip dem technischen Verfahren der Aluminiumgewinnung auf elektrolytischem Wege nach dem HÉROULT-Prozeß.

Der Unterschied besteht wesentlich nur darin, daß in der Fabrik als Elektrolyt das aus dem Bauxit rein dargestellte, in geschmolzenen und als Flußmittel dienenden Kryolith eingetragene Aluminiumoxyd der Elektrolyse mittels starker Ströme im elektrischen Ofen unterworfen und in dem Maße, als sich Aluminium abscheidet, durch neues Oxyd ersetzt wird. Die nach diesem Verfahren in Neuhausen am

Rheinfall arbeitende Fabrik liefert jetzt 1 kg Aluminium für ca. 3 M., während es zur Zeit der Entdeckung durch WÖHLER, der es im Jahre 1827 auf chemischen Wege durch Reduktion des Chlorides mittels metallischen Kaliums erhielt, etwa 17 000 M. pro kg gekostet haben würde.

Weit leichter als die Magnesium- und Aluminiumverbindungen ist das geschmolzene Bleichlorid durch den Strom zu zerlegen und daher, wenn auch ein technisches Verfahren hierdurch nicht erläutert wird, für Demonstrationsversuche am besten geeignet. Zudem liegen die Verhältnisse hier auch deswegen sehr viel durchsichtiger, weil man nicht, wie bei den obigen Beispielen, zur Erzielung genügend leichtflüssiger Schmelzen Zusätze zu machen oder Doppelsalze zu verwenden braucht. Vielmehr findet hier als Resultat der Elektrolyse einfach die Zerlegung der reinen Verbindung nach der Gleichung $PbCl_2 = Pb + Cl_2$ statt. Das Salz muß, da es in der Hitze etwas flüchtig ist, unter einem Abzug in einem Porzellantiegel geschmolzen werden, ehe es in die Tonpfeife gebracht wird. Schon zehn Minuten nach der Einwirkung eines Stromes von 5 Akkumulatoren hat sich ein genügend großer Bleiregulus gebildet. Man gießt ihn in eine Tonschale aus und legt die metallische Fläche mittels einer Feile bloß. In etwas größerem Maßstabe stellt man den Versuch besser in einem weiten Reagensglase oder V-Rohr aus Jenaer Glas an. Soll der Nutzeffekt der Elektrolyse bestimmt werden, so bringt man den von erstarrtem Salz möglichst befreiten Regulus in kochendes Wasser und wiegt ihn nach dem Trocknen.

Die Elektrolyse des Kaliumhydroxyds wurde schon im Jahre 1807 von DAVY ausgeführt, ein Ereignis von außerordentlicher Bedeutung. Er entdeckte auf diesem Wege in den feuerbeständigen, bis dahin als unzerlegbar geltenden Alkalien die diesen zu Grunde liegenden Metalle. Sein Versuch läßt sich mit geringer Abänderung in folgender Weise wiederholen. In eine Platinschale gießt man soviel Quecksilber, bis der Boden derselben bedeckt ist, legt einige Stangen Kaliumhydroxyd darauf, bringt dieses durch Erhitzen der Schale mittels einer kleinen Flamme zum Schmelzen und schließt den Strom von etwa 5 Akkumulatoren an, indem

man die Schale zur Kathode und ein in den Elektrolyten
eingesenktes Platinblech zur Anode macht. Der Vorgang
spielt sich derart ab, daß ein Zerfall nach der Gleichung
$2\,KOH = 2\,K + H_2O + O$ eintritt, wobei das Kalium sich mit
dem Quecksilber legiert, während der Sauerstoff am Platinblech entweicht. Nach etwa $^1/_2$ Stunde gießt man das noch
flüssige Amalgam in Reagensgläser und läßt es darin erstarren.
Der Kaliumgehalt dieses Amalgams ist leicht nachzuweisen,
wenn man dasselbe in einer kleinen Gasentwickelungsflasche
mit verdünnter Schwefelsäure übergießt. Von dem frei
werdenden Wasserstoff kann in kurzer Zeit etwa $^1/_2$ Liter aufgefangen werden.

Es sei darauf hingewiesen, daß die Elektrolyse geschmolzener Alkaliverbindungen auch im Großen praktisch
betrieben wird. Namentlich ist die Gewinnung von metallischem Natrium aus geschmolzenem Ätznatron zu erwähnen.

Von den bisher erörterten, rein elektrolytischen Vorgängen sind nun zahlreiche Fälle chemischer Vorgänge zu
unterscheiden, bei denen starke elektrische Ströme allein oder
in ganz überwiegendem Grade nur als Wärmequellen wirken,
und zwar entweder dadurch, daß sie einen Lichtbogen erzeugen, der die Reaktion der betreffenden Massen bewirkt,
oder dadurch, daß sie einen in den Stromkreis eingeschalteten
Kohlewiderstand durch die Joulesche Wärme auf eine sehr
hohe Temperatur erhitzen, welche sich auf die in der Umgebung befindliche Masse überträgt. In dieser Weise ist es
möglich geworden, Temperaturgrade zu erzielen, die auf chemischem Wege früher unerreichbar waren, und mit Hilfe derselben schwer schmelzbare Oxyde durch Kohle zu reduzieren.
Auf dieses Gebiet der Technik, um welches sich besonders
Moissan große Verdienste erworben hat, kann hier, obwohl
es in ständig fortschreitender Entwicklung begriffen ist, nicht
näher eingegangen werden. Als wesentlichstes Ergebnis sei
die Darstellung der Metalle Chrom, Molybdän, Wolfram, Uran,
Vanadium und Mangan, sowie der Karbide des Calciums und
Siliciums (Calciumkarbid und Carborundum) hervorgehoben.
Wenn elektrische Öfen zur Verfügung stehen, so lassen sich
entsprechende Versuche, wie die Darstellung des Calcium-
karbides, auch in Vorlesungen vorführen. Leichter noch ist

es, die Einwirkung des Lichtbogens auf das Wasser zu zeigen, die allem Anschein nach auch überwiegend eine rein thermische ist. Oberhalb eines 6 bis 8 Liter Wasser enthaltenden Gefäßes (Fig. 3) sind zwei rechtwinklig gebogene Kupferblechschienen angebracht, von denen die mit dem positiven Pol zu verbindende einen 2 cm dicken Kohlestab, die andere an den negativen Pol anzuschließende einen dünneren Kohlestab eng umfaßt. Eine mit einem Hahn versehene, 500 cm³ Wasser enthaltende Glocke ist dicht über den Elektroden befestigt. Werden die Kohlestäbe kurze Zeit bis zur Berührung genähert und dann auf wenige Millimeter voneinander entfernt, so erzeugt der von 30 bis 40 Akkumulatoren gelieferte Strom einen Lichtbogen, von welchem beständig

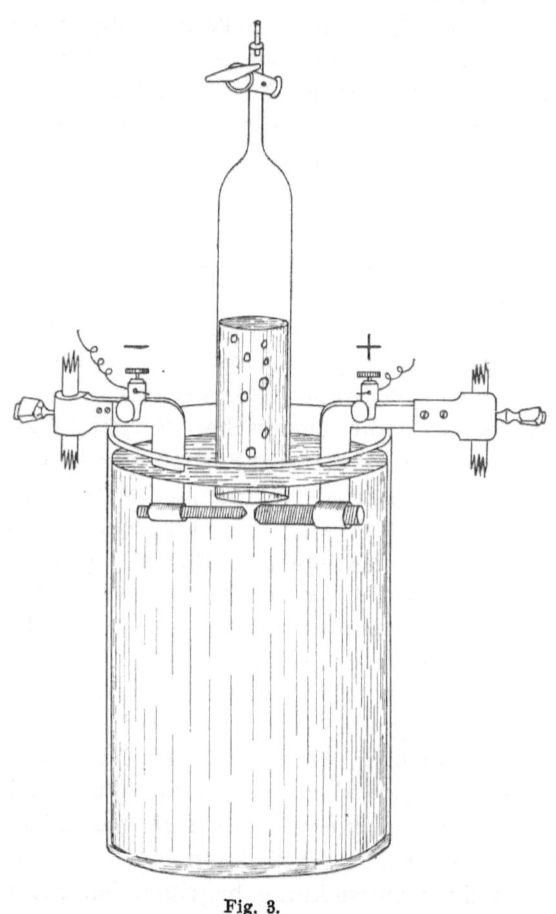

Fig. 3.

Glasblasen aufsteigen, die in 2 bis 3 Minuten die Glocke füllen. Nach Unterbrechung des Stromes und Entfernung der Elektroden wird die Glocke in das Gefäß bis zum Hahn eingesenkt. Beim Öffnen des letzteren strömt ein brennbares Gas aus, welches, wie das durch Überleiten von Wasserdampf über weißglühende Kohle technisch gewonnene Wassergas, aus einem Gemenge von Wasserstoff und Kohlenoxyd besteht. Es bildet sich nach der Gleichung

$$H_2O + C = H_2 + CO.$$

Der Kohlenstoff, der sich mit dem durch Zerlegung der Wassermolekel frei werdenden Sauerstoff zu Kohlenoxyd verbindet, wird den Elektroden entnommen.

§ 2. Elektrolyse konzentrierter Lösungen der Chloride bei unlöslicher Anode.

Die elektrolytische Abscheidung der Metalle aus den Alkalien und Erden setzt die Abwesenheit des Wassers voraus, da letzteres auf die freien Metalle chemisch einwirkt. Dagegen hat das Wasser auf die Elektrolyse wässeriger Lösungen der Chloride der Schwermetalle, falls sie konzentriert genug sind, keinen Einfluß; an der Kathode werden die Metalle, an einer indifferenten Anode das Chlor entbunden. Die Lösung von Zinkchlorid bietet hierfür ein geeignetes Beispiel. Ein mit einer Kugel und zwei Platinelektroden versehenes U-Rohr (Fig. 4), dessen Schenkel die Größe gewöhnlicher Reagensgläser haben, wird mit einer aus 100 g Wasser und 60 g Zinkchlorid bestehenden Lösung gefüllt. Durch einen Strom von 10 Akkumulatoren wird in 20 Minuten an der Kathode so viel Zink in zierlichen, dendritischen Kristallen ausgeschieden, daß die Kugel damit erfüllt ist, während ein in den Anodenschenkel eingeschobenes Lackmuspapier l vom Chlor sehr bald gebleicht wird.

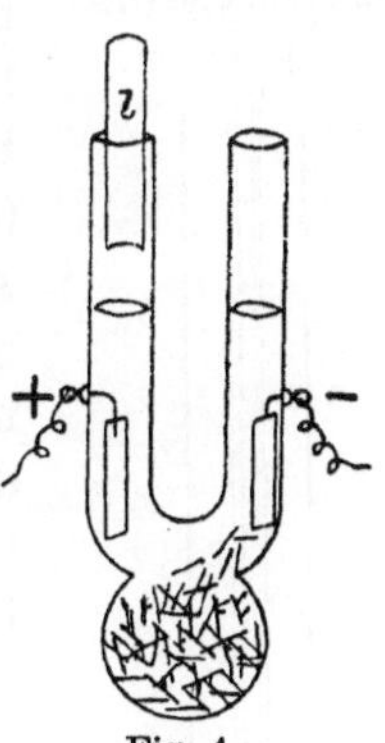

Fig. 4.

Auch die Elektrolyse der Salzsäure, die bekanntlich zur Ableitung der chemischen Grundbegriffe von Wichtigkeit ist, ist hier zu erörtern. Sie gelingt am sichersten, wenn man sich einer HOFMANNschen U-Röhre von der Form der Fig. 5 bedient. Die 6 mm dicken Graphitstäbe[1]) A und K sind mit Glasröhren r umgeben, welche bis zum horizontalen Verbin-

---

[1]) Zu haben bei WARMBRUNN, QUILITZ & Co., Berlin N., Rosenthalerstr. 20.

dungsstück der Schenkelröhren hinaufreichen, und mittels dicht schließender Gummistopfen befestigt. Über die herausragenden Enden der Stäbe sind Messinghülsen geschoben. Sie vermitteln einen sicheren Kontakt mit dem Graphit und dienen zum Anschluß der Poldrähte. Der Apparat wird mit 6 n-Salzsäure $[6\,(1+35{,}5)=219$ g HCl in 1 l] gefüllt. Man stellt dieselbe kurz vor dem Versuch dadurch her, daß man 200 g der käuflichen reinen rauchenden Salzsäure (spez. Gew. 1,185, $36\,^0/_0$ HCl) mit 128 cm³ Wasser mischt. Die hierdurch eintretende, sich auf etwa 20^0 belaufende Temperatursteigerung begünstigt den Versuch. Man läßt den Strom von 5 Akkumulatoren 50 Minuten bei geöffneten Hähnen h_1 und h_2 einwirken (0,6 Amp.). Der Elektrolyt hat sich dann im Anodenschenkel hinreichend mit Chlor gesättigt, und man bekommt, wenn man die Hähne h_1 und h_2 schließt und den Hahn h_3 öffnet, wodurch der Druck in den Schenkelröhren negativ wird, auf 50 cm³ Wasserstoff genau 50 cm³ Chlor.

Die Graphitelektroden sind dicht genug, um ein Durchsickern des Elektrolyten zu verhindern, und werden vom Chlor kaum angegriffen, während Kohleelektroden reichlich Chlor absorbieren, welches aus dem Wasser Sauerstoff austreibt, der seinerseits die Kohle oxydiert. Platinelektroden halten jene Konzentration der Säure nicht aus. Ist die Salzsäure zu sehr verdünnt, so treten bei obigem Versuch kompliziertere Vorgänge ein. Denn der Elektrolyt absorbiert größere Mengen Chlor, und es bleibt das Chlorvolumen hinter dem des Wasserstoffs auch deshalb erheblich zurück, weil das Chlor auf das Wasser reagiert und nach HABER und GRINBERG[1]) Chlorsäure und Überchlorsäure ($HClO_3$

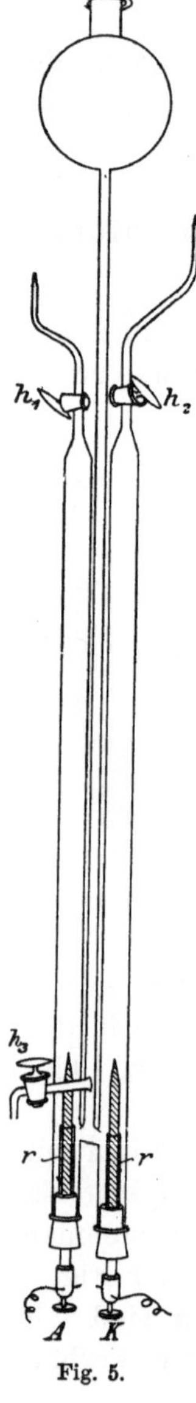

Fig. 5.

[1]) Zeitschr. für anorg. Chem. 26, 198—228, (1898).

und $HClO_4$) bildet. Dem für die Elektrolyse der Salzsäure früher allgemein gebrauchten Elektrolyten, der aus einer konzentrierten, mit Salzsäure vermischten Kochsalzlösung bestand, ist die reine Chlorwasserstofflösung vorzuziehen, da sich das Chlornatrium auch an der Elektrolyse beteiligt und zu sekundären Vorgängen Veranlassung gibt, die einen Chlorverbrauch zur Folge haben (Näheres s. Kap. I, § 6).

§ 3. Elektrolyse von Salzlösungen bei löslicher Anode.

Besteht die Anode aus dem in dem Salz des Elektrolyten enthaltenen Metall selbst, so wird letzteres durch die Anionen in dem Maße gelöst, als die Metallionen an der Kathode frei werden. Sonstige Vorgänge finden an der Anode im allgemeinen nicht statt, falls die Stärke des Stromes einen gewissen Grad nicht überschreitet.

Die Metallausscheidung an der Kathode gewährt einen prächtigen Anblick, wenn man eine wässrige Lösung von Zinnchlorür unter folgenden Bedingungen elektrolysiert. Als Zersetzungsgefäß dient der 1,5 bis 2 Liter fassende, auf einen Dreifuß gestellte Zylinder C (Fig. 6), von der Form, wie er als Kühlgefäß bei der MITSCHERLICHschen Phosphorprobe verwendet wird. Im Bodenloch desselben befindet sich ein Kork, durch welchen der kupferne Zuleitungsdraht der gegossenen, 7 cm breiten Zinnanode a befestigt ist. Mittels eines die obere Öffnung des Zylinders schließenden Deckels ist etwa 20 cm von der Anode entfernt die Kathode k angebracht, nämlich eine Kupferschale mit flachem Boden und angelötetem Zuleitungsdraht. Zur Herstellung des Elektrolyten werden 65 g reine Zinnfolie unter Erwärmen in Salzsäure gelöst. Nachdem der Säureüberschuß möglichst vollständig abgedampft ist, wird die Lösung auf 1,5 Liter mit Wasser verdünnt. Die Stärke des zuzuführenden Stromes ist so zu

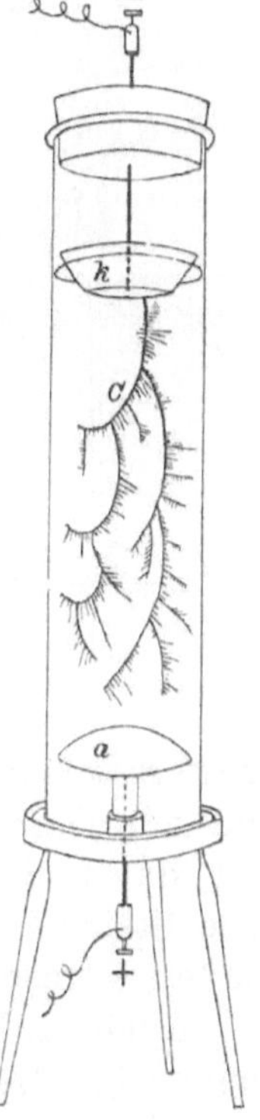

Fig. 6.

regulieren, daß an *k* kein Wasserstoff auftritt. Nach Schluß des Stromes scheidet sich das Zinn in Form metallisch glänzender Streifen aus, welche vom Boden der Schale *k* zusehends in die Flüssigkeit hinabwachsen. Die Fig. 6 zeigt, wie sich nach etwa 20 Minuten ein solcher Streifen gestaltet. Rechtwinklig zweigen sich nämlich von dem primären Streifen Äste ab. Sie sind anfangs beiderseits gleich groß. Bald aber herrscht die Zweigbildung auf der einen Seite vor, und während sowohl der Stammstreifen als seine Zweige an Länge zunehmen, treten regelmäßig neue Zweige zwischen den schon vorhandenen hervor. Unterdessen wiederholt sich die Verzweigung an den Zweigen erster Ordnung. Einer derselben aber übertrifft an Größe bedeutend die andern und tritt schließlich, während sich das Wachstum der sich konvex nach unten krümmenden Stammspitze nach und nach verringert, in die Richtung des Stammes, um das Spiel von neuem zu beginnen. So wächst das Gebilde einer bestimmten Ordnung gemäß weiter abwärts, bis kurz vor der Anode infolge der Schwere seiner Äste der primäre Stamm an der Wurzel zerreißt, und das Ganze herabfällt. In gleicher Weise ergeht es hier und da auch seinen Altersgenossen. Inzwischen aber sind neue Stämme entstanden und füllen bereits mit ihren glänzenden Verästelungen das obere Drittel des Zylinders aus.

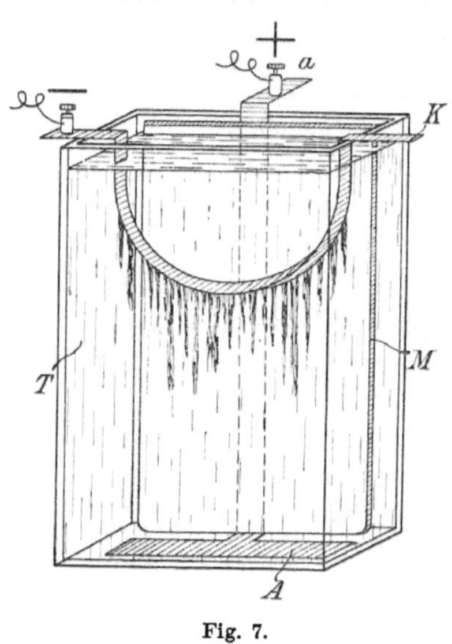</br>
Fig. 7.

Auch die Elektrolyse der Bleisalzlösungen ergibt eine baumartige Metallausscheidung. Auf den Boden eines $1\frac{1}{2}$ l fassenden vierkantigen Troges *T* (Fig. 7) lege man als Anode eine Bleiplatte *A*, die mit dem an der Wand des Troges anliegenden und mit einem isolierenden Überzug versehenen Bleistreifen *a* verbunden ist. Als Kathode dient der halbkreisförmig gebogene Bleistreifen *K*. Seine Enden ruhen auf dem Rand des Troges. Hinter ihm ist die Milchglasplatte M angebracht, die ihn von dem Bleistreifen a trennt. Der Elektrolyt besteht aus 1000 g Wasser, 400 g Bleiacetat und 100 g Salpetersäure (spez. Gew. 1,16). Sogleich nach dem Anschluß von 5 bis 10 Akkumulatoren treten vor der Milchglasplatte an der Kathode zahlreiche glänzende bandförmige Bleimassen auf, die nach unten wachsen.

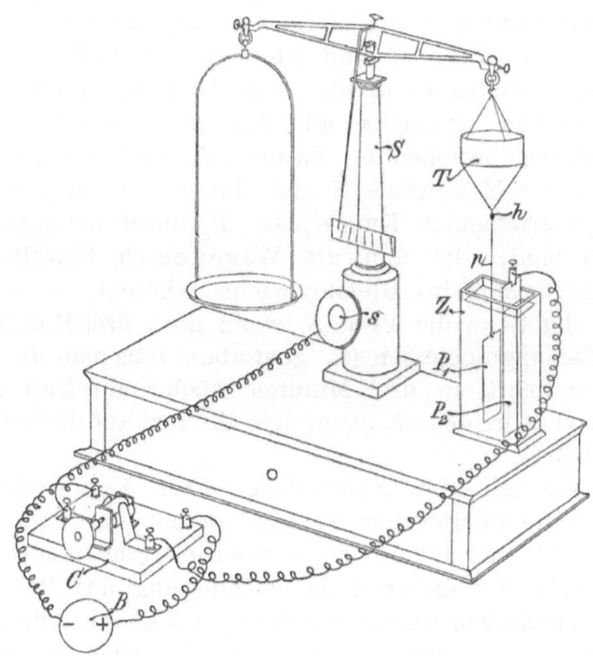

Fig. 8.

Wird ein mäßig starker Strom durch eine konzentrierte Kupfersulfatlösung zwischen Kupferelektroden geleitet, so wird die Kathode, so weit sie eintaucht, sehr bald mit einer mattroten Kupferschicht bedeckt, während die Anode an Masse abnimmt, da hier jedes SO_4-ion ein Kupferatom löst. Der Erfolg besteht also nur darin, daß der Strom das Kupfer von der Anode nach der Kathode überführt.

Die Tatsache, daß das Gewicht der Kupferplatte zu- oder abnimmt, je nachdem die Platte Kathode oder Anode ist, läßt sich nachweisen, wenn man nach LANGLEY[1]) die betreffende Kupferelektrode an dem einen Ende des Wagebalkens einer Wage so befestigt, daß sie den Schwingungen der letzteren ungehindert folgen kann. Fig. 8 stellt eine geeignete Versuchsanordnung dar. T ist ein metallenes, trichterförmiges Tariergefäß. An dem Haken h ist mittels des Platindrahtes p die 3×8 cm große Kupferelektrode P_1 aufgehängt, die vollkommen in den Elektrolyten (200 cm³ gesättigte Kupfersulfatlösung $+$ 15 cm³ Salpetersäure) eintaucht und sich in der Zelle Z frei auf und ab bewegen kann, ohne die Wände derselben zu berühren. C ist ein Kommutator, dessen Klemmschrauben einerseits mit den Polen einer aus zwei Akkumulatoren bestehenden Batterie B, anderseits mit der Schraube s der Metallsäule S und der 4×15 cm großen, in der Zelle feststehenden Kupferplatte P_2 durch Leitungsdrähte verbunden sind. Ist nun die Wage durch Einfüllen von Schrotkörnern in T ins Gleichgewicht gebracht, so neigt sie sich nach der Seite der Zelle Z, wenn an s drei Minuten der negative Pol angeschlossen ist, geht aber, falls man die Stromrichtung umkehrt, in drei Minuten wieder auf Null zurück und neigt sich in den nächsten drei Minuten auf die entgegengesetzte Seite.

Der Versuch der Elektrolyse einer Kupfersalzlösung zwischen Kupferelektroden veranschaulicht das Prinzip der im Jahre 1838 von JACOBI in Petersburg erfundenen Galvanoplastik, sowie der elektrischen Raffinierung des Rohkupfers und der elektrischen Kupfergewinnung aus Kupfersteinanoden. (Näheres siehe III. Abschnitt, 6. Kapitel.) Auch erläutert er die galvanische Ätzung eiserner oder kupferner Gegenstände des Kunstgewerbes. Dieselben werden mit einem nichtleitenden Ätzgrund überzogen und als Anoden in saure Kupfersulfatbäder eingesenkt, nachdem zuvor das einzuätzende Muster aus dem Überzug ausradiert ist. Die tief geätzten Stellen können dann mit anderen Metallen (Silber, Gold etc.) ausgefüllt werden (Nachahmung der orientalischen Metallintarsien), wenn die Gegenstände aus den Kupferbädern als Kathoden in die Bäder der betreffenden Metalle gebracht werden. Im

---

[1]) Zeitschr. f. physik. Chem. **2,** 83—91, (1888).

kleinen ist jene Ätzung leicht auszuführen. Eine polierte Kupferplatte bestreiche man mittels eines Pinsels mit geschmolzenem Wachs, graviere in letzteres mit einer Stricknadel eine Zeichnung ein und setze die Platte als Anode etwa 20 Minuten der Wirkung eines aus vier Akkumulatoren zu entnehmenden Stromes aus. Löst man hierauf das Wachs in Terpentinöl auf, so sieht man die Zeichnung auf der Platte vertieft.

Daß bei der Elektrolyse das Kupfer einer Kupferanode in Lösung geht, falls Anionen an dieselbe geführt werden, welche mit den Kupferatomen lösliche Kupfersalze zu bilden vermögen, zeigt auch der folgende Versuch. Im unteren Ende eines Glasrohres (Fig. 9) ist die Kupferanode a, im oberen die Kathode k, die aus Kupfer, oder auch aus Platin bestehen kann, sowie das Gasentbindungsrohr r angebracht. Der Elektrolyt ist verdünnte Schwefelsäure (1:8). Schließt man einen Strom von 5 Akkumulatoren an, so werden die Kationen der Schwefelsäure, nämlich Wasserstoff, an k frei, und das Gas läßt sich aus r aufsammeln. Dagegen nimmt der Elektrolyt in der Umgebung von

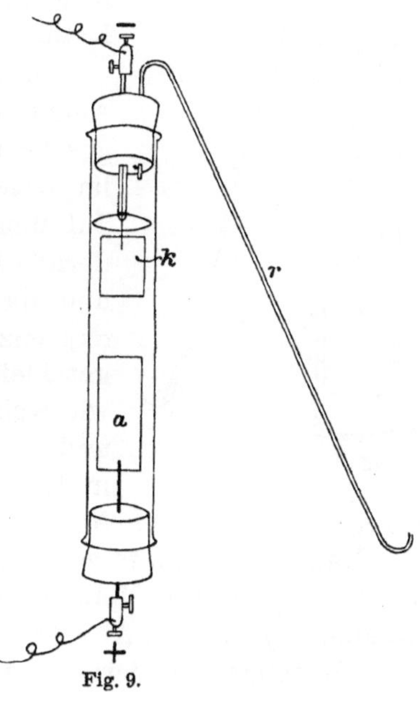

Fig. 9.

a sehr bald eine blaue Farbe an, welche beweist, daß das Kupfer der Anode in Ionengestalt übergegangen ist.

§ 4. Elektrolyse der Lösungen der Salze von Sauerstoffsäuren bei unlöslicher Anode.

Die Versuche über die Elektrolyse der Säuren und der Salze der Schwermetalle, von denen bisher die Rede war, lehren, daß sich der eine Bestandteil des Elektrolyten, nämlich der Wasserstoff bezw. das Metall, als Kation an die Kathode begibt und hier stets in Freiheit gesetzt wird, während der Rest der Molekel des Elektrolyten als Anion an die Anode geführt wird. Dieser Rest ist in den Chloriden das Chlor. Dasselbe entweicht, da es im freien Zustand als Chlorgas bestehen kann, an der Anode gasförmig, falls sie indifferent ist. Vermag jedoch das Material der Anode, wie z. B. Zink, Zinn, Kupfer etc., leicht lösliche Chloride zu bilden, so werden die

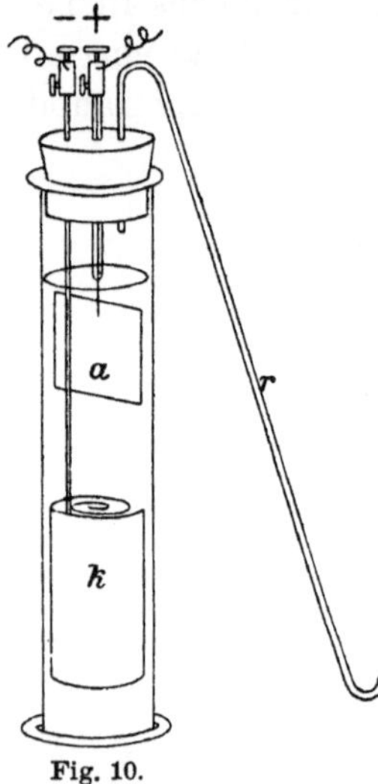

Fig. 10.

Chlorionen an der Anode nicht entbunden, vielmehr treten von dem Material der Anode dieselben Mengen als Kationen in den Elektrolyten über, welche an der Kathode zur Abscheidung kommen.

Aber nicht in allen Fällen ist das Anion des Elektrolyten wie das abgeschiedene Chlorion als Chlorgas auch im freien Zustande beständig. In den Sulfaten z. B. ist der zur Anode wandernde Rest der Molekel die Gruppe SO_4, und da diese im freien Zustand nicht existenzfähig ist, so fragt es sich, was geschieht, wenn das Material der Anode, wie Kohle und Platin, nicht angegriffen und gelöst wird, also keine Kationen in Lösung treten können, sondern unbedingt Anionen zur Abscheidung gelangen müssen?

Man achte auf folgenden Versuch. In Fig. 10 ist k eine spiralig aufgerollte Metallkathode, z. B. aus Kupfer. Der an dieselbe angenietete Ableitungsstreifen ist mit Compoundmasse oder Siegellack isoliert. a ist eine Platinanode[1]), und der

---

[1]) Eine für Laboratoriumszwecke geeignete Form einer Platinelektrode fertigt man sich in folgender Weise an. An das Platinblech P (Fig. 11.) löte man mittels Goldlot einen 5 cm langen Platindraht d an

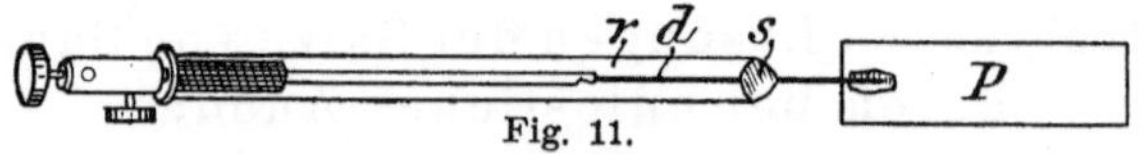

Fig. 11.

und überziehe die Lötstelle mit Schmelzglas. Noch besser ist das direkte Anschweißen, eine Operation, die einfach in folgender Weise auszuführen ist. Man läßt die Stichflamme einer Gebläselampe horizontal in ein paar Centimeter Abstand über einen kleinen, möglichst blanken Ambos streichen, hält die lose miteinander verbundenen Platinteile mit den zu schweißenden Stellen in die möglichst heiße Flamme und vereinigt die weißglühenden Teile durch einige schnelle und leichte Schläge mit einem kleinen blanken

Elektrolyt ist eine konzentrierte Kupfersulfatlösung. Leitet man den Strom ein, so wird an k Kupfer gefällt, während an a Gasblasen aufsteigen, die sich mittels des Rohres r und einer pneumatischen Wanne in einem Zylinder aufsammeln lassen. Das Gas ist Sauerstoff. Der Vorgang verläuft so, wie wenn sich der Sauerstoff unter der Einwirkung der elektrischen Energie aus dem Wasser der Lösung bildet, und der Wasserstoff des Wassers in die Kationenform gebracht wird, so daß er den SO_4-ionen den Verlust der Cu-ionen ersetzt. Das Ergebnis ist somit:

$$SO_4 + H_2O = H_2SO_4 + O.$$

In der Tat würde bei fortgesetzter Elektrolyse die Lösung in der Umgebung der Anode immer mehr ihre blaue Farbe verlieren, und sich freie Säure nachweisen lassen.

Nunmehr ergibt sich der Vorgang der Elektrolyse der verdünnten Schwefelsäure (etwa $1:10$) bei Benutzung von Platinelektroden ganz von selbst. Die Ionen sind H,H und SO_4. An der Kathode wird Wasserstoff, an der Anode Sauerstoff entwickelt. Will man die Gase gemischt, also als Knallgas, auffangen, so bediene man sich eines mit verdünnter Schwefelsäure anzufüllenden Fläschchens, in dessen Wand die Platinelektroden eingeschmolzen sind, und in dessen engem Hals ein dicht schließender, mit der Gasentbindungsröhre versehener Gummistopfen befestigt ist. Um die Gase einzeln zu sammeln, benutzt man am einfachsten den HOFMANNschen Apparat (Fig. 5) mit Platinelektroden.

Hammer. Das andere Ende des Drahtes wird mit gewöhnlichem Zinnlot an einen 2 mm dicken Kupferstab gelötet. Nachdem man dann bei s eine Kugel von Schmelzglas angeschmolzen hat, stecke man den Stab durch das Glasrohr r und schmelze das Ende desselben mit s zusammen, doch so, daß d mit dem weich werdenden Material des Rohres r nicht in Berührung kommt. Aus dem andern Ende des Rohres r ragt der Kupferstab zur Anbringung der Klemmschraube 1 bis 2 cm hervor. Um ihn im Rohr r gehörig zu befestigen, wärme man r etwas an und tauche das freie Rohrende in geschmolzene Compoundmasse. Letztere füllt dann den Raum zwischen Stab und Rohr in dem Maße, als dieses sich abkühlt, aus. Falls man sich, wie meist, auf vertikal von oben eingeführte Elektroden beschränkt, ist eine Quecksilberzuleitung an Stelle der Klemmschraubenvorrichtung vorzuziehen und erlaubt vor allem ein haushälterisches Umgehen mit dem Platindraht.

Komplikationen aber treten ein, wenn die Schwefelsäurelösung konzentrierter ist, und ein starker Strom zwischen
Platindrahtelektroden durch dieselbe geleitet wird. Man nimmt
an, daß in konzentrierten Schwefelsäurelösungen die Ionen
H und HSO_4 vorhanden sind. Während erstere an der Kathode
frei werden, reagieren letztere unter bestimmten Bedingungen
der Konzentration, Temperatur und Stromstärke an der Anode
aufeinander so, daß nach der Gleichung

$$2\,HSO_4 = H_2S_2O_8 \text{ (Überschwefelsäure)}$$

entsteht, die in wässriger Lösung von Elbs und Schönherr[1])
auf elektrolytischem Wege dargestellt ist. Elbs hat dort

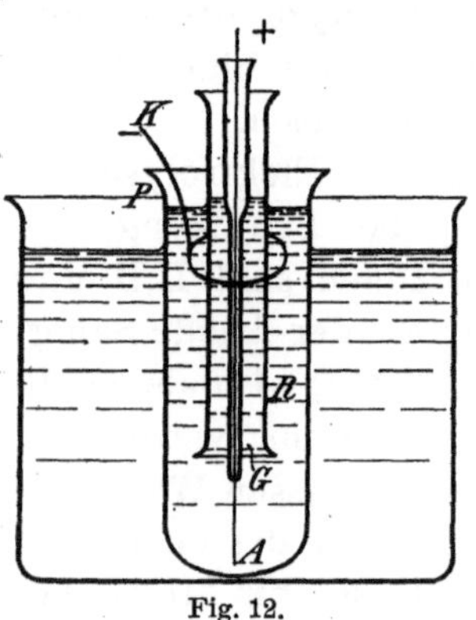

Fig. 12.

auch einen einfachen Demonstrations-
apparat für die elektrolytische Bildung der Überschwefelsäure und ihrer
Salze beschrieben, der in Fig. 12
im Durchschnitt dargestellt ist. Das
äußere Gefäß dient zur Kühlung mit
kaltem Wasser, in dem weiten Reagensglase P befindet sich oben die
Kathode K, unten die Platindraht-
anode A, die bis auf ihr unteres Ende
von einem dünnen Glasrohr G geschützt ist, das weitere Rohr R verhindert, daß die von A aufsteigenden
Gasblasen die Kathoden flüssigkeit in Bewegung versetzen. Mit
Schwefelsäure vom spez. Gew. 1,4 beschickt, gibt der Apparat
bei einer Stromstärke von ca. 2 Amp. nach 5 Minuten genügend
Überschwefelsäure an der Anode, um deren Reaktionen zeigen
zu können. Nimmt man zur Füllung Schwefelsäure vom spez.
Gew. 1, 3, die mit Kaliumsulfat gesättigt worden ist, so erhält
man bei sonst gleicher Versuchsanordnung nach einigen Minuten
Ausscheidung von Kaliumpersulfat aus der Anodenflüssigkeit.
Sind die Bedingungen zur Erhaltung der Überschwefelsäure
nicht streng erfüllt, so wirken die HSO_4-ionen auf das Wasser
ein, und es bildet sich Ozon:

$$6\,HSO_4 + 3\,H_2O = 6\,H_2SO_4 + O_3.$$

---

[1]) Zeitschr. f. Elektrochem. **1**, 417 und 468, (1894/1895); **2**, 162 und
245, (1895/1896).

Gleichzeitig tritt im Elektrolyten Wasserstoffsuperoxyd auf:

$$H_2S_2O_8 + 2\,H_2O = 2\,H_2SO_4 + H_2O_2.$$

Ozon sowie Wasserstoffsuperoxyd sind mittels des Apparates Fig. 13 nachweisbar. Der dicht schließende Gummipfropfen auf der Mündung eines kleinen Zylinders trägt das Gasentbindungsrohr r, die Anode g_1 und das als Diaphragma dienende Glasrohr R. Letzteres ist mit einem Pfropfen verschlossen, durch welchen die Kathode g_2 und das kurze, beiderseits offene Röhrchen h gesteckt sind. Die freien Enden a und k der Platindrähte sind 1 cm lang. Die Schwefelsäure ist 80-prozentig, und zu je 100 g derselben werden 10 ccm einer Titansäurelösung hinzugefügt, welche man erhält, indem man 1 g Titansäure in 70-prozentiger Schwefelsäure in der Hitze löst und die Lösung auf 300 ccm mit Wasser verdünnt. Wird der Apparat an eine Batterie von etwa 10 Akkumulatoren angeschlossen, so zeigt der Elektrolyt schon nach 1 Minute durch seine intensive Gelbfärbung Wasserstoffsuperoxyd an, während der aus r entweichende Sauerstoff seinen Ozongehalt durch die Bläuung einer in dem vorgeschalteten Kelchglas befindlichen Jodkaliumstärkekleisterlösung zu erkennen gibt.

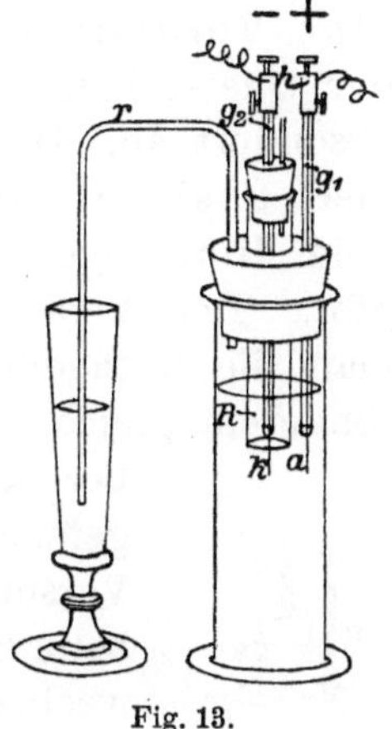

Fig. 13.

Die Elektrolyse der verdünnten Lösungen der Sauerstoffsäuren verläuft im wesentlichen so, daß Wasserstoff und Sauerstoff an den Elektroden entwickelt werden. Ebenso scheinen sich die Basen und die Alkalisalze der Sauerstoffsäuren zu verhalten. Elektrolysiert man eine kalt gesättigte Lösung von Kaliumsulfat in dem Apparat Fig. 14 zwischen den Platinelektroden k und a mittels eines Stromes von 10 Akkumulatoren, so sammeln sich im Kathodenschenkel 2 Vol. Wasserstoff und im Anoden-

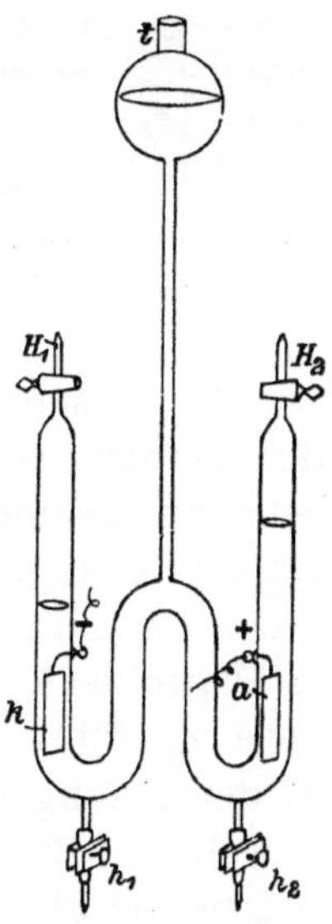

Fig. 14.

schenkel 1 Vol. Sauerstoff an, die sich beide nach dem Öffnen der Hähne H_1 und H_2 als solche konstatieren lassen. Gleichzeitig aber hat der Elektrolyt an beiden Elektroden eine Veränderung erlitten. Man leite nach dem Öffnen der Quetschhähne h_1 und h_2 den Inhalt der beiden Schenkel gesondert ab. Die Flüssigkeit aus dem Kathodenschenkel reagiert basisch, die aus dem Anodenschenkel sauer, wie sich beim Hinzufügen von roter, bezw. blauer Lackmuslösung ergibt. Der Versuch läßt sich in der Weise abändern, daß man die Kathoden- und Anodenseite des Apparates mit besonderen, gleich konzentrierten Kaliumsulfatlösungen füllt, die

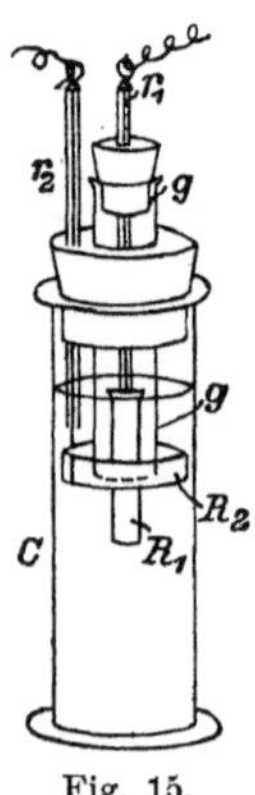
Fig. 15.

bereits mit roter bezw. blauer Lackmuslösung gefärbt sind. Noch einfacher gestaltet sich die Versuchsanordnung, wenn man einen Indikator benutzt, der durch einen deutlichen Farbenwechsel Base und Säure zugleich anzeigt. Man bringe in ein HOFMANNsches U-Rohr (s. Fig. 5) eine Kaliumsulfatlösung (15 : 1000), die mittels eines wässrigen Cochenilleauszugs intensiv gerötet ist. Ein Strom von 3 Akkumulatoren genügt zur Elektrolyse und bewirkt, daß im Kathodenschenkel die Flüssigkeit violett, im Anodenschenkel schwach gelblich wird.

Offenbar lassen sich diese an den Elektroden stattfindenden Vorgänge der Elektrolyse der Alkalisalze benutzen, wenn es sich darum handelt, die Pole einer Stromquelle zu bestimmen. Durch den Pfropfen eines kleinen Standzylinders C (Fig. 15) ist das Glasrohr g gesteckt. In der Röhre r_1 ist ein Zuleitungsdraht angebracht, der mit dem Zylinder R_1 aus Platinblech in Verbindung steht. Der Leitungsdraht der Röhre r_2 führt zu dem Platinblechring R_2. Das Gefäß ist mit der Lösung eines Alkalisalzes (K_2SO_4 oder $NaCl$) gefüllt, in welcher durch einen gehörigen Alkoholzusatz kleinere Mengen von Phenolphtaleïn, $C_{20}H_{12}O_2(OH)_2$, einer organischen Verbindung von säureähnlichem Charakter, gelöst sind. Beim Stromschluß wir die Flüssigkeit an derjenigen Elektrode intensiv rot gefärbt, die an den negativen Pol der zu prüfenden Batterie angeschlossen ist. Denn um diese Elektrode bildet sich freies Alkali, welches mit dem Phenolphtaleïn das rote Alkalisalz $C_{20}H_{12}O_2(OK)_2$ erzeugt. Durch Schütteln des Zylinders verschwindet die rote Farbe sofort wieder, weil die an der Anode entstandene Säure jenes Salz unter Abspaltung des farblosen Phenolphtaleïns zersetzt.[1]) Auf diesen Reaktionen beruht die Benutzung des bekannten Polreagenspapiers. Dasselbe wird durch Imprägnieren von Fließpapier mit obigem Lösungsgemisch hergestellt und ist vor dem Gebrauch anzufeuchten. — Noch vorteilhafter ist es, das Fließpapier mit Stärkekleister (2 : 100) zu imprägnieren, welchem 1 Teil Jodkalium und ein wenig Phenolphtaleïn zugefügt sind. Es ist an reiner, staubfreier Luft zu trocknen und in verschlossenen Glasgefäßen aufzubewahren. Während sich nach dem Anlegen der Pole der negative Pol wiederum durch die Rötung zn erkennen gibt, färbt sich das Papier unter dem positiven Pol schwarzblau, weil das freiwerdende Jod blaue Jodstärke erzeugt. Mittels dieses Papiers ist man auch imstande, den einen der beiden Pole einer Batterie zu erkennen, wenn der andere, wie es in Telegraphenämtern der Fall ist, zur Erde abgeleitet ist. Man hat nur nötig, das angefeuchtete Papier auf einen mit der Erde in Verbindung stehenden Leiter zu legen und dasselbe mit dem fraglichen Pol zu berühren. Die Polenden der Leitungsdrähte müssen für diese Versuche sorgfältig gereinigt werden; zu empfehlen

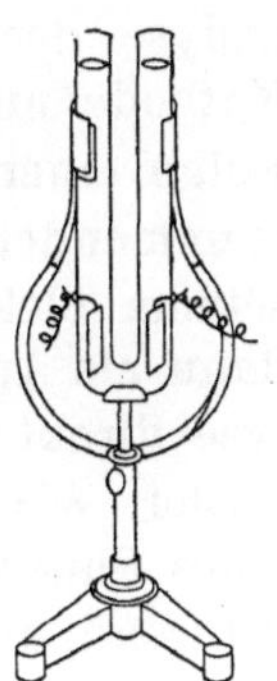

Fig. 16.

ist es, sie mit einer Platinblechscheibe zu versehen. Einem größeren Zuhörerkreise kann man die Wirkungsweise obiger Mischung mittels einer mit Platinelektroden versehenen U-Röhre (Fig. 16) erläutern, in welcher man auf das zehnfach verdünnte Gemisch den Strom einwirken läßt. Der Kathodenschenkel der Röhre färbt sich sehr bald schwarzblau, der Anodenschenkel rot.

---

[1]) Die Wirkungsweise des Phenolphtaleïns wird erst im Kap. 5 Abschnitt I verständlich gemacht. Die Anionen des elektrolytisch dissoziierten Salzes $C_{20}H_{12}O_2(OK)_2$ sind intensiv rot gefärbt, während das bloße Phenolphtaleïn farblos erscheint, da es wenig dissoziiert ist.

§ 5. Begriff eines Elektrolyten. Elektrolyse des Wassers.

Auf Grund des Verhaltens der Alkalisalze der Sauerstoffsäuren während der Elektrolyse ihrer Lösungen nahm BERZELIUS an, daß alle Salze als nähere Bestandteile eine Base und eine Säure (im damaligen Sinne) enthielten, und schrieb somit die Formel des Kaliumsulfats $K_2O \cdot SO_3$. Er meinte ferner, daß sich das basische und das saure Oxyd bei den chemischen Reaktionen der Salze gegeneinander austauschen müßten. Die Entwicklung von Wasserstoff und Sauerstoff betrachtete er als eine zweite, besondere Wirkung des Stromes, nämlich der Zerlegung des Wassers. Die Erscheinung, daß bei der Elektrolyse des Kupfersulfats zwischen Platinelektroden an der Kathode nur Kupfer und kein Wasserstoff auftritt, sollte die Folge einer Reduktion des CuO seitens des dem Wasser entstammenden Wasserstoffs sein. Diese Ansicht paßte zwar zu seinem elektrochemischen System, aber die Chloride mußten dann als Ausnahme angesehen werden, da sie bei der Elektrolyse direkt in Chlor und Metall zerfallen. Unerklärt blieb es ferner, wie bei der Einwirkung eines Haloidsalzes auf ein Salz eines Sauerstoffsäure nur ein Austausch der Metalle stattfindet, während die letzteren Salze untereinander die Basen wechseln sollten.

Diese Widersprüche wurden später durch DANIELL gehoben. Indem er außer der die Kaliumsulfatlösung enthaltenden Zersetzungszelle noch ein Knallgasvoltameter (z. B. den HOFMANNschen Apparat Fig. 5 mit Platinelektroden und verdünnter Schwefelsäure) in den Stromkreis einschaltete, wies er nach, daß sich in letzterem genau dieselben Mengen Wasserstoff und Sauerstoff entwickeln, wie durch die Elektrolyse des Kaliumsulfats. Es hätte daher, falls die Ansicht von BERZELIUS richtig wäre, durch jene Zersetzungszelle eine größere Strommenge gehen müssen als durch das Voltameter. Dies ist jedoch nach der Versuchsanordnung unmöglich. Erst DANIELL gab eine befriedigende Erklärung der Elektrolyse der Salze. Nach seiner Auffassung zerlegt der Strom zwischen Platinelektroden jedes Salz, und daher auch das Kaliumsulfat, in Metall und Säurerest. An der Kathode aber reagiert das Kalium, da es bei Gegenwart von Wasser im metallischen Zustand nicht bestehen kann, nach der Gleichung:

$$K_2 + 2\,H_2O = 2\,KOH + H_2,$$

an der Anode das SO_4 nach der Gleichung:

$$SO_4 + H_2O = H_2SO_4 + O.$$

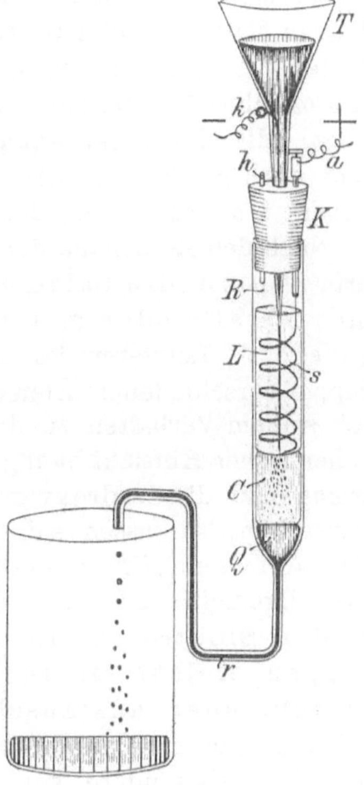

Fig. 17.

Die Gase sind mithin gleichsam sekundäre Produkte, und so erklärt es sich auch, warum die Volumina beider Gase denen im Knallgasvoltameter gleich und den an den Elektroden beobachteten Mengen von Säure und Base äquivalent sind.

Eine Ausscheidung metallischen Kaliums an der Kathode läßt sich erreichen, wenn man die Einwirkung des Lösungswassers möglichst beschränkt. NERNST[1]) empfiehlt für diesen Zweck folgenden schönen Vorlesungsversuch. R (Fig. 17) ist ein Reagensglas ($12 \times 1,5$ cm), an dessen Boden ein dreimal rechtwinklig gebogenes, 2 mm weites Rohr r angeschmolzen ist. Der Kork K trägt das beiderseits offene Röhrchen h zum Austritt der Anodengase, den Trichter T (25 cm³ Inhalt), dessen

Hals zu einer etwa 0,2 mm weiten Kapillarröhre ausgezogen und bei k mit einem eingeschmolzenen, mit dem negativen Pol zu verbindenden Platindraht versehen ist, und die Anode a in Form eines zu einer Spirale s gewundenen Platindrahtes. In den Apparat bringt man zunächst Quecksilber Q (etwa 20 g), darüber eine 3 cm hohe Schicht Chloroform C und auf diese die Lösung L eines Kaliumsalzes (K_2SO_4 oder KCl). Gießt

---

[1]) Zeitschr. f. Elektrochem. **3,** 308, (1897).

man nun 200 g Quecksilber in den Trichter, so fließt dasselbe aus der Trichterspitze in Form eines zusammenhängenden Strahles, der sich erst im Chloroform in Tröpfchen auflöst, rasch aus. Beim Anlegen der Pole einer aus 3 Akkumulatoren bestehenden Batterie sammelt sich daher im Grunde des Apparates Kaliumamalgam an, welches bald aus r abtropft. Läßt man dasselbe nochmals den Trichter passieren, so ist es so reich an Kalium, daß man 150 cm^3 Wasserstoff (in kaum einer Minute) aufsammeln kann, wenn man es in eine kleine, mit verdünnter Schwefelsäure ganz anzufüllende Gasentbindungsflasche bringt. Mit einem nur wenig veränderten Apparat lassen sich leicht auch größere Mengen fester Amalgame erhalten. (Kerp, Zeitschr. f. anorg. Chem., Bd. 18 und 21).

Nach den Resultaten der Elektrolyse der Salzlösungen definierte DANIELL die Salze einheitlich als Verbindungen eines Metalls oder metallartigen Radikals mit einem Säurerest. Letzterer ist entweder ein Halogen oder eine Gruppe verschiedener Elemente. Da ferner der Wasserstoff nach seinem Verhalten zu den Metallen (Okklusion) und auch in chemischer Hinsicht häufig die Rolle eines Metalles zu spielen vermag und die Hydroxylgruppen der Basen den Säureresten entsprechen, so lassen sich auch die Säuren und Basen als Salze auffassen. Unter diesem Gesichtspunkt sagt HITTORF[1] ganz allgemein: Elektrolyte sind Salze: sie zerfallen bei der Elektrolyse in dieselben Atome oder Atomgruppen, welche sie auch bei chemischen Reaktionen untereinander austauschen. Alle anderen Substanzen, mögen sie an sich flüssig oder gelöst sein, sind Nichtleiter. Dies gilt insbesondere von den meisten organischen Verbindungen. Nur diejenigen von ihnen können den elektrischen Strom leiten, welche den verallgemeinerten salzartigen Charakter im Sinne HITTORFs besitzen.

Das Wasser ist bei der Stromleitung wässriger Lösungen der Elektrolyte unter gewöhnlichen Umständen primär nicht beteiligt. Überhaupt ist es im absolut reinen Zustand fast als Nichtelektrolyt zu betrachten. Der oft gebrauchte Ausdruck,

----

[1] Über die Wanderungen der Ionen, 2. Hälfte, S. 124. OSTWALDS Klassiker, Nr. 23.

die dem Wasser zugesetzte Schwefelsäure mache im Knallgasvoltameter das Wasser leitend, ist also· dahin zu verstehen,
daß primär jene Säure in 2 H-ionen und 1 SO_4-ion zerfällt, und
sich das SO_4·ion auf Kosten des Wassers unter Abspaltung
des Sauerstoffatoms des letzteren zu H_2SO_4 ergänzt. Wie die
Schwefelsäure könnte aber auch eine andere Sauerstoffsäure oder
auch eine lösliche Base oder auch ein Alkalisalz dem Wasser
zugefügt werden, wenn es den Strom leiten soll. Auf den
mehr oder weniger großen Gehalt an Salzen ist es zurückzuführen, daß das in der Natur vorkommende Wasser eine
gewisse Leitfähigkeit zeigt.[1]

§ 6. Die Elektrolyse der Lösungen der Alkalichloride in der Praxis.

Die Elektrolyse der Lösungen der Alkalichloride ergibt
an der Kathode außer Wasserstoff die Basen und an der
Anode Chlor. Die Basen können leicht in die Karbonate und
mittels des Chlors in die Hypochlorite und Chlorate übergeführt werden. Der elektrische Strom kann also dieselben
Produkte liefern wie die Sodaindustrie, und zwar mit ge-
ringerem Aufwand an Energie. Tatsächlich sind heutzutage
die rein chemischen Methoden der Alkalichloridindustrie schon
durchaus in den Hintergrund gedrängt und es wird statt dessen
die Elektrolyse der Alkalichloride in vielen Fabriken mit
tausenden von Pferdestärken betrieben. Doch liegt es in der
Natur der Sache, daß die technischen Einzelheiten der Arbeits-
methoden geheim gehalten werden. Denn die Vorgänge der
Elektrolyse der Alkalichloride verlaufen keineswegs so glatt,
wie oben angegeben ist. Die Resultate variieren nach verschiedenen Faktoren, wie besonders der Konzentration, Temperatur und Stromstärke. Ferner handelt es sich um die Konstruktion von Elektroden und Diaphragmen, welche den Laugen
und dem Chlor genügend widerstehen.

Das Wesentlichste der verschiedenen Arbeitsprinzipien sei
hier kurz zusammengefaßt.

Sollen gleichzeitig Chlor und die Ätzalkalien resp. die
Karbonate gewonnen werden, so müssen Kathoden- und Ano-

---

[1] Näheres s. III. Abschnitt, 6. Kapitel.

denraum durch ein poröses Diaphragma getrennt sein. An
der Kathode wird die Chloridlösung durchschnittlich auf $10\,^0/_0$
Alkali gebracht. Beim Eindampfen scheiden sich die unverändert gebliebenen Mengen der Chloride aus, während die
Basen entweder durch weiteres Eindampfen als solche gewonnen
oder durch Einleiten von Kohlendioxyd in die Karbonate
verwandelt werden. Die Kathodengase, nämlich Wasserstoff,
werden in Stahlbomben auf 200 Atmosphären komprimiert
und finden in der Platinindustrie und beim Löten des Bleis

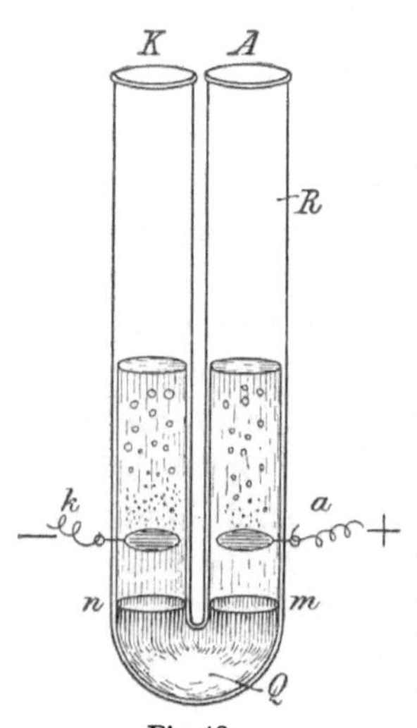

Fig. 18.

Verwendung. Die zum größten Teil aus
Chlor, zum geringeren aus Sauerstoff
bestehenden Anodengase liefern Chlor-
kalk, und in der Tat hat das Arbeiten
nach dem bisher gebrauchten WELDON-
und DEACON-Verfahren merklich nach-
gelassen.

Eine sehr sinnreiche Methode, welche
die Diaphragmenfrage teilweise umgeht,
haben CASTNER und KELLNER[1]) vorge-
schlagen. Dieselbe wird durch folgenden Versuch demonstriert. R (Fig. 18)
ist ein U-Rohr, dessen Schenkel 20 cm
lang, 2 cm weit und etwa $^1/_2$ cm von
einander entfernt sind. Auf dem Boden
des Apparates befindet sich Quecksilber. Das Niveau mn desselben reicht
1 cm oberhalb der Biegung hinauf.
Die Zuleitungsdrähte a und k der horizontalen, durchlöcherten
Platinelektroden sind 3 cm über mn eingeschmolzen. Der
Schenkel A wird zur Hälfte mit konzentrierter Kochsalzlösung,
der Schenkel K ebenso hoch mit Wasser gefüllt, welchem
Spuren von Schwefelsäure und Phenolphtaleïn beigemischt sind.
Wird nun a mit dem positiven und k mit dem negativen Pol
einer Batterie von 20 Akkumulatoren verbunden, so läßt sich
in A Chlor nachweisen, in K wird Wasserstoff entbunden, und
die Flüssigkeit in K färbt sich intensiv rot. Es müssen also
nach m die Na-ionen wandern, wo sie sich metallisch ab-

---

[1]) Chem. Centralbl. **1,** 190, (1894).

scheiden und mit dem Quecksilber amalgamieren. An der Fläche n geht das Natrium wieder in Lösung. Es bildet mit dem Wasser unter Wasserstoffentwicklung die Base. In der Praxis wird das Quecksilber von dem Anodenraum, wo es Natrium aufnimmt, in den Kathodenraum geschafft und hierauf, nachdem es das Natrium an das Wasser abgegeben hat, in den Anodenraum wieder zurückbefördert werden. Das Quecksilberverfahren gestattet die Gewinnung sehr reiner und konzentrierter Alkalilaugen und arbeitet mit sehr gutem Stromnutzeffekt. Neuerdings ist dem Diaphragmenverfahren und Quecksilberverfahren, die den überwiegenden Teil des Weltbedarfs an Alkaliprodukten decken, das sogenannte Glockenverfahren, das ohne Quecksilber und ohne Diaphragmen arbeitet, mit Erfolg an die Seite getreten.

Bei gewöhnlicher Temperatur reagiert das an der Anode entbundene Chlor auf die an der Kathode entstehenden Basen unter Bildung der Hypochlorite, also der Bleichsalze, nach der Gleichung:

$$2\,NaOH + Cl_2 = NaCl + NaOCl + H_2O.$$

Es ist also z. B. nur nötig, das zu bleichende Material der Einwirkung der Anodenflüssigkeit auszusetzen, und hierbei hat sich herausgestellt, daß die elektrolytisch erzeugten Bleichlaugen wirksamer sind als Chlorkalklaugen, die denselben Gehalt an aktivem Chlor besitzen. Das elektrolytische Bleichverfahren läßt sich leicht durch folgenden Versuch erläutern: Man benutzt als Zelle vorteilhaft ein vierkantiges mit Rinnen an den Schmalseiten versehenes Akkumulatorgefäß (s. Fig. 75). In die Längsrinnen werden zwei aus Retortenkohle geschnittene, mit einer Klemmschraube versehene Platten eingeschoben. In Ermangelung eines geeigneten Gefäßes muß man die Elektroden durch einen anderen Kunstgriff vor gegenseitiger Berührung bewahren. Auf die zur Anode bestimmte Kohleplatte spanne man mit vier Holzstiften ein Stück roten Schweizerkattuns auf. Als Elektrolyten fülle man in die Zelle eine Lösung, die auf 1 Liter Wasser 50 gr Kochsals 5 gr Magnesiumchlorid und einige Tropfen Chlorwasserstoffsäure enthält. Wendet man eine Batterie von 5 Akkumulatoren an, so wird in kurzer Zeit jener rote Stoff, soweit er in die Flüssigkeit eintaucht, völlig gebleicht.

Werden aber die elektrolytischen Zellen auf 60—80^0 erwärmt, und noch besondere Anordnungen getroffen, damit die Kathodenlauge an der Anode vorüberfließt, so sind die Bedingungen für die Chloratbildung erfüllt:

$$6 \, KOH + 3 \, Cl_2 = 5 \, KCl + KClO_3 + 3 \, H_2O.$$

Die beste Ausbeute an Chlorat scheint die Elektrolyse der Calciumchloridlösungen zu gewähren. Das in den Lösungen entstandene Calciumchlorat wird dann mit Kaliumchlorid leicht in das Kaliumchlorat verwandelt.

§ 7. Einwirkung der Ionen auf das Lösungswasser und den Elektrolyten.

Der elektrische Strom zwingt die beiden Arten der Ionen des Elektrolyten stets, nach entgegengesetzten Richtungen an die betreffenden Elektroden zu wandern. Entweder werden sie nun hier direkt in Freiheit gesetzt, oder sie wirken auf das Material der Elektroden oder auch auf das Wasser der Lösung ein. Endlich aber können sie auch Reaktionen mit dem Elektrolyten eingehen. So werden die Vorgänge der Elektrolyse immer komplizierter, und zwar um so mehr, wenn mehrere dieser Fälle gleichzeitig eintreten. Eine Reihe von Beispielen möge zur weiteren Orientierung dienen.

I. Elektrolyse einer Salmiaklösung. Auf den Boden einer Glasschale gieße man eine 2 cm hohe Schicht Quecksilber, darüber eine 5 cm hohe Schicht konzentrierter Salmiaklösung und über letztere eine nur wenige Millimeter hohe Schicht Terpentinöl. Mit dem Quecksilber wird ein in eine Glasröhre gesteckter Eisendraht, der an den negativen Pol einer aus zwei Akkumulatoren bestehenden Batterie anzuschließen ist, in leitende Verbindung gebracht. Als Anode wird ein Platinblech in die Salmiaklösung eingesenkt. Während sich an der Kathode Ammoniumamalgam bildet, wird an der Anode Chlor entbunden. Letzteres reagiert auf nicht zersetzte Salmiakmolekeln nach der Gleichung:

$$NH_4Cl + 3 \, Cl_2 = NCl_3 + 4 \, HCl.$$

Die kleinen Tropfen von Chlorstickstoff steigen empor und explodieren bei der Berührung mit dem Terpentinöl.

II. **Elektrolyse der Ammoniaklösung.** Da reine Ammoniaklösung durch den Strom sehr schwer zersetzt wird, so wendet man als Elektrolyten ein Gemisch konzentrierter Ammoniaklösung (20 cm^3) mit gesättigter Kochsalzlösung (250 cm^3) an. Der Apparat ist der in Figur 5 dargestellte. Auch hier haben sich, wie bei der Elektrolyse der Salzsäure, die Graphitelektroden gut bewährt. Der von 6 Akkumulatoren gelieferte Strom ist zum Versuch hinreichend. An der Kathode wird Wasserstoff, an der Anode Stickstoff entbunden. Indessen besteht der Vorgang nicht etwa in einer direkten Teilung einer Molekel NH_3. Vielmehr wirkt der Strom zunächst auf das Chlornatrium. Indem 6 Na-ionen an die Kathode treten, erfolgt die Reaktion

$$6\,Na + 6\,H_2O = 6\,NaOH + 3\,H_2.$$

Die 6 Cl-ionen aber reagieren auf 2 NH_3 nach der Gleichung

$$6\,Cl + 2\,NH_3 = 6\,HCl + N_2,$$

so daß an der Anode aus 2 Molekeln NH_3 6 H-ionen unter Entbindung einer Molekel Stickstoff erzeugt werden. Damit sich die Gasvolumina an den Elektroden wirklich wie 3:1 verhalten, muß man den Strom bei geöffneten Hähnen h_1 und h_2 etwa eine Stunde den Apparat passieren lassen, denn der Stickstoff löst sich reichlich in dem Elektrolyten auf und wird anfangs wahrscheinlich auch zu einer Ammoniumhypochloritbildung (die allmählich nachläßt, je mehr sich der Elektrolyt durch die Joulewärme erwärmt) in Anspruch genommen.

III. **Elektrolyse der Blei- und Mangansalze. Metallochromie.** Bei der Elektrolyse der Blei- und Mangansalze erzeugen die Anionen mit dem Elektrolyten und dem Wasser nach den Gleichungen:

$$(NO_3)_2 + Pb(NO_3)_2 + 2\,H_2O = 4\,HNO_3 + PbO_2 \text{ und}$$
$$SO_4 + MnSO_4 + 2\,H_2O = 2\,H_2SO_4 + MnO_2$$

die Superoxyde. Dieselben haften fest an der Anode und zeigen in dünnen Schichten die charakteristischen Farben dünner Blättchen. Solche erhält man sehr schön in Gestalt von in den Regenbogenfarben schillernden Ringen, falls eine kleine Kathode einer großen Anode gegenübersteht. Der Versuch läßt sich leicht ausführen. Die Glasschale S_1 (Fig. 19), in deren Tubus t der kurze Eisendraht f befestigt ist, setze man auf einen Dreifuß, fülle sie mit einer 5 prozentigen Lösung von Bleinitrat, welcher das gleiche Volumen Normalnatronlauge zugesetzt ist, und senke in dieselbe eine blanke Metallplatte, am besten eine mit rauchender Salpetersäure zu reinigende Platinschale S_2 so ein, daß die Spitze des Eisendrahtes 1 cm entfernt ist. Verbindet man nun k mit dem Kathoden- und a mit dem Anodenpol einer Akkumulatorenzelle, so beobachtet man an S_2 schon nach 15 Sekunden 4 bis 5 prächtige Ringe von Bleisuperoxyd. Ähnlich wie eine Bleilösung wirkt eine Lösung von 5 g Mangansulfat und 2,5 g Ammoniumsulfat in 100 g Wasser. Der Versuch dauert kaum eine Minute, und die Mangansuperoxydringe sind zahlreicher als die des Bleisuperoxyds. Auf dieser Superoxydbildung beruht die Metallochromie, die eine Verzierung von Gegenständen aus Kupfer oder Messing, die vorher schwach vergoldet werden, bezweckt.

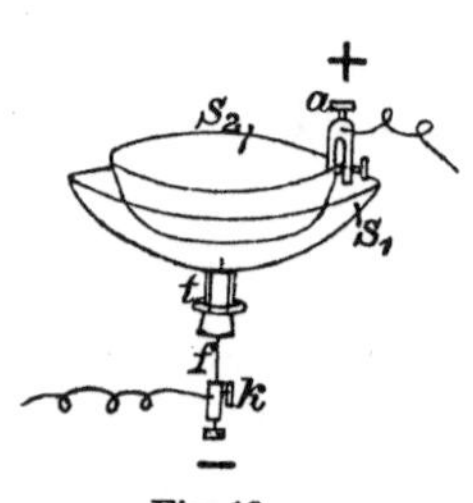

Fig. 19.

IV. Galvanostegie. Goldgewinnung. Der Vorgang der in der Technik so häufig ausgeführten galvanischen Versilberung mittels einer Lösung von Kaliumsilbercyanid (10 g $AgNO_3$ + 25 g KCN + 1000 g H_2O) kann man sich nach Hittorf[1]) in der Weise veranschaulichen, daß als Kation das Kalium K an die Kathode wandert, und dort sekundär aus dem $KAg(CN)_2$ nach der Gleichung

$$K + KAg(CN)_2 = 2\,KCN + Ag$$

an der Kathode Silber ausfällt, während das sich zur Anode bewegende Anion $Ag(CN)_2$ von der Silberanode ein Atom Silber löst und sich dort mit überschüssigem KCN wieder zum komplexen Cyanid ergänzt. Besteht die Anode aus Platin, so wird hier aus dem Anion $Ag(CN)_2$ in der Tat Cyangas frei, und sie bedeckt sich mit Silbercyanid, welches den Strom bald unterbricht. Hittorf führt es auf die sekundäre Fällung des Silbers an der Kathode zurück, daß sich das Silber als

---

[1]) Über die Wanderungen der Ionen, 2. Hälfte, S. 74. Ostwalds Klassiker, Nr. 23.

kohärenter und gleichförmiger Überzug abscheidet. Durch diese Eigenschaften der Silberschicht ist die technische Verwendung jenes Elektrolyten begründet. Denn das primär aus einer Silbernitratlösung gefällte Silber hat die Gestalt kristallinischer, in die Lösung hinabwachsender Dendriten, die sich leicht von der Elektrode abreiben lassen.

Analog dem Kaliumsilbercyanid verhält sich das Kaliumgoldcyanür $KAu(CN)_2$ bei der galvanischen Vergoldung. Man fertigt den geeigneten Elektrolyten an, indem man zu einer heißen Cyankaliumlösung ($37\,g\,KCN + 270\,g\,H_2O$) $4\,g$ in wenig Wasser gelöstes Goldchlorid hinzufügt und das Gemisch eine halbe Stunde erhitzt. Auch zur galvanischen Verkupferung und Vermessingung (Cuivre poli) sind Cyanidlösungen geeignet. Das Kupferbad erhält man, indem man in 1 Liter Wasser der Reihe nach je 20 g Kupferacetat, Soda, saures schwefligsaures Natrium nnd Cyankalium löst. Zur Vermessingung eignet sich eine Lösung von 8 g Kupfervitriol, 56 g Zinkvitriol und 80 g Cyankalium in 1850 g Wasser. Die Herstellung glänzender Überzüge von Nickel und Eisen geschieht mittels cyanidfreier Elektrolyte, und zwar die Vernickelung in einem Bad von 100 g Nickelsulfat, 72 g Ammoniumtartrat und 0,5 g Gerbsäure in 2 Liter Wasser. Die Vereisenung in einem Bad von 135 g Eisenvitriol und 100 g Ammoniumchlorid in 1 Liter Wasser. Diesen Rezepten, die für Laboratoriumszwecke ausreichen, sei schließlich noch die Methode der Platinierung hinzugefügt. Der Platinniederschlag fällt glänzend aus, wenn man den Elektrolyten, der durch Kochen von 2 g Platinchlorid, 16 g Boraxpulver, 16 g kristallisierter Soda und 2 g Ammoniumchlorid mit 150 g Wasser erhalten wird, bei einer Temperatur von 60^0 der Elektrolyse unterwirft und darauf achtet, daß er nicht sauer wird. Der für wissenschaftliche Zwecke viel gebrauchte Niederschlag von Platinschwarz auf Platin wird am besten nach LUMMER und KURLBAUM dargestellt, indem man als Elektrolyten eine saure Lösung von 10 g Platinchlorid und 0,08 g Bleiacetat in 300 g Wasser anwendet und den Strom so stark macht, daß an der Kathode eine kräftige Gasentwicklung erfolgt.

Auf der Elektrolyse cyanidhaltiger Goldlösungen beruht auch eine jetzt sehr verbreitete Methode der Goldgewinnung, nämlich das Verfahren von W. v. SIEMENS. Dasselbe hat sich namentlich in den Golddistrikten Südafrikas mit bestem Erfolg bewährt, insofern es die in den dortigen Erzen sehr fein verteilten Goldmassen, die der Amalgamation entgehen, in sehr vollkommenem Grade zu extrahieren gestattet. Aus dem von der Pocharbeit kommenden Erzsand wird das Gold mittels verdünnter Cyankaliumlösung $(0{,}01^0/_0)$ unter der Mitwirkung der Luft oder besonderer Oxydationsmittel nach der Gleichung

$$4\,KCN + 2\,Au + O + H_2O = 2\,KAu(CN)_2 + 2\,KOH$$

zu Kaliumgoldcyanür gelöst. Diese Lösung wird zwischen Stahlanoden und Bleikathoden elektrolysiert. An den Anoden entsteht Berliner Blau Sie sind mit Leinwandsäcken überzogen, um eine Verunreinigung des Elektrolyten durch diesen Niederschlag zu verhindern. An dem Blei der Kathoden wird das Gold gefällt, welches dann auf dem Treibherd vom Blei geschieden wird. Freilich enthält das Rohgold auch das in das Cyanidbad ebenfalls übergegangene Silber und Kupfer und bedarf daher der Raffinierung (s. Abschnitt III, Kap. 7).

V. Elektrolyse der Kaliumferrocyanidlösung. Ein geeignetes Beispiel, wie verwickelt die sekundären Vorgänge bei der Elektrolyse sein können, zeigt eine mit wenig Chlorwasserstoffsäure angesäuerte Lösung des Kaliumferrocyanids $K_4Fe(CN)_6$ von solcher Verdünnung, daß auf 10 cm³ gesättigter Lösung noch 200 cm³ Wasser kommen. Man leite den Strom von 5 Akkumulatoren zwischen Platinelektroden durch jene in einem U-Rohr (Fig. 16) befindliche Lösung. Nach etwa 20 Minuten hat sich im Anodenschenkel Berliner Blau $Fe_4\,[Fe(CN)_6]_3$ gebildet, während die Flüssigkeit im Kathodenschenkel durch die aufsteigenden Wasserstoffbläschen milchig getrübt erscheint. Nach HITTORF *(l. c. S. 72)* wandert nämlich das Kalium an die Kathode, wo es sich mit dem Wasser nach der Gleichung

$$4\,K + 4\,H_2O = 4\,KOH + 2\,H_2$$

umsetzt, und das $Fe(CN)_6$-ion an die Anode. An letzterer würde, wenn der Vorrat von $K_4\,Fe(CN)_6$ ausreichte, Kaliumferricyanid $K_3\,Fe(CN)_6$ nach der Gleichung

$$3\,K_4Fe(CN)_6 + Fe(CN)_6 = 4\,K_3Fe(CN)_6$$

entstehen. Ist aber die Lösung so verdünnt wie die obige, so erfolgen an der Anode die Prozesse:

$$Fe(CN)_6 + 2\,H_2O = H_4\,Fe(CN)_6 + O_2 \text{ und}$$
$$7\,H_4\,Fe(CN)_6 + O_2 = 24\,HCN + Fe_4[Fe(CN)_6]_3 + 2\,H_2O.$$

VI. Elektrolyse der Essigsäure. Dieselbe wurde zuerst im Jahre 1845 von KOLBE ausgeführt und ist, abgesehen von ihrem interessanten Verlauf, insofern von Bedeutung geworden, als sie einen näheren Einblick in die Konstitution der Fettsäuren gewährte.

Die Elektrolyse einer konzentrierten Lösung von essigsaurem Natrium CH_3COONa ergibt an jeder der Elektroden

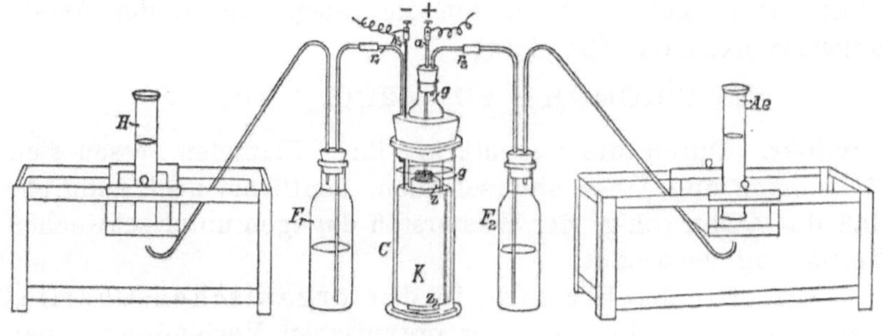

Fig. 20.

ein brennbares Gas. Als Zersetzungszelle, wie sie A. W. VON HOFMANN in seinen Vorlesungen benutzte, dient ein ungefähr 1 Liter fassender Zylinder C (Fig. 20). In demselben steht die Tonzelle z, über deren oberen Rand das glockenförmige Glasgefäß g (Flasche, deren Boden abgesprengt ist) geschoben ist. Der mit dem angenieteten Zuleitungsstreifen k_1 versehene Kupferblechzylinder K ist die Kathode, das an den Draht a befestigte Platinblech die Anode. Die Gasableitungsröhre r_1 steht mit einer Wasser enthaltenden Waschflasche F_1, und die Röhre r_2 mit einer gleich großen Waschflasche F_2 in Verbindung. Letztere enthält ein gleiches Volumen Ätzbarytlösung. Die erforderlichen Pfropfen müssen selbstverständlich alle gut schließen. Der Strom von 5 Akkumulatoren reicht zum Versuch aus. Aus r_1 entweicht Wasserstoff, der sich sekundär nach der Gleichung: $2\,Na + 2\,H_2O = 2\,NaOH + H_2$ entwickelt. An der Anode erfolgen die Prozesse

3*

$$2\,CH_3\,COO + H_2O = 2\,CH_3\,COOH + O \text{ und}$$
$$2\,CH_3\,COOH + O = C_2H_6 + 2\,CO_2 + H_2O,$$

Äthan

von denen der erstere allein stattfinden würde, wenn der Elektrolyt verdünnt wäre. Die beiden Gase C_2H_6 und CO_2 entweichen aus r_2. CO_2 wird von der Ätzbarytlösung absorbiert, wie der weiße Niederschlag von Baryumkarbonat in der Flasche F_2 beweist. Das Äthan C_2H_6 wird in der vorgelegten pneumatischen Wanne im Zylinder Ae aufgefangen und nimmt nahezu dasselbe Volumen ein als der in der anderen Wanne im Zylinder H gesammelte Wasserstoff. Das Defizit an Äthan rührt daher, daß der Sauerstoff die Essigsäure an der Anode teilweise nach der Gleichung

$$CH_3\,COOH + 2\,O_2 = 2\,CO_2 + 2\,H_2O$$

oxydiert. Durch die Leuchtkraft ihrer Flammen lassen sich Wasserstoff und Äthan unterscheiden, deutlicher noch dadurch, daß das Äthan ruhig, der Wasserstoff dagegen unter schwacher Verpuffung verbrennt.

VII. Die Elektrolyse in der organischen Chemie. Auch in der Technologie der organischen Verbindungen hat man in den letzten Jahren auf die mannigfaltigste Weise von der Elektrolyse Gebrauch gemacht und eine stattliche Reihe rationell arbeitender Darstellungsmethoden ausgearbeitet. Freilich hat man hier mit größeren Schwierigkeiten zu kämpfen, da die organischen Verbindungen mit Ausnahme der Salze den elektrischen Strom wenig oder gar nicht leiten, und ferner gerade dasjenige Lösungsmittel, welches die anorganischen Verbindungen zu Leitern macht, nämlich das Wasser, gegen die meisten organischen Verbindungen indifferent ist. Daher war bisher die Elektrolyse in der organischen Chemie wesentlich darauf beschränkt, an der Kathode Reduktionen und an der Anode Oxydationen dadurch hervorzurufen, daß man die umzuwandelnden organischen Substanzen mit geeigneten anorganischen Leitern mischte und deren Kationen bezw. Anionen diejenigen Arbeiten verrichten ließ, die sonst auf rein chemischem Wege erreicht wurden. Noch mehr aber, als es bei der Elektrolyse der anorganischen Verbindungen der Fall ist, sind hier die Ergebnisse von der Temperatur und der Konzentration sowie der mit letzterer in inniger Beziehung stehenden Stromstärke abhängig, und daher ist es oft schwierig, die Bedingungen zu ermitteln, bei welchen die beabsichtigte Reaktion ihr Optimum erlangt. Trotz dieser Schwierigkeiten haben die elektrolytischen Verfahren auf dem Gebiete der organischen Chemie schon sehr interessante Erfolge zu verzeichnen, die zu weiteren Hoffnungen berechtigen und zu allgemeinen Gesichtspunkten führen werden.

Nur wenige Beispiele mögen das Gesagte veranschaulichen.

Ersetzt man in einer GROVEschen Zelle die Salpetersäure durch Essigsäure, so wird diese durch den an die Platinkathode wandernden Wasserstoff teilweise zu Alkohol reduziert. Auf Reduktionen beruht ferner die Herstellung von Zwischenprodukten in der Anilinfarbenindustrie. So werden die Nitrokörper der aromatischen Reihe in schwefelsaurer Lösung zu Amidokörpern, in alkalischer Lösung zu Hydrazokörpern reduziert.

Als ein Beispiel der oxydierenden Wirkung, wenn es auch einen praktischen Wert noch nicht erlangt hat, sei die Überführung des Anilins in Anilinschwarz:

$$2\,C_6H_5NH_2 + O_2 = 2\,H_2O + C_{12}H_{10}N_2$$

angeführt. Man imprägniere einen Streifen Fließpapier mit einer Lösung von 19 g Anilin und 22 g Rohtoluidin in 24 g Eisessig und bringe ihn in noch feuchtem Zustand in den Anodenschenkel eines U-Rohres (Fig. 16), in welchem gesättigte Kochsalzlösung elektrolysiert wird. In wenigen Minuten tritt die Schwärzung ein. Noch deutlicher ist der Versuch, wenn man jenes Acetatgemisch in starker Verdünnung der Anodenflüssigkeit sorgfältig aufschichtet.[1]

Elektrolysiert man ferner im Apparat Fig. 14 eine Lösung von Sulfocyankalium (1 : 5) mittels eines Stromes von 12 Akkumulatoren, so entweicht an der Kathode Wasserstoff, während an der Anode der Sauerstoff die Sulfocyansäure zu Kanarin, einem gelben, in der Färberei verwendeten Farbstoff, der

---

[1] Siehe auch die interessanten Versuche GOPPELSRÖDER, Zeitschr. f. Elektrochem. **1,** 3 u. 21, (1894).

als **Persulfocyan** angesehen wird, wahrscheinlich nach der Brutto-Gleichung

$$6\,HCNS + 5\tfrac{1}{2}\,O_2 + H_2O = C_6N_4O_2H_4S_5 + H_2SO_4 + 2\,HNO_3$$

oxydiert. Das Kanarin scheidet sich bald in gelben Flocken ab, und nach 15 Minuten reicht die Menge desselben zu einem Färbungsversuch aus, für welchen es in Alkali zu lösen ist.

Das **Jodoform** bildet sich bekanntlich durch die Einwirkung von freiem Jod auf eine mit Alkohol versetzte Natriumkarbonatlösung bei 60—80°:

$$2\,C_2H_6O + 20\,J + 2\,H_2O = 2\,CHJ_3 + 2\,CO_2 + 14\,HJ$$
$$14\,HJ + 7\,Na_2CO_3 = 14\,NaJ + 7\,H_2O + 7\,CO_2.$$

Auf elektrischem Wege entsteht es demnach, wenn aus Kaliumjodid an die Anode Jod geführt, und diesem hier Gelegenheit geboten wird, sekundär auf Alkohol bei Gegenwart von Natriumkarbonat zu reagieren. Als Zelle ist zum Versuch der Apparat Fig. 4 zu benutzen. Man fülle ihn mit einer Lösung, welche auf 100 g Wasser 5 g Natriumkarbonat und 20 g Jodkalium enthält und mit 20 cm³ Alkohol versetzt ist, senke ihn in ein Becherglas mit warmem Wasser und schließe ihn in den Stromkreis einer Batterie von 4 Akkumulatoren ein. Schon nach 5 Minuten macht sich im Anodenschenkel der Jodoformgeruch bemerkbar, und nach 20 Minuten ist die Kugel des **U**-Rohres teilweise mit Jodoformpulver gefüllt. Das fabrikmäßig auf elektrolytischem Wege hergestellte Jodoform[1]) zeichnet sich besonders durch seine Reinheit aus.

------

2. Kapitel.

Das Faradaysche Gesetz.

Im Jahre 1833 gelang es FARADAY, die in einer elektrolytischen Zelle stattfindenden chemischen Veränderungen der Quantität nach zu der aufgewendeten Menge des elektrolysierenden Stromes in Beziehung zu setzen und damit eines

------

[1]) ELBS u. HERZ. Zeitschr. f. Elektrochem. **4,** 113—118, (1897).

der Gesetze aufzustellen, welche nicht allein für die Elektrochemie, sondern auch für die gesamte Elektrizitätslehre überhaupt von grundlegender Bedeutung geworden sind. Das Gesetz ergab sich unmittelbar durch Experimente, welche darin bestanden, daß Faraday mehrere hintereinander verbundene Zersetzungszellen, welche Elektrolyte verschiedener Art enthielten, in den Kreis einer und derselben Batterie einschaltete und die hervorgebrachten Effekte quantitativ bestimmte. Auf diese Weise wurden die Elektrolyte sämtlicher Zellen der Wirkung der gleichen Stromstärke und gleicher Elektrizitätsmengen ausgesetzt und befanden sich demnach unter völlig vergleichbaren Umständen.

§ 1. Versuch zur Demonstration des Gesetzes.

Für den Unterricht hat sich folgende Versuchsanordnung zweckmäßig erwiesen. In den Kreis eines von 5 Akkumulatoren gelieferten Stromes schalte man einen Rheostaten, mittels dessen der Strom anfangs abzuschwächen ist, einen HOFMANNschen Wasserzersetzungsapparat und 4 prismatische Tröge (8×3×10 cm) ein, von denen zwei, nämlich G_1 und

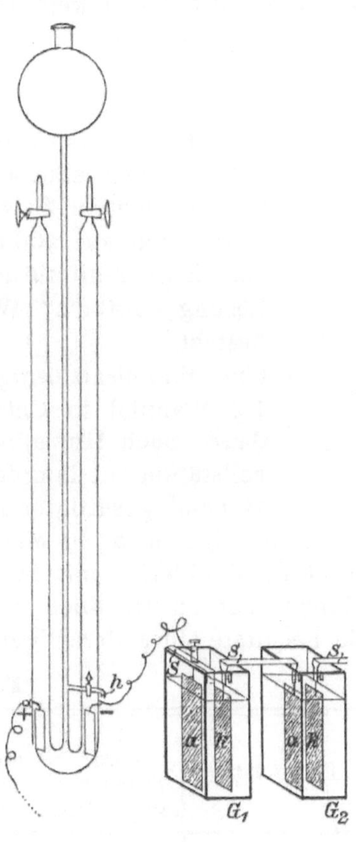

Fig. 21.

G_2, nebst dem HOFMANNschen Apparat in der Fig. 21 dargestellt sind. In jeden der Tröge ragen die Elektrodenbleche a und k hinab, deren Zuleitungsdrähte mit den Kupferblechstreifen SS mittels Klemmschrauben befestigt sind. Die Kathoden bestehen sämtlich aus Platin; sie sind vor dem Versuch mit rauchender Salpetersäure sorgfältig zu reinigen und auf Centigramme genau zu wägen. Als Anodenmetall ist entweder ebenfalls Platin oder das im Elektrolyten enthaltene Metall zu verwenden. Bei der Auswahl der Elektrolyte ist zu berücksichtigen, daß die Metallniederschläge an den Kathoden fest haften müssen und wenigstens während der Dauer des Wägens nicht oxydiert werden dürfen, und daß ferner die Wertigkeit ihrer Atome möglichst verschieden ist. Dementsprechend sind zu empfehlen:

1) eine Kaliumsilbercyanidlösung, erhalten aus 200 g Wasser, 3 g Silbernitrat und 5 g Kaliumcyanid,

2) eine Kupferchlorürlösung, die man durch Auflösen von 3 g des käuflichen, mit Wasser auf dem Filter zu waschenden Salzes in Chlorwasserstoffsäure und Verdünnen auf 200 cm^3 darstellt,

3) eine Kupfersulfatlösung, die aus 100 cm^3 gesättigter Lösung, 100 cm^3 Wasser und 15 cm^3 Salpetersäure besteht,

4) eine Stannisalzlösung, die man erhält, indem man 1 g Stanniol in Chlorwasserstoffsäure löst, die freie Säure nach Hinzufügung einiger Tropfen Brom fast vollständig abdampft und dann 100 cm^3 Wasser und 100 cm^3 gesättigter Ammoniumbioxalatlösung zusetzt.

Nach der etwa 30 Minuten dauernden Elektrolyse sind die Kathodenbleche mit Wasser abzuspülen, mit absolutem Alkohol gut zu trocknen und zu wägen. In Tabelle I sind die Resultate eines derartigen Versuchs übersichtlich geordnet.

Tab. I.

Elektrolyt:	I. Verd. Schwefel- säure ca. 1:12	II. Kalium- silber- cyanid	III. Kupfer- chlorür	IV. Kupfer- sulfat	V. Stanni- Ammoni- umoxalat
Material der Anode . . . Kathode . .	Platin Platin	Silber Platin	Kupfer Platin	Kupfer Platin	Platin Platin
Menge der ab- geschiedenen Kationen . .	67 cm^3 H$_2$ = 6,00 mg H$_2$	650 mg Ag	380 mg Cu	190 mg Cu	170 mg Sn
Auf 1,008 g H$_2$ kommen . .	1,008 g H$_2$	109,2 g Ag	63,8 g Cu	31,9 g Cu	28,6 g Sn
Atomgewichte .	1,008	107,9	63,6	63,6	119,0
Fehler in Proz.	—	$+ 1,2\,\%$	$+ 0,3\,\%$	$+ 0,3\,\%$	$- 4\,\%$

Die Zahlen für die abgeschiedenen Mengen der Kationen ergeben, wenn sie auf ein Atomgewicht Wasserstoff bezogen werden, mit für einen Vorlesungsversuch ausreichender Genauigkeit, die einer einzelnen Valenz ihrer Atomgewichte[1]) entsprechenden Mengen der Metalle, denn in den

---

[1]) Es sei an dieser Stelle gestattet, einige Grundbegriffe der Chemie zu wiederholen. Der einer Valenz des Atomgewichts eines chemischen Elementes oder einer Atomgruppe entsprechende Teil ist identisch mit der Zahl des Äquivalentgewichts, d. h. derjenigen Zahl, welche die analytisch zu ermittelnde Gewichtsmenge des Atoms oder der Atomgruppe angibt, die sich mit 1,008 Gewichtsteil Wasserstoff oder 35,45 Gewichtsteilen Chlor (also mit je einem Atomgewicht Wasserstoff oder Chlor) verbinden würde. Enthält die Molekel der Chlorverbindung eines Elements auf 35,45 Gew.-Teile Chlor gerade ein Atomgewicht des Elements, so ist das Äquivalentgewicht gleich dem Atomgewicht, und das Element heißt einwertig (z. B. KCl, AgCl). Kommt aber auf ein Atomgewicht des Elementes zweimal, dreimal, viermal 35,45 Gew.-Teile Chlor, so ist das Äquivalentgewicht die Hälfte, bezw. ein Drittel oder ein Viertel des Atomgewichts, und das Element heißt zwei-, drei- oder vierwertig. Da die Molekel Zinkchlorid durch die Formel $ZnCl_2$, die des Wismutchlorids durch die Formel $BiCl_3$, die des Platinchlorids durch die Formel $PtCl_4$ ausgedrückt wird, so sind die Atome Zn, Bi und Pt bezw. 2-, 3- und 4-wertig, und ein Äquivalent dieser Metalle beträgt

$$\frac{65,4}{2}, \quad \frac{208,5}{3}, \quad \frac{194,8}{4},$$

wenn die Zähler dieser Brüche die Atomgewichte bedeuten.

Es gibt nun einige Metalle, welche mehrere Chloride bilden können. So bilden die Metalle Kupfer, Eisen und Zinn je zwei Chloride, das Cuprochlorid CuCl und das Cuprichlorid $CuCl_2$, das Ferrochlorid $FeCl_2$ und das Ferrichlorid $FeCl_3$, das Stannochlorid $SnCl_2$ und das Stannichlorid $SnCl_4$. Die Atome dieser Metalle haben demnach zwei verschiedene Äquivalentgewichte, die für das Kupfer $\frac{63,6}{1}$ und $\frac{63,6}{2}$, für das Eisen $\frac{55,9}{2}$ und $\frac{55,9}{3}$, für das Zinn $\frac{119,0}{2}$ und $\frac{119,0}{4}$ betragen.

Ähnliches gilt von den Anionen, die zumeist Atomgruppen sind. Die Anionen der Salpetersäure, Chlorsäure und Essigsäure NO_3, ClO_3 und $C_2H_3O_2$ sind einwertig, denn sie bilden die Säuren HNO_3, $HClO_3$ und $HC_2H_3O_2$. Die Anionen SO_4, SeO_4 und C_2O_4 dagegen sind zweiwertig, da die Molekeln der betreffenden Säuren, Schwefelsäure, Selensäure und Oxalsäure, die Formeln H_2SO_4, H_2SeO_4 und $H_2C_2O_4$ haben. Demnach sind z. B. die Äquivalentgewichte der NO_3- und SO_4-ionen

$$\frac{14,04 + 3 \cdot 16,00}{1} \quad \text{und} \quad \frac{32,06 + 4 \cdot 16,00}{2}.$$

Lösungen II und III sind die Silber- bez. Kupferatome einwertig, in IV sind die Kupferatome zweiwertig, und in V die Zinnatome vierwertig. Weiter ließe sich zeigen, daß die Quantitäten der abgeschiedenen Kationen der durch die elektrolytischen Zellen hindurchgeschickten Elektrizitätsmengen, bei konstanten Stromstärken also, auch der Dauer des Stromdurchganges proportional sind.

Wie für die Kationen könnte man für die Anionen nachweisen, daß die chemischen Umsetzungen an den einzelnen Anoden der hintereinander geschalteten Zellen der Quantität nach sich wie die Werte der Äquivalentgewichte der Anionen verhalten. Ferner läßt sich zeigen, daß auch an den Elektroden der nämlichen Zersetzungszelle die Reaktionen der Kationen und die der Anionen eines Elektrolyten in den Äquivalentgewichten entsprechenden Mengen verlaufen. Würden sich in den Lösungen III und IV die Anionen Cl und SO_4 abscheiden, so würden sich deren Mengen wie

$$35{,}45 : \frac{32{,}06 + 4 \cdot 16{,}00}{2}$$

verhalten. In der Lösung III würden die Kupfer- und Chlormengen im Verhältnis $63{,}6 : 35{,}45$, in der Lösung IV die Kupfer- und SO_4-mengen im Verhältnis

$$\frac{63{,}6}{2} : \frac{32{,}06 + 4 \cdot 16{,}00}{2}$$

stehen. Tatsächlich oxydiert in der Lösung III das Chlor in der Umgebung der Anode das $CuCl$ zu $CuCl_2$, und zwar werden, während $63{,}6$ Gew.-Teile Kupfer an der Kathode gefällt werden, $63{,}6 + 35{,}45$ Gew.-Teile $CuCl$ in $63{,}6 + 2 \cdot 35{,}45$ Gew.-Teile $CuCl_2$ übergeführt. In der Lösung IV wird an der Anode Kupfer gelöst, nämlich ebensoviel, als an der Kathode abgeschieden wird. Bestände hier aber die Anode aus Platin, so würde Sauerstoff an derselben frei, und zwar würde sich die Menge des letzteren auf $16{,}00/2$ Gew.-Teile in derjenigen Zeit belaufen, in welcher sich $63{,}6/2$ Gew.-Teile Kupfer an der Kathode absetzen.

Nach diesen Erläuterungen können wir nunmehr das FARADAYsche Gesetz in der ihm von HELMHOLTZ gegebenen

Fassung aussprechen: „daß dieselbe Menge Elektrizität, wenn sie durch irgend einen Elektrolyten fließt, immer dieselbe Menge von Valenzwerten an beiden Elektroden entweder freimacht oder in andere Verbindungen überführt."

In dieser Form hat sich das FARADAYsche Gesetz als eines der wenigen durchaus strengen Naturgesetze erwiesen, welche wir kennen, und seinem hohen Werte wird man am besten gerecht, wenn man es an die Seite stellt von DALTONS Gesetz der konstanten und multipeln Proportionen, dem Grundgesetze der chemischen Verbindungsverhältnisse.

§ 2. Die elektrochemischen Äquivalente.

Es war bisher nur von den Mengenverhältnissen die Rede, nach denen die Ionen an den Elektroden frei werden oder chemische Wirkungen ausüben. Um die Proportionalität von chemischer Wirkung an dem Elektroden und Elektrizitätsmenge stets deutlich vor Augen zu haben, bezieht man die äquivalenten chemischen Wirkungen stets auf die Einheit der Elektrizitätsmenge.

Die Einheit der Elektrizitätsmenge, die Ampèresekunde oder das Coulomb (Cb.) scheidet aus Silberlösungen 1,118 mg Silber an der Kathode aus. Betrüge also in einem Fall die Gewichtszunahme der letzteren 300 mg, so würden $300/1{,}118 =$ 268 Cb. durch die Zersetzungszelle geflossen sein. Beliefe sich hierbei die Zeitdauer der Elektrolyse auf 10 Min., so hätten die Zelle (konstante Stromstärke vorausgesetzt) pro Sek. 0,447 Cb. passiert. Man sagt dann, die angewendete Stromstärke sei 0,447 Ampère (Amp.). Die Stromstärke oder Stromintensität bedeutet also die Anzahl Coulombs, welche pro Sek. durch den (ganzen) Querschnitt der Strombahn gehen. Sind die Elektroden groß, so strömt durch die Einheit der Fläche (1 cm² oder 1 dcm² oder 1 m²) eine geringere Strommenge, als wenn bei Anwendung derselben Stromquelle die Elektroden klein sind. Man nennt die Anzahl Coulombs, die in 1 Sek. die Querschnittseinheit der Strombahn passiert, die Stromdichte. Sind die beiden Elektroden eines elektrolytischen Troges gleich groß, so wird die Stromdichte an beiden den gleichen Wert haben. Bei verschieden großen Elektroden dagegen ist an der kleineren Elektrode die Stromdichte größer als an der größeren Elektrode, da durch beide der gleiche Strom hindurchgehen muß. Die Stromintensität und damit die Stromdichte kann bei gegebener Größe der Elektroden in weiten Grenzen geändert werden. Wird bei einem elektrolytischen Versuch die Stromdichte an der einen Elektrode stark abgeändert, indem man die letztere durch eine andere, viel größere oder kleinere Elektrode ersetzt, so kann der elektrolytische Vorgang an dieser Elektrode ein wesentlich anderer werden als zuvor.

Mit den eben erläuterten Begriffen darf die pro Zeiteinheit verbrauchte Stromenergie oder Stromleistung nicht verwechselt werden. Die Einheit der Stromleistung, das Voltampère oder Watt, ist gleich dem Produkt 1 Amp. $\times$ 1 Volt, und ein Volt ist die Einheit der elektromotorischen Kraft oder Potentialdifferenz, welche dadurch definiert ist, daß sie die Elektrizitätsmenge von 1 Coulomb pro Sek. durch den Widerstand eines Ohms zu treiben vermag. Ein Ohm aber ist derjenige Widerstand, welchen ein Quecksilberfaden von 106,3 cm Länge und 1 mm² Querschnitt dem Durchfließen der Elektrizität entgegensetzt. Die Größe der elektromotorischen Kraft, welche erforderlich ist, um in einer elektrolytischen Zelle eine bestimmte Stromstärke zu erzeugen, läßt das FARADAYsche Gesetz unberücksichtigt. Der Energieverbrauch einer elektrolytischen Zelle ist gleich dem Produkt aus Leistung mal Zeit. Die Einheit der elektrischen Energie ist dementsprechend die Voltampèresekunde, Wattsekunde oder das Voltcoulomb, und führt den besonderen Namen 1 Joule. Der Aufwand an elektrischer Energie bei der Elektrolyse verschiedener Elektrolyte kann sehr verschieden sein, trotzdem nach FARADAYs Gesetz gleiche Elektrizitätsmengen dazu gehören, um äquivalente Mengen der Ionen an den Elektroden frei zu machen oder in andere Kombinationen überzuführen. (Näheres s. Abschn. III, Kap. 6 u. 10.)

Da 1 Coulomb 1,118 mg Silber ausfällt, sind zur Ausfällung eines Äquivalentgewichtes des Silbers, nämlich 107,93 g

$$\frac{107,93}{0,001\,118} = 96540 \text{ Coulombs}$$

erforderlich. Derselben Anzahl Coulombs bedarf es daher auch zur Abscheidung oder chemischen Verwertung eines Äquivalents irgend eines andern Ions. Andererseits erhält man die durch eine Ampèresekunde oder 1 Coulomb in Freiheit gesetzte oder anderweitig verwertete Gewichtsmenge eines Ions, wenn man das Äquivalentgewicht desselben durch 96540 dividiert. Die sich so ergebenden Zahlen heißen die elektrochemischen Äquivalente der Elemente oder Atomgruppen. Dieselben sind für die wichtigsten chemischen Elemente in der Tabelle II [1]) zusammengestellt. A bedeutet das Atomgewicht, V die Valenz des Atoms, a das Äquivalentgewicht, e das elektrochemische Äquivalent pro Amp.-Sek. in mg (Milligrammen) und E dasselbe pro Amp.-St. in g (Grammen).

Tab. II.

Name des Elementes	Symbol	A	V	a	e	E
Aluminium	Al	27,1	3	9,03	0,0936	0,3370
Antimon	Sb	120,2	3	40,07	0,4151	1,494
Arsen	As	75,0	3	25,0	0,2590	0,932
Blei	Pb	206,9	2	103,45	1,0715	3,857
Brom	Br	79,96	1	79,96	0,8283	2,9819
Cadmium	Cd	112,4	2	56,2	0,582	2,095
Chlor	Cl	35,45	1	35,45	0,3670	1,3212
Eisen { Ferroverb.	Fe	55,9	2	27,95	0,2895	1,042
{ Ferriverb.			3	18,63	0,1930	0,694
Gold	Au	197,2	3	65,73	0,6809	0,2451
Jod	J	126,97	1	126,97	1,3151	4,7344
Kalium	K	39,15	1	39,15	0,4055	1,4598
Kupfer { Cuproverb.	Cu	63,6	1	63,6	0,659	2,372
{ Cupriverb.			2	31,8	0,3295	1,186
Magnesium . . .	Mg	24,36	2	12,18	0,1262	0,4543
Natrium	Na	23,05	1	23,05	0,2388	0,8597
Nickel	Ni	58,7	2	29,35	0,3040	1,094
Platin	Pt	194,8	4	48,70	0,5045	1,816
Queck- { Merkuroverb.	Hg	200,0	1	200,0	2,072	7,459
silber { Merkuriverb.			2	100,0	1,036	3,730
Sauerstoff	O	16,00	2	8,00	0,08288	0,2984

[1]) Zur Verwendung gelangen hier überall die (auf O = 16,00 bezogenen) Atomgewichtswerte des Berichts des internationalen Atomgewichtsausschusses vom Jahre 1907. Zeitschr. f. physik. Chem. **58,** 255.

Name des Elementes	Symbol	A	V	a	e	E
Silber	Ag	107,93	1	107,93	1,118	4,0248
Stickstoff	N	14,01	3	4,67	0,0484	0,1745
Wasserstoff . . .	H	1,008	1	1,008	0,01044	0,03758
Wismut	Bi	208,0	3	69,3	0,719	2,592
Zink	Zn	65,4	2	32,7	0,3387	1,219
Zinn { Stannoverb.	Sn	119,0	2	59,5	0,6163	2,219
Zinn { Stanniverb.	Sn	119,0	4	29,75	0,3082	1,110

§ 3. Messung von Elektrizitätsmengen und (mittleren) Stromstärken mit Voltametern.

Auf der genauen Proportionalität der Elektrizitätsmengen und der Ionenreaktionen beruht die Messung der Stromintensität in den Voltametern. Dieselben sind auch sehr wertvoll zur Aichung bequemerer Strommeßinstrumente, der Galvanometer und Ampèremeter, deren Konstruktion meist die Gesetze der gegenseitigen Einwirkung von elektrischen Strömen und Magneten zugrunde liegen. In den Voltametern werden entweder Metallsalze, wie Kupfersulfat bez. Silbernitrat, oder verdünnte Schwefelsäure durch den zu messenden Strom elektrolysiert. Die Apparate der ersten Art enthalten als Anode eine Kupfer- bezw. Silberelektrode, als Kathode dient eine analoge Elektrode oder eine Platinschale, deren Gewichtszunahme nach Verlauf einer geeigneten Zeit zu bestimmen ist. Werden z. B. im Silbervoltameter während 1 Std. 15 Min. 3,050 g Silber abgeschieden, so ist die Stromstärke

$$i = \frac{3050}{1,118 \cdot 4500} = 0,6062 \text{ Amp.}$$

Als Wasserstoffvoltameter ist der HOFMANNsche Apparat mit Platinelektroden (Fig. 5) geeignet. Nach dem Versuch hat man die Flüssigkeitshöhe im Steigrohr gleich der im Kathodenschenkel zu machen und das Volumen v des Wasserstoffs abzulesen. Letzteres ist dann zunächst nach der Formel

$$V_0 = \frac{V (b-h)}{760 (1 + 0,00366 t)},$$

in welcher t die Versuchstemperatur, b den jeweiligen Barometerstand und h die Dampfspannung der benutzten, verdünnten Schwefelsäurelösung in mm Quecksilber bei jener Temperatur bedeuten, auf 0^0 und 760 mm Barometerstand zu reduzieren. Da ferner nach Tabelle II das elektrochemische Äquivalent des Wasserstoffs e $= 0,01044$ mg ist, und diese Gasmenge im Normalzustand den Raum von 0,1160 cm^3 einnimmt, so läßt sich die Stromstärke i leicht berechnen. Werden z. B. bei 18^0 und 752 mm Barometerstand durch den Strom in 120 Sekunden 23,6 cm^3 Wasserstoff entwickelt, so ist

$$V_0 = \frac{23,6\,(752-15)}{760\,(1 + 0,00366 \cdot 18)} = 21,5 \text{ cm}^3,$$

und demnach die mittlere[1]) Stromstärke

$$i = \frac{21,5}{0,1160 \cdot 120} = 1,54 \text{ Amp.}$$

Zur Benutzung der Voltameter diene ferner die Tabelle III.

Tab. III.

1 Ampère scheidet ab	in			
	1 Sek.	1,118 mg Ag	0,3294 mg Cu	0,1160 cm^3 H$_2$
	1 Min.	67,08 „ „	19,76 „ „	6,960 „ „
	1 Std.	4025, „ „	1186, „ „	417,0 „ „

[1]) Da die Voltameter direkt nur die während der Beobachtungszeit passierende Elektrizitätsmenge messen, können sie nur Mittelwerte der Stromstärke für die Zeitdauer des Versuchs ergeben; sollen die Stromstärkemessungen aber wirkliche Bedeutung haben, so sind in jedem Falle besondere Vorkehrungen zu treffen zur Konstanthaltung des Stromes.

Die am meisten zur praktischen Verwendung gelangenden Voltameter sind das Knallgasvoltameter, in welchem man das Volum der gesamten an Anode und Kathode abgeschiedenen Gasmengen mißt, ferner besonders das Kupfervoltameter, meist in Form einer der in Figur 20 dargestellten Tröge G. Für Zwecke, bei denen es auf große Genauigkeit ankommt, bedient man sich des Silbervoltameters, bei welchem das im Innern einer Platinschale abgeschiedene Silber zur Wägung gelangt. Ein Beweis für die hohe Genauigkeit, die mit dem Silbervoltameter erreicht werden kann, darf darin erblickt werden, daß die gesetzliche Definition der Stromstärkeeinheit auf die abgeschiedene Silbermenge zurückgeht, wonach ein Ampère der Abscheidung von 1,118 mg Silber pro Sekunde entspricht.

Daneben sind noch eine ganze Reihe von andern Voltametern in Gebrauch, das Wasserstoffvoltameter, bei welchem das Volum des Wasserstoffs,

§ 4. Die Stromintensitäten bei Stromverzweigungen.

Stehen drei nahezu gleiche Wasserzersetzungsapparate A_1, A_2 und A_3, deren Widerstände nahezu gleich, z. B. 10 Ohm, sind, zur Verfügung, so kann man in wenigen Minuten die Gesetze der Stromverzweigung soweit nur die Stromintensitäten und Widerstände in Betracht kommen, experimentell ableiten, wenn man sich der Versuchsanordnung Fig. 22 bedient.[1] Beispiel: In einem bestimmten Falle war B eine Batterie von 12 Akkumulatoren. Der Widerstand w_2 in der Strombahn $b w_2 A_2 a$ betrage 100 Ohm, der Widerstand w_3 in der Strombahn $b w_3 A_3 a$ 460 Ohm. Das Resultat eines Versuchs ergab in A_1 42,5 in A_2 34,5 und in A_3 7,9 cm^3 Knallgas. Da die mittleren Stromstärken und die abgeschiedenen Knallgasmengen einander proportional sind, so folgt daraus

$$i_1 = i_2 + i_3,$$

wenn i_1 die Stromstärke in der Strecke $a A_1 B b$, i_2 diejenige

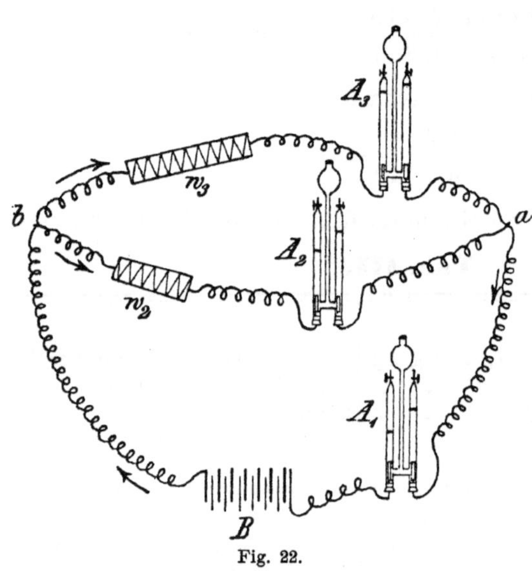

Fig. 22.

in der Strecke $b w_2 A_2 a$ und i_3 diejenige in der Strecke $b w_3 A_3 a$ bedeutet. Ferner müssen die Stromstärken und mithin auch die abgeschiedenen Gasmengen in den Zweigen 2 und 3 im umgekehrten Verhältnis der Widerstände in diesen Zweigen stehen.

---

das Wasservoltameter, bei welchem das Gewicht des zersetzten Wassers bestimmt wird, ferner das Cyansilbervoltameter, das Silber- und das Jod-Titriervoltameter und andere. Zur voltametrischen Messung kleiner Stromstärken sind bisweilen Knallgasvoltameter und Wasserstoffvoltameter unter vermindertem Druck, ferner Silber-Mikrovoltameter unter Zuhilfenahme der Nernstschen Mikrowage geeignet.

[1] Grätz, die Elektrizität und ihre Anwendungen 1895, S. 127.

Ist der Widerstand eines Zersetzungsapparates W, so muß demnach $\dfrac{i_2}{i_3} = \dfrac{w_3 + W}{w_2 + W}$ sein. In der Tat wird diese Gleichung durch die Versuchsergebnisse ungefähr bestätigt, denn es ist $\dfrac{i_2}{i_3} = 4{,}4$ und $\dfrac{w_3 + W}{w_2 + W} = 4{,}3$. Die Differenz ist dadurch bedingt, daß die Apparate A_1, A_2 und A_3 nicht genau gleich sind.

Ferner muß den Gesetzen der Stromverzweigung gemäß

$$i_2 = i_1 \frac{w_3 + W}{w_2 + W + w_3 + W}$$

und

$$i_3 = i_1 \frac{w_2 + W}{w_2 + W + w_3 + W}$$ sein.

Setzen wir wieder an Stelle der Stromstärken die ihnen proportionalen Gasmengen, so folgt für die in den Zweigen 2 und 3 abgeschiedenen Gasmengen

$$42{,}5 \; \frac{460 + 10}{100 + 10 + 460 + 10} = 34{,}4$$

$$42{,}5 \; \frac{100 + 10}{100 + 10 + 460 + 10} = 8{,}0$$

was in der Tat mit den Versuchswerten 34,5 und 7,9 gut übereinstimmt. Wird etwas grössere Genauigkeit angestrebt, so sind 3 Kupfervoltameter an Stelle der Wasserzersetzungsapparate angebracht, oder man verwendet, wenn möglich, erheblich größere Widerstände in den einzelnen Zweigen und schließt den Versuch dann an die Lichtspannung z. B. 110 oder 220 Volt Gleichstrom an.

§ 5. Erklärung des FARADAYschen Gesetzes durch die HELMHOLTZsche Theorie.

In seiner am 5. April 1881 zu London gehaltenen Faraday-Vorlesung hat HELMHOLTZ für die von dem FARADAYschen Gesetz umfaßten Tatsachen eine einfache und anschauliche Erklärung gegeben und hierdurch einen wesentlichen Beitrag zum Aufbau der neuen elektrochemischen Theorie geliefert.

Er nimmt an, daß **jede Valenz eines elementaren oder zusammengesetzten Ions mit der nämlichen Elektrizitätsmenge, die gleichsam wie ein elektrisches Atom sich nicht weiter teilen läßt, geladen ist,** und zwar die Kationen mit positiver, die Anionen mit negativer Elektrizität. Die hier von Helmholtz zum ersten Male zielbewußt ausgesprochene Auffassung von der atomistischen Struktur der Elektrizität hat sich als ein Gedanke von überaus grosser Tragweite erwiesen und beherrscht heutzutage nicht nur den größten Teil der Elektriziätslehre, sondern verschafft sich auch in anderen Teilen der Physik ständig wachsende Bedeutung. Es hat sich bisher vorzugsweise eine unitarische Auffassung der Elektrizität bewährt, wonach negative Ionen durch Anlagerung von ein oder mehreren negativen Elektrizitätsatomen [negativen Elektronen] an Atome oder Atomgruppen entstehen, positive Ionen dagegen durch Abspaltung negativer Elektronen aus solchen. Denkt man sich die negative Elektrizität in die Reihe der Elemente eingeordnet, so stellt sich das Faraday-sche Gesetz dar als eine Erweiterung von Daltons Gesetz der konstanten und multipeln Proportionen. [Vergl. Bose, Chemikerzeitung 26, Nr. 5 (1902).]

Da in der Molekel eines Elektrolyten die Anzahl der Valenzen der Kationen stets gleich derjenigen der Anionen ist, so ist die gesamte Lösung der Elektrolyten elektrisch neutral. Sobald nun die Pole einer Stromquelle an die Elektroden einer Zersetzungszelle angeschlossen sind, werden die Kationen von der Kathode (— Pol), die Anionen von der Anode (+ Pol) angezogen. Liegt die Möglichkeit vor, daß die Ionen entladen werden, so geschieht dies bei gehöriger Klemmenspannung, und zwar immer nur an den Elektroden, nicht durch die ganze Masse des Elektrolyten. Der Vorgang der Entionisierung besteht darin, daß die negativen Ladungen der Anionen an der Anode abgeleitet werden, während die positiven Kationen an der Kathode die ihnen fehlenden negativen Elektronen zugeführt erhalten. Dies ist z. B. der Fall bei der Abscheidung der Schwermetalle an der Kathode, sowie des Chlors an der Anode, wenn diese unangreifbar ist. Statt der Entladung der Anionen geht im Falle leicht angreifbarer Anoden die äquivalente Menge des Anodenmetalles in Gestalt positiver

Ionen in Lösung, also so viel, als an der Kathode infolge der Entionisierung der Kationen den Elektrolyten verläßt. Löst sich z. B. bei der Elektrolyse von Kupfersulfat an einer Kupferanode 1 Gramm-Atom Kupfer (63,6 g) auf, so werden hier zwei entsprechende negative Ladungsmengen, d. h. 2×96540 Coul., dem metallischen Kupfer entzogen und die genannte Kupfermenge nimmt damit Ionengestalt an. Wenn somit eine Kupfersulfatlösung zwischen Kupferelektroden elektrolysiert wird, bildet der Strom an der Anode durch Entladung der metallischen Kupferatome neue Kationen, und an die Kathode wird dieselbe negative Elektrizitätsmenge zugeführt, wobei die Kationen zu metallischen Atomen entionisiert werden. Reagieren ferner die Ionen auf das Wasser, so werden aus den Molekeln des letzteren auf Kosten des elektrolysierenden Stromes Hydroxyl- oder Wasserstoffionen gebildet, und zwar an der Kathode negative OH-ionen und an der Anode positive H-ionen. Wenn demnach das Anion SO_4 an einer Platinanode erscheint, so verläuft der Prozeß so, wie wenn aus einer Wassermolekel zwei Wasserstoffatome positiv geladen werden, und das Sauerstoffatom frei wird; und tritt ein Kalium- oder Natriumion an der Kathode auf, so wird hier je ein Hydroxyl (OH) negativ geladen und übernimmt die Rolle des zu dem Ion eines Alkalimetalles gehörigen Anions, während ein Wasserstoffatom an der Kathode entladen wird. Bei denjenigen Metallen, deren Atome mit verschiedener Valenz auftreten, kann endlich, wenn der Elektrolyt und die Elektrodensubstanz es zulassen, einerseits der Fall eintreten, daß die mit höherer Valenz ausgestatteten Kationen an der Kathode nur einen Teil ihrer Ladung verlieren (aus Merkuriionen werden Merkuroionen), und daß andererseits an der Anode Kationen von niedrigerer Valenz höher geladen werden (aus Ferroionen werden Ferriionen). Allgemein gesagt, werden also durch den Strom an der Kathode solche Mengen negativer Elektrizität dem Elektrolyten zugeführt, als an der Anode abgeleitet werden.

Durch die von HELMHOLTZ eingeführte atomistische Auffassung der Elektrizität wird anschaulich gemacht, worin der Vorgang der Elektrizitätsleitung durch einen Leiter zweiter Klasse, der nach Obigem immer eine chemische Verbindung

4*

sein muß, besteht. Gleichzeitig hat er aber auch durch die Annahme, daß einer Valenz jedes Ions die gleiche Elektrizitätsmenge anhaftet, erklärt, warum die durch gleiche Strommengen hervorgerufenen chemischen Veränderungen immer in äquivalenten Gewichtsverhältnissen erfolgen und somit eine überaus einleuchtende Erklärung des Faradayschen Gesetzes gegeben. Ferner ist es verständlich, weshalb isomere Ionen verschiedene Eigenschaften, z. B. verschiedene Farbe, haben können, weshalb z. B. also das Ferroion grün, das Ferriion gelbrot, ferner das MnO_4-ion der Übermangansäure, $HMnO_4$, violett, und das MnO_4-ion der Mangansäure, H_2MnO_4, grün ist. Die Eigenschaften der Ionen hängen eben von der Ladung derselben ab, und diese wird wiederum durch die Zahl der Valenzen bedingt. (Näheres s. I. Abschnitt, 5. Kapitel.)

Die einem einzelnen Wasserstoffion zukommende positive Ladung kann man annähernd berechnen, wenn man bedenkt, daß 1,008 mg Wasserstoff durch 96,540 Coulomb ausgeschieden wird, und auf Grund gewisser Tatsachen annimmt, daß diese Wasserstoffmenge ca. 10^{21} Atome enthält. Ein Wasserstoffion muß demnach mit $96,540 : 10^{21} = $ rund 10^{-19} Coulomb oder 10^{-20} absoluten Einheiten geladen sein, und diese Größe würde allgemein als eine Valenzladung oder ein elektrisches Elementarquantum angesehen werden müssen.

---

3. Kapitel.

Die Überführungszahlen von Hittorf.

Wenn ein nicht zu starker Strom zwischen Kupferelektroden durch eine Kupfersulfatlösung geht, so scheint keine weitere Veränderung einzutreten, als daß das Kupfer von der Anode zur Kathode wandert, die Anode also so viel an Kupfer verliert, als die Kathode an Gewicht zunimmt. Indessen beobachtet man, wofern man die Elektroden nach längerem Stromdurchgang mit einem Galvanoskop verbindet, einen von der Zersetzungszelle gelieferten Sekundärstrom, welcher der

Richtung des Primärstromes entgegengesetzt ist. Der Sekundärstrom kann nun nicht, wie es bei der Elektrolyse der verdünnten Schwefelsäure zwischen Platinelektroden der Fall ist, von Gasen herrühren, da solche bei hinreichend schwachem Primärstrom an jenen Kupferelektroden nicht erscheinen. Es muß daher der Primärstrom in der Kupfersulfatlösung selbst noch gewisse Veränderungen bewirkt haben, die den Sekundärstrom bedingen. Man erkannte bald, daß dieselben darin bestehen, daß die Konzentration der Lösung an der Anode zunimmt und an der Kathode abnimmt,
wobei aber der Gesamtgehalt der Lösung an Kupfersulfat konstant bleibt.

Diese Erscheinungen können mittels des Apparates Fig. 23 leicht sichtbar gemacht werden. Ein 30 cm langes und 3 cm weites Glasrohr ist an den beiden Enden mit Pfropfen verschlossen, durch welche die dicken Zuleitungsdrähte a und k, an welche durchlöcherte Kupferelektroden angenietet sind, befestigt werden. Letztere sind 2 cm voneinander entfernt. Das Niveau der mit etwas Salpetersäure versetzten, konzentrierten Kupfersulfatlösung befindet sich $1\,^1/_2$ cm oberhalb der Kathode und ist besonders zu markieren. Die dem Beobachter abgewendete Hälfte der Röhre ist mit einer rotgefärbten Gelatinelösung wiederholt zu bestreichen, so daß das

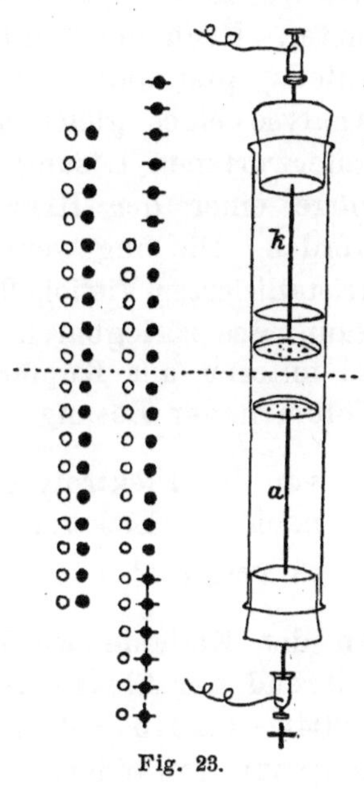

Fig. 23.

Licht einer hinter der Röhre auf- und abbewegten Kerzenflamme nur oberhalb des Flüssigkeitsniveaus gesehen, unterhalb desselben vollkommen absorbiert wird. Schließt man nun die Pole einer Batterie aus 2 Akkumulatoren an, so nimmt man an der Kathode aufsteigende, an der Anode absteigende Schlieren wahr. Nach 20 Min. bereits schimmert das Kerzenlicht durch die obere, immer heller werdende Partie des Elektrolyten deutlich hindurch, und nach 40 Min. ist hier die Entfärbung fast vollständig.

In den Jahren 1853—1859 hat Hittorf diese an den Elektroden auftretenden Änderungen der Konzentrationen bei sehr vielen Elektrolyten quantitativ studiert.[1]) Die Resultate seiner mühevollen, musterhaften Untersuchungen erfuhren bei den damaligen Physikern nicht die ihnen gebührende Würdigung. Erst der Neuzeit ist es vorbehalten gewesen, sie in ihrer ganzen Bedeutung zu erkennen und für die Theorie der Stromleitung zu verwerten.

HITTORF elektrolysierte die Salzlösungen in Gefäßen, deren Kathodenabteil sich von dem Anodenabteil derartig trennen ließ, daß eine Mischung der Flüssigkeitsinhalte vermieden wurde. In dem Stromkreis befand sich noch ein Silbervoltameter. Nach der Elektrolyse wurde der Inhalt des Kathodenabteils quantitativ untersucht, und das Ergebnis mit der Analyse eines gleichen Volumens der der Elektrolyse nicht unterworfenen Lösung verglichen. Zur weiteren Orientierung möge einer der HITTORFschen Versuche[2]) näher betrachtet werden. Die angewendete Kupfersulfatlösung enthielt auf 1 g kristallisierten Vitriols 24,99 g Wasser. Die Kathode im oberen Raum des zerlegbaren Gefäßes bestand aus Platin, die Anode im unteren aus Kupfer. Das den Kathodenraum ausfüllende Volumen der Lösung ergab bei der quantitativen Analyse

vor der Elektrolyse	0,6765 g CuO
nach der Elektrolyse	0,5118 „ „
es verlor also . . .	0,1647 g CuO $=$ 0,1315 g Cu.

An der Kathode wurden nach der Messung im Voltameter während der Elektrolyse 0,2043 g Cu gefällt. Folglich waren 0,2043—0,1315 $=$ 0,0728 g Cu aus dem Anoden- in den Kathodenraum gewandert. Wäre also 1 g Cu gefällt worden, so würden 0,356 g Cu nach oben transportiert sein. 0,356 nennt HITTORF die Überführungszahl des Kupfers.

Da im Kupfersulfat auf 63,6 Gew.-Teile (Atomgewicht) Kupfer 96,06 Gew.-Teile SO_4 (Gewicht des SO_4-radikals kommen, so werden für je 100 Gew.-Teile ausgeschiedenen Kupfers 96,06 $\times$ 100/63,6 Gew.-Teile SO_4 im Kathodenraum verfügbar. Die 35,6 Gew.-Teile des herbeigewanderten Kupfers nehmen

---

[1]) W. HITTORF, Über die Wanderungen der Ionen. 1. u. 2. Teil. OSTWALDS Klassiker Nr. 21 u. 23.

[2]) *l. c.* S. 18. 1. Teil.

$96,06 \times 35,6/63,6$ Gew.-Teile SO_4 in Anspruch. Es müssen sich also in der Zeit, in welcher 35,6 Gew.-Teile Kupfer nach oben treten,

$$\frac{96,06}{63,6}(100 - 35,6) = \frac{96,06}{63,6} \cdot 64,4 \text{ Gew.-Teile } SO_4$$

nach unten begeben. Nun repräsentieren 35,6 Gew.-Teile Kupfer $35,6/63,6$ Grammatom Cu-ionen, und $96,06 \times 64,4/63,6$ Gew.-Teile SO_4 entsprechen der Anzahl nach $64,4/63,6$ Grammolekül SO_4-ionen. Demnach verhalten sich die Zahlen der nach entgegengesetzten Richtungen wandernden Cu- und SO_4-ionen wie $35,6 : 64,4$. Die Bewegung der Ionen in einem Volumteil des Elektrolyten erfolgt also ungefähr in der Weise, daß sich in der Zeit, in welcher 1 Cu-ion an die Kathode wandert, $2\,SO_4$-ionen nach der Anode bewegen. 0,644 muß die Überführungszahl des SO_4-ions sein.

Da die beiden Ionenarten eines Elektrolyten demnach im allgemeinen mit verschiedenen Geschwindigkeiten wandern, so könnte man meinen, daß die schneller wandernden Ionen sich in dem betreffenden Abteil anhäufen und daselbst der Anzahl nach den anderen Ionen überlegen sein müßten. Indessen würde sich dann in diesem Teil des Elektrolyten freie Elektrizität ansammeln, was von vornherein ausgeschlossen ist. Die Ionenverschiebungen dürfen vielmehr immer nur so stattfinden, daß in einem Volumteil der Lösung die Anzahl der positiven Elektrizitätseinheiten gleich ist derjenigen der negativen. Daß dieser Forderung im Fall der Elektrolyse des Kupfersulfats trotz der so verschiedenen Wanderungsgeschwindigkeiten beider Ionen genügt wird, wird man begreifen, wenn man auf das der Fig. 23 beigegebene Schema achtet, welches gleichzeitig die jenem HITTORFschen Versuch entsprechenden Konzentrationsänderungen anschaulich darstellen soll. Die weißen Kugeln o bedeuten die Anionen, die schwarzen • die Kationen. Der horizontale Strich scheidet die Kathoden- von der Anodenschicht. Vor der Elektrolyse ist die Lösung gleichmäßig, und es mögen beide Schichten durch je 9 Kationen und 9 Anionen angedeutet sein. Nach einer gewissen Zeit der Stromwirkung seien an der Kathode 6 Kupferatome ⚬ ausgeschieden, und an der Anode ebensoviele Cu-ionen ⚬ geschaffen. Während sich aber an der Kathodenseite nur 5 Cu-ionen und 5 SO_4-ionen befinden, sieht man an der Anodenseite außer den 6 ergänzten Sulfatmolekeln $CuSO_4$ noch 7 Cu-ionen und 7 SO_4-ionen. Würde während der Elektrolyse nur eine Wanderung der Anionen erfolgt sein, so hätte man in der Anodenschicht im ganzen $9 + 6 = 15\,CuSO_4$ und in der Kathodenschicht $9 - 6 = 3\,CuSO_4$ finden müssen. Wenn andererseits nur die 6 Cu-ionen von der Anoden- nach der Kathodenschicht zu den hier disponibel gewordenen 6 SO_4-ionen gewandert wären, so wären in beiden Schichten wieder je 9 Cu-ionen und 9 SO_4-ionen vorhanden gewesen, wie vor der Elektrolyse. Tatsächlich aber befinden sich 5 Cu-ionen und 5 SO_4-ionen an der Kathode, $7 + 6$ Cu-ionen und $7 + 6$ SO_4-ionen an der Anode. Also sind gleichzeitig beide Arten von Ionen, Cu-ionen nach der Kathode, und SO_4-ionen nach der Anode transportiert, und zwar 2 Cu-ionen von unten nach oben, und 4 SO_4-ionen von oben nach unten. Auf je 6 an der Kathode frei werdende Kupferatome kommen mithin 2 Cu-ionen, die nach oben befördert werden. Oben werden also 4 SO_4-ionen disponibel, sie gehen nach unten, wo dann 6 SO_4-ionen (die anderen beiden rühren von dem Fortgang der 2 Cu-ionen her) vorhanden sind, für welche auf Kosten der Anode 6 Cu-ionen $+$ geschaffen werden müssen. Von 6 Wegstrecken legt folglich ein Cu-ion je 2, und ein SO_4-ion je 4 zurück, ohne daß ein Überschuß der positiven oder negativen Elektrizität auftritt. Zur Veranschaulichung der Überführungserscheinungen im Unterricht sind eine große Reihe von Modellen angegeben worden, von denen seiner Einfachheit wegen besonders das von NERNST verwendete erwähnt sei, das im Jahrbuch der Elektrochemie, Bd. 7, S. 15 beschrieben ist.

Bedeutet n die Überführungszahl des Anions, so ist $1 - n$ die des Kations. Das Verhältnis $(1 - n) : n$ ist dann das Verhältnis der Geschwindigkeiten l_K und l_A, mit denen sich die Kationen bezw. Anionen im Elektrolyten bewegen. Es gilt somit die Beziehung

$$\frac{l_K}{l_A} = \frac{1 - n}{n}.$$

Den Wert l_K/l_A für das Verhältnis der Ionenbeweglichkeiten eines Elektrolyten durch die Überführungszahlen ermittelt zu haben, ist das wesentlichste Ergebnis jener HITTORFschen Untersuchungen. Die große Wichtigkeit der für die verschiedensten Gebiete der Elektrochemie überaus bedeutungsvollen Überführungszahlen und relativen Ionenbeweglichkeiten wird in den folgenden Kapiteln noch häufiger zutage treten. Die rein analytische HITTORFsche Methode der Bestimmung der Überführungszahlen ist im Laufe der letzten Jahre erheblich vervollkommnet worden. Zugleich aber ist ihr in einer anderen Methode, von der weiter unten die Rede sein wird, ein bedeutungsvoller Rivale erwachsen.

Das Verhältnis l_K/l_A hat sich nach HITTORF von der an den Elektroden herrschenden Potentialdifferenz und innerhalb gewisser Grenzen der Konzentration der Lösungen auch von dieser unabhängig erwiesen. Der Einfluß der Temperatur zeigte sich unerheblich, wenn bei gewöhnlicher Temperatur gearbeitet wird. Bei erheblich gesteigerter Temperatur dagegen verschwindet der Unterschied von l_K und l_A mehr und mehr.

Das folgende Kapitel führt zur Kenntnis der Summe $l_K + l_A$ und mit Hilfe des Wertes l_K/l_A zu den Größen l_K und l_A selbst.

4. Kapitel.

Das Gesetz von Kohlrausch.

§ 1. Messung des Widerstandes elektrolytischer Lösungen.

In seinen Abhandlungen über die Wanderungen der Ionen hatte HITTORF wiederholt darauf hingewiesen, daß die Bestimmung der spezifischen Leitfähigkeit der Elektrolyte d. h. des reziproken Wertes des spezifischen Widerstandes derselben, weitere Aufschlüsse über das Wesen der Elektrolyse ergeben müßte. Da aber beim Durchgang des Stromes durch einen Elektrolyten meistens Gase auftreten, und durch diese eine elektromotorische Gegenkraft erregt wird (s. III. Abschnitt, 6. Kapitel), deren Größe Schwankungen unterworfen ist, so fehlte es lange Zeit an einer brauchbaren Methode zur Messung des Widerstandes der Lösungen. Erst 1880 ist eine solche von F. KOHLRAUSCH gefunden worden. Sein Verfahren ist im

Prinzip dasselbe, nach welchem die Widerstände von metallischen Leitern mittels der WHEATSTONESchen Brücken-Anordnung bestimmt werden. Doch wird die Wirkung der Polarisation durch Benutzung eines von einem Induktionsapparat gelieferten Wechselstromes eliminiert, und im Brückendraht statt eines Gleichstrom-Galvanometers ein Wechselstrominstrument, und zwar in praxi fast stets ein Telephon, welches durch das Tonminimum die Stromlosigkeit im Brückendraht angibt, als Indikator angewendet. In der Zelle befindet sich die zu untersuchende Lösung zwischen platinierten Platinelektroden.

Durch die Fig. 24 wird diese Meßmethode schematisch erläutert. G ist ein Akkumulator, welcher den Induktionsapparat J betreibt. Die Strecken AD, DB, AC und CB sind die vier Widerstandszweige der Wheatstoneschen Brücke, x ist der Widerstand des mit dem zu untersuchenden Elektrolyten gefüllten Meßgefäßes, w ein Vergleichswiderstand. Die Widerstände w_1 und w_2 sind meist ein auf einem Maßstabe aus-

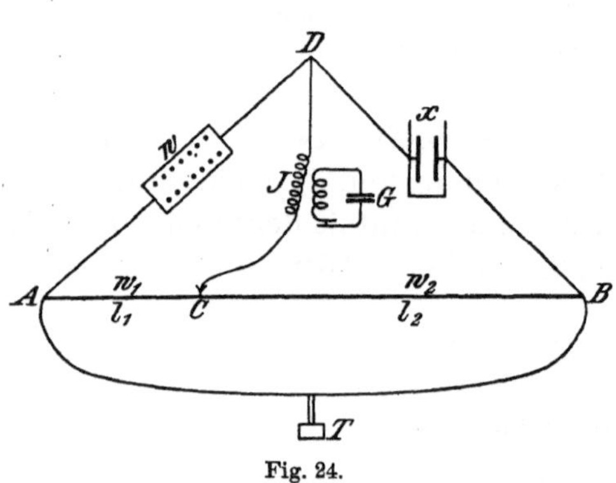

Fig. 24.

gespannter oder auf eine Walze gewickelter Draht. Verändert man nun das Verhältnis der Widerstände $w_1 : w_2$ durch Verschieben des Schleifkontaktes C, bis das Telephon T schweigt, so gilt die Widerstandsproportion: $\dfrac{w}{x} = \dfrac{w_1}{w_2}$ Ist der die Widerstände w_1 und w_2 bildende Draht genau gleichmäßig, so tritt an Stelle des Widerstandsverhältnisses das Längenverhältnis der beiden Drahtteile $\dfrac{w_1}{w_2} = \dfrac{l_1}{l_2}$, wodurch sich $x = w \cdot \dfrac{l_2}{l_1}$ ergibt.

Das Tonminimum im Telephon wird mit befriedigender Genauigkeit ermittelt, wenn die Elektroden nach den Angaben von LUMMER und KURLBAUM (s. I. Abschnitt, 1. Kapitel, § 7) platiniert sind. Die KOHLRAUSCHsche Methode ist überaus bequem und hat im Laufe ihrer Entwickelung einen hohen

Grad von Zuverlässigkeit gewonnen. Trotzdem hat man bisweilen versucht, die Gleichstrommethode (mit Galvanometer),
wie sie zur Bestimmung der Widerstände der Leiter erster
Ordnung üblich ist, auch für die Elektrolyte anwendbar zu
machen, doch hat das nur für ganz seltene Fälle Bedeutung.

§ 2. Die Leitfähigkeit der Elektrolyte.

Die mit dem KOHLRAUSCHschen Apparat ausgeführten
Messungen ergeben den Widerstand w des Elektrolyten, wie
er den Dimensionen des angewendeten Meßgefäßes entspricht.
Um aus dem Widerstande w das Leitvermögen $\varkappa$ zu finden,
ist noch die Kenntnis einer Konstanten des Meßgefäßes erforderlich, nämlich der sogenannte Widerstandskapazität des Gefäßes, deren einfache Bedeutung der Widerstand ist, welchen
man erhalten würde, wenn man das Meßgefäß mit einer
Flüssigkeit von Leitvermögen $\varkappa = 1$ füllen würde.

Die Einheit des Leitvermögens besitzt ein Körper, von
welchem ein Würfel von 1 cm Seitenlänge zwischen zwei gegenüberliegenden Flächen als Elektroden den Widerstand von
1 Ohm besitzt. (Ein Ohm ist bekanntlich der Widerstand eines
Quecksilberfadens von 1 qmm Querschnitt und 106,3 cm
Länge bei 0^0.) Füllt man das Meßgefäß mit einer Lösung von
bekannter Leitfähigkeit $\varkappa$, und findet man alsdann den Widerstand w, so ist die Widerstandskapazität des Gefäßes

$$C = \varkappa w.$$

C ist alsdann eine das Meßgefäß charakterisierende Apparat-
konstante, mit deren Hilfe man die Leitfähigkeit anderer

Lösungen nach der Gleichung $\varkappa = \dfrac{C}{w}$ finden kann. Zur ab-

soluten Bestimmung von Leitfähigkeiten dienen Gefäße, deren
Widerstandskapazität C aus den geometrischen Dimensionen des
Gefäßes berechenbar ist[1]), insbesondere Zylindergefäße mit
2 parallelen, den ganzen Querschnitt erfüllenden Elektroden.
Ist in diesem Falle der Elektrodenabstand l, der Quer-

schnitt f qcm, so ist einfach $C = \dfrac{l}{f}$.

---

[1]) Hierbei ist das Gesetz zu beachten, daß der Widerstand der Länge
des Leiters direkt und dem Querschnitt desselben umgekehrt proportional ist.

Die Leitfähigkeit elektrolytischer Lösungen ist weit geringer als die der Metalle. Der Widerstand eines 1 cm langen Fadens einer 10-prozentigen Kupfersulfatlösung ist etwa so groß wie der eines 180 km langen Kupferdrahtes von demselben Querschnitt. Zur Orientierung über die Leitfähigkeit einiger Elektrolyte diene Tabelle IV, die nach den Tabellen von KOHLRAUSCH und HOLBORN zusammengestellt ist. Unter 1 ist der in Wasser gelöste Elektrolyt angegeben, unter 2

Tab. IV.

1	2	3	4	5
Elektrolyt	p	$\frac{1}{\varkappa}$	$\varkappa$	$\Delta\varkappa$
H_2SO_4	5	4,80	0,2085	0,0121
"	30[1])	1,35	0,7388	0,0162
HCl	5	2,53	0,3948	0,0158
"	10	1,59	0,6302	0,0156
"	20	1,31	0,7615	0,0154
"	30	1,51	0,6620	0,0152
NaCl	5	14,9	0,0672	0,0217
"	10	8,26	0,1211	0,0214
"	15	6,09	0,1642	0,0212
"	25	4,68	0,2135	0,0227
"	26,4[2])	—	0,2161	—
NaOH	20	3,06	0,3270	0,0299
$CuSO_4$	5	52,9	0,0189	0,0216
"	10	31,3	0,0320	0,0218
$MgSO_4$	17,4[3])	—	0,04922	—
Gipslösung	gesättigt[4])	—	0,01891	—
Quecksilber . .		0,0000958	10440	
Kupfer		0,0000017	590000	

[1]) Bestleitende Schwefelsäure, spec. Gewicht 1,223 bei 18°, als Aichflüssigkeit für Gefäße mit großer Widerstandskapazität zu empfehlen.

[2]) Gesättigte Kochsalzlösung, ebenfalls als Aichflüssigkeit für Gefäße mit großer Widerstandskapazität zu empfehlen.

[3]) Bestleitende Magnesiumsulfatlösung, spec. Gewicht 1,190 bei 18°, als Aichflüssigkeit für Gefäße mit mittelgroßer Widerstandskapazität zu empfehlen.

[4]) Gesättigte Gipslösung ist namentlich als Aichflüssigkeit für Gefäße mit kleiner Widerstandskapazität zu empfehlen.

der Prozentgehalt p der Lösung, unter 3 der Widerstand $\frac{1}{\varkappa}$ eines Kubikcentimeters der Lösung bei 18° in Ohm, unter 4 die Leitfähigkeit $\varkappa$ bei 18° und unter 5 die relative Zunahme derselben pro 1° Temperatursteigerung.

Da nun im Hinblick auf das FARADAYsche Gesetz anzunehmen war, daß ein die Leitfähigkeit der verschiedenen Elektrolyte beherrschendes Gesetz sich nicht ableiten ließe, solange die Konzentration der Lösungen nur in Prozenten bestimmt wird, so bezog KOHLRAUSCH die Werte der Leitfähigkeiten auf äquimolekulare Lösungen. Es ergab sich so die molekulare Leitfähigkeit Λ. Bezeichnen wir mit η die Äquivalent-Konzentration der Lösung d. h. die Konzentration gemessen in Grammäquivalenten des gelösten Stoffes in einem Kubikcentimeter der Lösung, so ist Λ definiert durch die Gleichung $\Lambda = \frac{\varkappa}{\eta}$.

Nach den Untersuchungen von KOHLRAUSCH hat sich nun für Kaliumchloridlösungen verschiedener Konzentration bei 18° ergeben:

Tab. V.

74,6 g KCl auf:	$1\,000\,\eta$	$\varkappa$	$\Lambda = \frac{\varkappa}{\eta}$
0,33 Liter	3	0,2648	88,3
1 „	1	0,0982	98,2
2 „	0,5	0,05115	102,3
10 „	0,1	0,01119	111,9
100 „	0,01	0,001225	122,5
1 000 „	0,001	0,0001276	127,6
10 000 „	0,0001	0,00001295	129,5

Aus diesen Zahlen ersieht man, daß die Leitfähigkeit eines Elektrolyten mit Abnahme der Konzentration abnimmt, aber nicht so schnell als diese, denn z. B. $\varkappa_{100}$ ist größer als der zehnte Teil von $\varkappa_{10}$. Infolge zunehmender Verdünnung wird also eine Lösung derartig verändert, daß sie den Strom besser leitet, als man erwarten sollte. Es hat sich, im Sinne der im nächsten Kapitel zu erörternden Theorie von

ARRHENIUS, die relative Zahl der aktiven Molekeln vermehrt. Dies kommt auch in den obigen Werten von Λ zum Ausdruck. Aus diesen ergibt sich also der Satz: Die molekulare Leitfähigkeit eines Elektrolyten wächst mit der Verdünnung und nähert sich einem Maximum Λ_∞ für unendlich große Verdünnung.

§ 3. Das KOHLRAUSCHsche Gesetz der unabhängigen Wanderung der Ionen.

Indem KOHLRAUSCH die Differenzen der bei starken Verdünnungen gefundenen Werte von λ einerseits für zwei Elektrolyte mit einem gemeinsamen Anion und verschiedenen Kationen, anderseits für zwei Elektrolyte mit einem anderen gemeinsamen Anion und denselben verschiedenen Kationen berechnete, fand er diese Werte, wie ein unten folgendes Beispiel ergeben wird, nahezu konstant. Er schloß daraus, daß der Wert Λ_∞ eines Elektrolyten sich additiv aus zwei Konstanten zusammensetze, die nichts anderes bedeuten können als die Wanderungsgeschwindigkeiten l_K und l_A der Ionen. Unter dieser Voraussetzung stellte er die Gleichung auf

$$\Lambda_\infty = l_K + l_A .$$

Die Berechnung der Größen l_K und l_A ist aber nunmehr leicht ausführbar. Da $l_K : l_A = (1 - n) : n$ ist, wo n die HITTORFsche Überführungszahl des Anions bedeutet, so ist $l_K = (1 - n)\,\Lambda_\infty$ und $l_A = n\Lambda_\infty$. Für Kaliumchlorid z. B. ist bei 18^0 $\Lambda_\infty = l_K + l_A = 130$, $l_K : l_A = 0{,}498 : 0{,}502$, folglich ist für das Kaliumion $l_K = 64{,}7$ und für das Chlorion $l_A = 65{,}3$.

Aus den Λ_∞-Werten für verschiedene Elektrolyte mit einem gleichen Ion erhält man sehr nahe gleiche Werte für das l_K oder l_A des betreffenden Ion und ist somit in der Lage, aus den sämtlichen Leitfähigkeitsmessungen sehr verdünnter Lösungen eine Tabelle von Mittelwerten der l_K und l_A abzuleiten, mit deren Hilfe man mit bemerkenswerter Genauigkeit die Λ_∞-Werte sämtliche Kombinationen von Anionen und Kationen mit wenigen Ausnahmen berechnen kann.

Diese Tabelle gilt natürlich nur für wässerige Lösungen. Für einzelne andere Lösungsmittel würde man etwas genau anologes ausführen können, doch reicht meist das vorhandene Beobachtungsmaterial bisher nicht dazu aus.

Eine Zusammenstellung der l_K- und l_A-Werte der wichtigsten einwertigsten Ionen ist in folgender Tabelle gegeben, die von F. KOHLRAUSCH und H. v. STEINWEHR[1]) aufgestellt ist.

Bei 18^0 sind die Werte von l_K und l_A für

	Li	Na	K	Rb	Cs	NH$_4$	Tl	Ag	(H)
$l_K =$	33,44	43,55	64,67	67,6	68,2	64,4	66,00	54,02	(329,8)

	F	Cl	Br	J	SCN	NO$_3$	ClO$_3$	JO$_3$	(OH)
$l_A =$	46,64	65,44	67,63	66,40	56,63	61,78	55,03	33,87	(174,)

Für 25^0 sind die Werte erheblich höher, da die Ionenbeweglichkeit mit steigender Temperatur stark wächst, weshalb bei allen Leitfähigkeitsmengen auf genaue Temperaturbeobachtung besondere Sorgfalt verwendet werden muß.

Beispielsweise sind bei 25^0 die Werte von l_K resp. l_A für

	Na	K	H		Cl	OH
$l_K =$	50,98	74,49	364,9	$l_A =$	75,8	219,

Analoge Tabellen lassen sich für die Äquivalente zweiwertiger Ionen aufstellen, deren Zahlen, auch in Verbindungen mit den Werten für einwertige Ionen verwendbar sind.

Durch Addition zweier je einem Anion und einem Kation zugehörige Zahlen resultieren Werte für Λ_∞ der betreffenden Elektrolyte, welche mit den experimentell zu ermittelnden Grenzwerten innerhalb der Versuchsfehler übereinstimmen. Die obigen 18 Werte ($9 l_K$ und $9 l_A$) für einwertige Ionen bei 18^0 ermöglichen die Berechnung der Λ_∞-Werte von 80 Verbindungen. (Eigentlich $9 \times 9 = 81$, doch nimmt das Wasser als Lösungsmittel eine Ausnahmestellung ein, da von unendlicher Verdünnung desselben in wässeriger Lösung nicht die Rede sein kann.)

Sehr gut fügen sich dem KOHLRAUSCHschen Gesetz schon bei mittleren Konzentrationen die aus zwei einwertigen Ionen bestehenden Neutralsalze, sowie einige starke einsäurige Basen und einbasische Säuren. Für die Elektrolyte mit mehrwertigen

---

[1]) Berl. Akad. Ber. **26,** 581, (1902).

Ionen und namentlich für die organischen Säuren und Basen erwies sich die experimentell gefundene molekulare Leitfähigkeit selbst bei starken Verdünnungen ganz erheblich kleiner, als jenem Gesetz entspricht, und OSTWALD drückte daher das Gesetz durch die allgemeinere Formel

$$\Lambda = a\,(\mathrm{l_K} + \mathrm{l_A}) = a\Lambda_\infty$$

aus, in welcher a den Wert eines echten Bruches hat. Je verdünnter die bei der Messung verwendeten Lösungen sind, desto größer wird das a und nähert sich bei unendlich großer Verdünnung schließlich dem Werte 1. So sind z. B. bei 25^0 für Essigsäurelösungen die Werte von a 0,0113 und 0,119, wenn auf 1 g-Mol. CH_3COOH 8 bezw. 1024 Liter Wasser kommen. Nun darf aber der Verdünnungsgrad für die Praxis der Messung eine gewisse Grenze nicht überschreiten. In solchen Fällen, wie z. B. bei der Essigsäure kann man direkt das Λ_∞ nicht messen, sondern hat dasselbe zu bilden aus dem $\mathrm{l_K}$-Werte des Wasserstoffions starker Säuren und dem $\mathrm{l_A}$-Werte für das CH_3COO-Ion, welcher vermittels Leitfähigkeitsmessungen an Kalium- oder Natriumacetat leicht sicher festgestellt werden kann. Durch Addition von $\mathrm{l_K}$ und $\mathrm{l_A}$ ergibt sich dann das Λ_∞ des fraglichen Elektrolyten, und aus diesem Wert und dem experimentell gefundenen Λ kann man a feststellen. Ein Beispiel wird dies erläutern. Es ist z. B. bei 25^0 für eine Benzoësäurelösung (1 g Mol. auf 1024 Liter Lösungsmittel) $\Lambda = 85,5$ und für die stark verdünnten Lösungen des benzoësauren Natriums $\Lambda_\infty = 80,7.$[1]) Setzt man nun $\mathrm{l_K}$ des Natriumions $= 51,0$, so beträgt das $\mathrm{l_A}$ des Benzoësäureanions $80,7 - 51,0 = 29,7$, und da $\mathrm{u_H} = 364,9$ ist, so ist für die Benzoësäure $\Lambda_\infty = 364,9 + 29,7 = 394,6$. Nun ist aber nach der OSTWALDschen Formel $\Lambda = a\Lambda_\infty$ $85,5 = a\,394,6$, also $a = 0,217$.

§ 4. Einfluß der Temperatur auf die Leitfähigkeit der Elektrolyte.

Ein Steigen der Temperatur erhöht die Leitfähigkeit der Elektrolyte, wie aus den Zahlen der vorigen Seite zu ersehen ist Indessen ist ein allgemein gültiges Gesetz, welches die Beziehung

---

[1]) Zeitschr. f. physik. Chem. **25**, 497—525, (1898).

beider Größen zum Ausdruck bringt, noch nicht bekannt.
Man beschränkt sich daher auf die Interpolationsformel

$$\varkappa_{t^0} = \varkappa_{0^0}\,(1 + at + bt^2),$$

in welcher die Konsonanten a und b für jeden Elektrolyten
und jede Konzentration desselben besonders zu ermitteln sind.
Zur Aufstellung einer derartigen Formel muß wenigstens bei
drei verschiedenen Temperaturen die Leitfähigkeit sehr genau
gemessen worden sein und kann dann für Zwischenwerte der
Temperatur mit ausreichender Genauigkeit interpoliert werden.
Natürlich kann man auch direkt die molekularen oder äquivalenten Leitfähigkeiten durch eine derartige Formel in ihrer
Abhängigkeit von der Temperatur darstellen. Ein sehr um-
fangreiches Beobachtungsmaterial über alle die Leitfähigkeit
betreffenden Fragen findet sich in dem Werke von KOHLRAUSCH
und HOLBORN: Das Leitvermögen der Elektrolyte, Leipzig 1898.
Wo es auf große Genauigkeit nicht ankommt, kann man bei
Umrechnung auf nahe benachbarte Temperaturen die Zunahme
der Leitfähigkeit verschiedener verdünnter Lösungen pro Temperaturgrad zu $2,5\,^0/_0$ ansetzen.

Bei fortschreitender Abkühlung verringert sich die Leitfähigkeit der Elektrolyte immer mehr, so daß anzunehmen
ist, daß sich beim absoluten Nullpunkt alle Elektrolyte als
Nichtleiter erweisen würden.

Es besteht in Hinsicht auf den Einfluß der Temperatur
zwischen elektrolytischer und metallischer Leitung ein direkter Gegensatz, denn der Widerstand der meisten metallischen
Leiter nimmt mit fallender Temperatur stark ab, so daß
namentlich die reinen Metalle bei extrem tiefen Temperaturen
immer vorzüglichere Leiter werden.

§ 5. Versuche zur Demonstration der Wanderungs-geschwindigkeit der Ionen.

Um die theoretischen Erörterungen dieses Kapitels einigermaßen anschaulich zu machen, mögen folgende Versuche
dienen. Als Zersetzungszelle für den ersten Versuch verwende
man ein mit Platinelektroden versehenes U-Rohr (Fig. 16) und
leite einen Strom unter Einschaltung einer weniger empfindlichen, mit vertikaler Nadel versehenen Galvanoskops durch

die äquimolekularen Lösungen zweier Natriumsalze, deren Anionen möglichst verschiedene Wanderungsgeschwindigkeiten haben, und zwar zunächst durch eine Lösung von Natriumacetat $84:100$ ($l_{C_2H_3O_2} = 38,4$), hierauf unter Benutzung des nämlichen U-Rohres durch eine Lösung von Kochsalz $36:100$ ($l_{Cl} = 62$). Im letzteren Fall zeigt die Nadel einen ganz erheblich größeren Ausschlag, was wesentlich durch die größere Wanderungsgeschwindigkeit des Chlorions gegenüber derjenigen des Anions $C_2H_3O_2$ bedingt ist.

Durch den zweiten Versuch läßt sich das Verhältnis der Ionengeschwindigkeiten objektiv darstellen. Fig. 25 zeigt im Prinzip die Anordnung von Lodge,[1] dessen zahlreichen Ver-

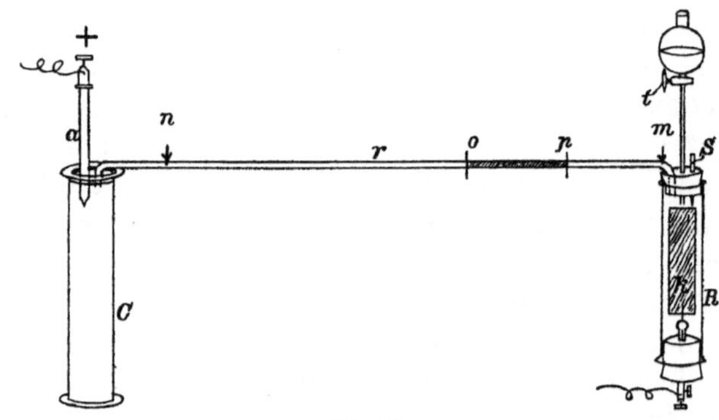

Fig. 25.

suchen zur direkten Ermittlung der Wanderungsgeschwindigkeiten der Ionen der folgende mit einigen Abänderungen nachgebildet ist. Ein 8 mm weites, 40 cm langes Glasrohr r wird mittels eines Diamanten mit einer Centimeterteilung versehen und 1,5 cm vor jedem Ende rechtwinklig umgebogen. Ferner erhitze man über einem Wasserbad 140 g Wasser mit 10 g reiner Gelatine, bis sich letztere eben gelöst hat, und füge 7 g Kochsalz und einige Tropfen der roten, schwach alkalischen Phenolphtaleïnlösung hinzu, so daß die Flüssigkeit

---

[1] Rep. of the Brit. Assoc. 1887, S. 389. Vergl. auch W. C. Dampier Whetham, Phil. Trans. 186, 567—522, (1895). Späterhin ist das Verfahren besonders von Steele weiter vervollkommnet worden. Vergl. R. Abegg: Eine neue Methode zur Bestimmung von Ionenbeweglichkeiten, Zeitschr. f. Elektrochem. 7, 618 und 1011, (1901), sowie spätere Veröffentlichungen.

deutlich rosa gefärbt ist. Letztere wird warm durch Fließpapier filtriert und in die Röhre r gegossen, worin sie bald erstarrt. Hierauf wird das eine Ende der Röhre r durch die eine Durchbohrung eines Pfropfens gesteckt, dessen beide andere Durchbohrungen den Hahntrichter t und das massive Glasstäbchen s tragen. Dieser Pfropfen schließt das obere Ende der Röhre R. Im unteren Ende derselben ist mittels eines Pfropfens das zur Kathode bestimmte Platinblech k befestigt. Mit Hilfe des Trichters t und des Stäbchens s gelingt es leicht, die Röhre R unter gänzlicher Verdrängung der Luft mit einer Lösung von Kupferchlorid 1:10 zu füllen und luftdicht abzuschließen. Ohne diese Maßregel würde die Gelatine unter der Einwirkung des Stromes aus r teilweise herausgedrängt werden. Das andere Ende der Röhre r wird in einen mit verdünnter Salzsäure gefüllten Zylinder C, in welchem sich die aus Gaskohle bestehende Anode a befindet, eingesenkt. Die ganze Anordnung hat nun den Zweck, zu zeigen, daß während des Stromdurchgangs der Wasserstoff von C aus, und das Chlor von R aus in der Röhre r vordringt, was sich durch die Entfärbung der Gelatine zu erkennen gibt. Indessen muß man, bevor man den Strom einschaltet, den Apparat mindestens 25 Stunden sich selbst überlassen. Denn schon der Vorgang der Diffusion der beiden Flüssigkeiten in die Gelatine bewirkt, daß sich letztere von den Enden her entfärbt, und zwar wird das in der Gelatine enthaltene Alkali durch die Salzsäure direkt neutralisiert, während es auf das vordringende Kupferchlorid nach der Gleichung $Cu\,Cl_2 + 2\,Na\,O\,H = Cu\,O_2H_2 + 2\,Na\,Cl$ reagiert, so daß anstatt der Rotfärbung die schwach blaue Trübung des Kupferhydroxyds auftritt. Nun rückt bei 20^0

in der Zeit von 1 Stunde, 4 Stunden, 25 Stunden, 36 Stunden
die Salzsäure um 1 cm   2 cm   5 cm   6 cm
die Kupferchlo-
   ridlösung um 0,5 cm   1,0 cm   2,5 cm   3,0 cm

vor. Es entspricht dieser Vorgang dem Gesetz von STEFAN: $h = a\sqrt{t}$, wenn h den Weg, um welchen die diffundierende Flüssigkeit vorrückt, a eine Konstante und t die Stundenzahl bedeutet. Für die verdünnte Salzsäure würde $a = 1$, für die Kupferchloridlösung $a = {}^1/_2$ sein. Nach 25 Stunden, nach welcher Zeit noch die Strecke *mn* rot ist, schließe man an die Elektroden 10 Akkumulatoren an. Die Entfärbung schreitet jetzt ungleich schneller vor. Während an *a* und *k* die Chlor- bezw. Kupferionen entionisiert werden und so dem Strom den Durchgang durch den Apparat ermöglichen, wandern unter Entfärbung der Gelatine von *a* nach *k* die Wasserstoffionen der Chlorwasserstoffsäure und von *k* nach *a* die Chlorionen des Kupferchlorids, nämlich in je 2 Stunden erstere um 3 cm, letztere um 0,5 cm. In 10 Stunden ist nur noch die Strecke *op* rot gefärbt. Von der Anode her nimmt also in dieser Zeit die Entfärbung um 18,8 cm, von der Kathode her um 3,7 cm zu, und zwar erscheint die Strecke *mp* nicht bläulich getrübt, sondern ebenso farblos wie die Strecke *no*. Zwischen den Teilstrichen 31 und 32 würde die rote Zone schließlich ganz verschwinden. Die durch den Strom herbeigeführte Entfärbung beruht darauf, daß die von der Anode kommenden H·ionen mit dem Hydroxyl der in der Gelatine vorhandenen Base Wasser bilden, und sich die überschüssigen Natriumatome mit den vom Kathodenende anrückenden Cl-ionen zu neutralem Salz verbinden. Somit wird in dem Maße, als die Ionen wandern, beiderseits das Alkali dem Phenolphtaleïn entzogen, und infolgedessen die Gelatine entfärbt. Subtrahiert man von 18,8 und 3,7 cm die Strecken 0,9 bezw. 0,4 cm, um welche die Entfärbung während der Dauer des Stromdurchgangs durch die Diffusion allein zugenommen hätte, so restieren die Strecken 17,9 und 3,3 cm. Diese aber geben das Verhältnis der Geschwindigkeiten an, in denen die Ionen H und Cl durch die Einwirkung des Stromes wandern. Der Versuch lehrt also, daß das H-ion ungefähr fünfmal so schnell nach der Kathode vorrückt, als das Cl-ion nach der Anode. Daß nun in wässrigen Lösungen der Befund derselbe ist als in der steifen Gelatine, ist nach GRAHAMS Untersuchungen sicher anzunehmen, nach denen die Diffusion eines Salzes in einer Gallertmasse mit kaum geringerer Geschwindigkeit erfolgt als in reinem Wasser.

Endlich ist noch ein sehr instruktiver und leicht anzustellender Versuch vorzuführen, durch welchen NERNST[1]) die

---

[1]) Zeitschr. f. Elektrochem. **3**, 308, (1897).

Wanderungsgeschwindigkeit der violett gefärbten MnO_4-ionen demonstriert. Dem kleinen, mit Millimeterskala versehenen U-Rohr R (Fig. 26), dessen Schenkel 8 cm lang und 12 mm weit sind, ist die 4 cm lange und 1 mm weite Röhre cb angeschmolzen. An b schließen sich der Hahn und das mit einem Trichter versehene Steigrohr t an. Die Platinelektroden a und k sind in Pfropfen befestigt, die für den Austritt der Gase aus R noch je ein beiderseits offenes Röhrchen r tragen und den Schenkeln des Rohres R aufzusetzen sind. Durch den Trichter gieße man eine 0,003 n-Kaliumpermanganatlösung, welcher man, um sie dickflüssiger zu machen, vor dem Gebrauch auf je 100 cm³ 5 g Harnstoff zuzufügen hat, öffne kurze Zeit den Hahn h, damit die Permanganatlösung bis c aufsteigt, fülle in das Rohr R bis zum Niveau m eine 0,003 n-Kaliumnitratlösung und lasse endlich durch langsames Öffnen des Hahnes h die Permanganatlösung in das Rohr R vordringen, bis sie das Niveau m erreicht und die Kaliumnitratlösung bis n gehoben hat. Die Trennungslinie beider Flüssigkeiten ist eine so scharfe, daß sie sich bis auf $^1/_2$ mm ablesen läßt. Besonders scharf fällt die Trennungsfläche aus, wenn man durch Einlegen einiger Glassplitter in das U-Rohr dafür Sorge trägt, daß der aus c austretende Flüssigkeitsstrahl gebrochen wird und kein Durchrühren der Grenzschicht bewirken kann. Man lege nun an a und k etwa

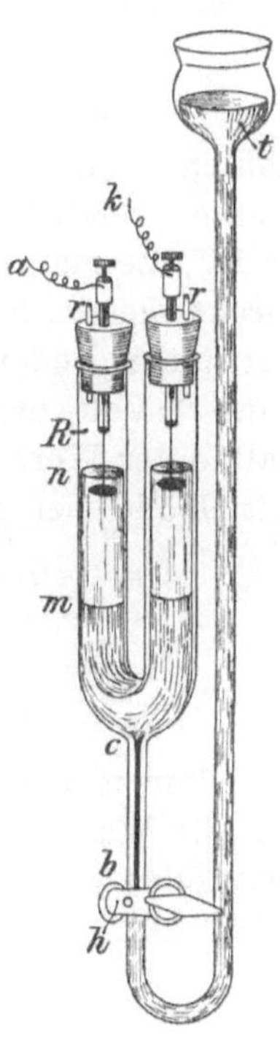

Fig. 26.

eine Batterie von 18 Akkumulatoren an. Infolgedessen steigt das Niveau der Permanganatlösung im Anodenschenkel pro Min. um 1 mm und fällt um eben so viel im Kathodenschenkel, so daß bereits nach 5 Min. der deutlich erkennbare Niveauunterschied von 10 mm zu bemerken ist. Da die Elektroden 11 cm voneinander entfernt sind, so kommt im vorliegenden Fall auf die Flüssigkeitsstrecke von 1 cm ein Spannungsabfall von $^{36}/_{11}$ Volt [1]) Unter dem Einfluß des letzteren wandern die

---

[1]) Die elektromotorische Kraft von 18 Akkumulatoren ist rund 36 Volt.

MnO_4-ionen $^1/_{600}$ cm pro Sek., also würden sie, wenn der Spannungsabfall pro cm 1 Volt betrüge,

$$\frac{11}{600 \cdot 36} = 0,00051 \text{ cm pro Sek.}$$

zur Anode vorwärts dringen.

<h3 align="center">§ 6. Die absoluten Wanderungsgeschwindigkeiten
der Ionen.</h3>

Die im § 3 dieses Kapitels für l_K und l_A angegebenen Zahlen sind, wie auch die Atomgewichte der chemischen Elemente, relative Größen. Die absoluten Werte derselben U und V, die man nach den eben erläuterten Versuchen annähernd direkt messen kann, und die in cm/sek. die Geschwindigkeiten der Ionen bedeuten, wenn das Potentialgefälle in der Strombahn 1 Volt pro Centimeter beträgt, werden durch Multiplikation der Werte l_K und l_A mit $1036 \cdot 10^{-8}$ oder durch Division mit 96540 berechnet. Bei 18^0 ist also:

$$U_H = 0,00352 \text{ cm/sek.} \qquad V_{NO_3} = 0,00063 \text{ cm/sek.}$$
$$U_K = 0,00066 \qquad \text{''} \qquad V_{Cl} = 0,00069 \qquad \text{''}$$
$$U_{Na} = 0,00045 \qquad \text{''} \qquad V_{ClO_3} = 0,00057 \qquad \text{''}$$
$$U_{Ag} = 0,00057 \qquad \text{''} \qquad V_{OH} = 0,00181 \qquad \text{''}$$

Für mehrwertige Ionen lassen sich, wie bereits bemerkt ist, die Wanderungsgeschwindigkeiten bis jetzt nicht so genau feststellen.

<hr>

<h2 align="center">5. Kapitel.</h2>

<h1 align="center">Die Dissoziationstheorie von Arrhenius.</h1>

<h3 align="center">§ 1. Die elektrolytische Dissoziation.</h3>

Nach der Ansicht HITTORFS (S. 26) sind die Ionen der Elektrolyte in wässrigen Lösungen identisch mit denjenigen Stoffteilchen, die sich auch bei den chemischen Reaktionen der gelösten Substanzen gegeneinander austauschen. Deutete schon diese durch die Tatsachen genügend gestützte Theorie darauf hin, daß zwischen den Ionen in der Lösung nur ein lockerer Zusammenhang bestehen könnte, so führte das Gesetz der unabhängigen Wanderungsgeschwindigkeiten der Ionen noch einen Schritt weiter. Da sich hiernach jedes Ion unter der Einwirkung des galvanischen Stromes bei bestimmter Temperatur mit einer ihm eigentümlichen, nur durch seine chemische Natur bedingten Geschwindigkeit bewegt, also letztere keineswegs von dem Charakter der anderen entgegengesetzten Ionenart beeinflußt wird, so durfte SVANTE ARRHENIUS (im Jahre 1887) die Behauptung offen aussprechen, **daß die Molekeln eines Elektrolyten in der Lösung gar nicht als solche vorhanden, sondern bereits in ihre Ionen gespalten sind.** Die Möglichkeit aber, daß die Ionen die ihnen nach der HELMHOLTZschen Theorie (S. 50) zukommenden entgegengesetzt elektrischen Ladungen in der Lösung beibehalten, ergibt sich aus der Erwägung, daß ihre Anzahl gegenüber derjenigen der zwischen ihnen liegenden Wassermolekeln gering ist, so daß letztere als Isolationsmittel wirken, und zwar um so mehr, je mehr die Wassermenge die Menge des Elektrolyten überwiegt. Diese grobsinnliche Veranschaulichung ist zugleich dadurch gestützt, daß nur Substanzen mit hohem Werte der Diëlektrizitätskonstante befähigt sind, als Lösungsmittel gelösten Salzen Leitfähigkeit zu erteilen, d. h. dissoziierend zu wirken. Befinden sich bei gehöriger Verdünnung mehrere Elektrolyte in der Lösung, wie es z. B. in den natürlichen Wässern der Fall ist, so stehen die verschiedenen Kationen und Anionen in keiner weiteren Beziehung zueinander, als daß die Gesamtheit der positiven Ladungen gleich der der negativen sein muß, und es ist daher der Analytiker nichtberechtigt, in dem Ergebnis seiner Analyse solcher Lösungen bestimmte Säuren und Basen als aneinander gebunden anzusehen.

§ 2. Mechanik der Stromleitung in elektrolytischen Lösungen.

Während sich für gewöhnlich die Ionen in dem Lösungsmittel regellos hin- und herbewegen, schlagen sie nach ARRHENIUS, sobald ein Strom den Elektrolyten passiert, bestimmte Bahnen ein, das Kation nach der Kathode, das Anion nach der Anode. Die Geschwindigkeit der Fortbewegung in dieser Vorzugsrichtung ist, wie oben gezeigt, insbesondere durch das Potentialgefälle pro Zentimeter bestimmt.

Die erste Arbeit, welche der elektrolysierende Strom auszuführen hat, besteht also darin, daß er die Reibungswiderstände, welche die Ionen an den ihnen im Wege stehenden Wassermolekeln erfahren, überwinden muß. Diese Widerstände sind nach der Natur der Ionen verschieden groß und für die einzelnen Ionen ebenso charakteristische Größen als die Wanderungsgeschwindigkeiten, deren Wert sie wesentlich bestimmen. Je größer sie sind, um so geringer ist die Beweglichkeit der Ionen. Die Reibungen der Ionen sind nun, wie man, F. Kohlrausch[1]) folgend, berechnen kann, sehr beträchtlich. Damit 1 g-Ion in verdünnter Lösung mit der Geschwindigkeit 1 cm/sek fortbewegt wird, bedarf es einer Zugkraft von $\dfrac{0{,}950}{l_K} \cdot 10^9$ kg-Gew., wo l_K (resp. das für Anionen an dessen Stelle tretende l_A) die Ionenbeweglichkeit bedeutet. Demnach bedürfen 39,1 g Kaliumionen ($= 1$ Grammjon) einer Kraft von $1{,}45 \cdot 10^9$ kg-Gew. Die zum Transport der Ionen verbrauchte Arbeit kann unter Umständen recht erhebliche Beträge annehmen, die einen wesentlichen Teil der zugefügten elektrischen Energie absorbieren, sie geht dabei in Joulesche Wärme über, ebenso wie iu einem metallischen Leiter, je nach dem Widerstand desselben, ein Teil der elektrischen Energie in Wärme verwandelt wird.

An den Elektroden aber hat der Strom, falls er dauernd den Elektrolyten passieren soll, eine zweite Arbeit zu leisten, sei es, daß er Ionen entläd, also im unelektrischen Zustand abscheidet, indem er die ihnen mit einer gewissen Intensität[2]) anhaftende Ladungsmenge entzieht, sei es, daß er (wofür im I. Abschn., 1. Kapitel mehrere Beispiele gebracht wurden) aus dem Material der Elektroden oder des Wassers neue Ionen bildet.

Demgemäß ist die Stromleitung einer elektrolytischen Lösung durch das Vorhandensein freier Ionen bedingt, während etwa anwesende, nicht dissoziierte Molekeln sich an der Leitung überhaupt nicht beteiligen.

---

[1]) Wied. Ann. **50,** 407, (1893).
[2]) Näheres im III. Abschnitt, 6. Kapitel.

§ 3. Der Dissoziationsgrad und das Verdünnungsgesetz.

Jener Faktor α gibt an, welcher Bruchteil des theoretischen Wertes λ_∞ der gefundene Wert λ ist. Nach der Dissoziationstheorie erhält aber α eine bestimmtere Bedeutung. Wenn nur die freien Ionen die Stromleitung ermöglichen, so bezeichnet α denjenigen Bruchteil der Molekeln des Elektrolyten, welche die Dissoziation erlitten haben, und heißt daher der **Dissoziationsgrad.** Ist z. B. in 1 Liter Wasser 1,00 g-Molekül eines Elektrolyten gelöst, und sind 0,80 g-Molekeln davon dissoziiert, so ist $\alpha = 0,80$. Die merkwürdige Tatsache nun, daß bei zunehmender Verdünnung die Größe λ wächst, d. h. die auf die gleiche Gewichtsmenge des Elektrolyten bezogene Leitfähigkeit zunimmt, erklärt sich nach ARRHENIUS daraus, daß bei fortgesetztem Zusatz von Lösungsmittel immer mehr undissoziierte Moleküle des gelösten Stoffes zerfallen, mithin eine Vermehrung der die Elektrizität transportierenden Ionen erfolgt, oder daß, wie ARRHENIUS sich ausdrückt, eine größere Anzahl der Molekeln **aktiv** wird. Sind schließlich bei genügender Verdünnung praktisch alle Molekeln dissoziiert, so hat die molekulare Leitfähigkeit, die nunmehr als Λ_∞ bezeichnet wird, ihr Maximum erreicht. Für diesen Fall ist $\alpha = 1$. Aus den Gleichungen $\Lambda = \alpha \, (l_K + l_A)$ und $\Lambda_\infty = l_K + l_A$ berechnet sich

$$\alpha = \Lambda / \Lambda_\infty.$$

Es hat sich gezeigt, daß schon bei mäßigen Verdünnungen der Wert des Dissoziationskoëffizienten α für die in einwertige Ionen zerfallenden Salze von dem Maximum nicht weit abweicht. Mit der Zunahme der Valenz der Ionen der Salze wird α, wenn relativ gleiche Konzentrationen der Lösungen vorausgesetzt werden, erheblich geringer. Unter den Säuren ist α am größten bei der Chlorwasserstoffsäure und Salpetersäure, etwas kleiner bei der Schwefelsäure. Dagegen erreicht die Dissoziation der entsprechend konzentrierten Lösungen der Phosphorsäure und der meisten organischen Säuren kaum $10^0/_0$, und für die Lösungen der Cyanwasserstoffsäure, Kohlensäure und Borsäure geht sie überhaupt nicht über $1^0/_0$ hinaus. Das Phenolphtaleïn, ein weißes Pulver, ist eine zweibasische organische Säure, $C_{20}H_{12}O_2(OH)_2$, die sich im Wasser nur wenig löst und durch dasselbe fast gar nicht dissoziiert wird. Tritt nun in der Lösung eine Spur freies Alkali auf, so entsteht das Natriumsalz jener Säure. Dieses aber zerfällt fast vollständig in seine Ionen, und da die Anionen derselben intensiv rot gefärbt sind, so ist das Phenolphtaleïn ein vorzügliches Mittel, freies Alkali zu erkennen. Von den Basen sind die der Alkalien sehr stark, und die der alkalischen Erden nur wenig schwächer dissoziiert, hingegen ist der α·Wert für die Ammoniaklösungen auffallend gering (für $^1/_{10}$ n-Lösungen ist $\alpha = 0{,}015$).

Die Kenntnis der α-Werte und ihrer Beziehung zum Volumen V, d. h. der Anzahl der Liter des Lösungsmittels, in welchen 1 g-Molekel des Elektrolyten gelöst ist, ist aus verschiedenen Gründen von Interesse (s. § 6 dieses Kapitels). Das beide Größen beherrschende Gesetz ist von OSTWALD für binäre Elektrolyte theoretisch abgeleitet. Da man annehmen muß, daß die beiderlei einwertigen Ionen derselben in der Lösung sich öfter begegnen und wieder voneinander trennen, so ist dieser reversible Vorgang durch die Gleichung auszudrücken:

$$C \rightleftarrows K + A,$$

worin C die undissoziierte Molekel, K und A das Kation bezw. Anion bezeichnen. Von derartigen Prozessen besagt nun das Gesetz der Massenwirkung von GULDBERG und WAAGE, daß das Verhältnis des Produktes der Konzentrationen, (d. h. der in einem Liter enthaltenen Anzahl Grammjonen) der Kationen und Anionen c_k und c_a zu der Anzahl c der nichtdissoziierten Molekeln für eine bestimmte Temperatur gleich einer den betreffenden Elektrolyten charakterisierenden Konstanten k ist, also

$$\frac{c_k \cdot c_a}{c} = k.$$

Ist 1 g-Molekül des Elektrolyten in V Litern Wasser gelöst, und der Bruchteil α dissoziiert, also $1 - \alpha$ nicht dissoziiert, so ist

$$c = \frac{1 - \alpha}{V} \quad \text{und} \quad c_k = c_a = \frac{\alpha}{V}.$$

Folglich gelten die Gleichungen

$$\text{a)} \quad \frac{\alpha^2}{(1-\alpha)\,V} = k$$

und wegen $\alpha = \dfrac{\Lambda}{\Lambda_\infty}$ nebst

$$1 - \alpha = 1 - \frac{\Lambda}{\Lambda_\infty} = \frac{\Lambda_\infty - \Lambda}{\Lambda_\infty}.$$

$$\text{b)} \quad \frac{\Lambda^2}{(\Lambda_\infty - \Lambda)\,\Lambda_\infty \cdot V} = k.$$

Dieses Verdünnungsgesetz genügt der Tatsache, daß für $V = \infty$ das $\Lambda = \Lambda_\infty$ und $\alpha = 1$ wird. Die Konstante k ist für jede Substanz aus der Gleichung b) als Mittelwert festzustellen, wenn für verschiedene Werte von V die zugehörigen Λ-Werte experimentell ermittelt, und zur Bestimmung von Λ_∞ die Größen l_K und l_A bekannt sind. Ein Beispiel wird dies erläutern. Die erforderlichen Daten sind bei 25^0 für drei Essigsäurelösungen, für welche $\Lambda_\infty = 352$ ist, in der Tabelle VI verzeichnet.

Tab. VI.

V	Λ gefunden	k berechnet	$a = \dfrac{\lambda}{\lambda\infty}$
33,3	8,35	0,0000173	0,0237
500,0	30,2	0,0000161	0,0858
2000,0	57	0,0000157	0,1620

Die Werte von k stimmen nicht sehr befriedigend untereinander überein; es ergeben nämlich schon kleine Fehler im Werte von Λ sehr große Änderungen im k-Werte. Dagegen kann man mittels eines guten Mittelwerts von k recht genau den Dissoziationsgrad für beliebige Werte der Verdünnung V finden. Man erhält nämlich aus Gleichung a)

$$a = \frac{-\,kV + \sqrt{k^2 V^2 + 4\,kV}}{2}.$$

Die Zahlen der vierten Kolumne der Tabelle VI bestätigen, daß α mit der Zunahme der Verdünnung wächst.

Das Verdünnungsgesetz von OSTWALD hat sich für schwach dissoziierte Elektrolyte, namentlich für organische Säuren und Basen, wohl bewährt. Auf die gut leitenden Lösungen ist es dagegen nicht anwendbar. Für die binären Salze, sowie für die starken binären Säuren und Basen hat VAN'T HOFF[1]) die Gleichung

$$\frac{\lambda^3}{(\lambda_\infty - \lambda)^2 \lambda_\infty . V} = k$$

aufgestellt, welche die Änderungen der molekularen Leitfähigkeit mit der Konzentration befriedigend wiedergibt, doch beruht sie nur auf empirischer Grundlage.

Der Dissoziationsgrad des reinen Wassers ist ein sehr geringer. Denn das von KOHLRAUSCH und HEYDWEILLER im Vakuum destillierte Wasser zeigte bei 18^0 ein Leitvermögen $\varkappa$ von $0{,}04 \cdot 10^{-6}$ [2]). Eine Säule solchen Wassers von 1 mm Höhe würde dem Strom einen noch etwas größeren Widerstand entgegensetzen als eine gleich dicke, dreihundertmal um den Erdäquator geführte Kupferdrahtleitung. Aus dieser minimalen Restleitfähigkeit lässt sich auf die Menge der vorhandenen Wasserstoffjonen und Hydroxyljonen schließen, da deren Beweglichkeiten bekannt sind und man erhält damit, daß die Eigen-Dissoziation des Wassers so gering ist, daß 1 g H-ionen und 17 g OH-ionen erst in $12^1/_2$ Millionen Litern enthalten wären. Solches Wasser kann daher praktisch als Nichtleiter angesehen werden, und man darf annehmen, daß das Wasser an der Elektrolyse der Lösungen primär wenig Anteil nimmt. Der Umstand, daß auch sorgfältig aber in Luft destilliertes Wasser stets ein erheblich besseres Leitvermögen besitzt als das KOHLRAUSCH-HEYDWEILLERsche reinste Wasser ist auf das Vorhandensein minimaler elektrolytischer Beimengungen zurückzuführen, die sehr schwer zu beseitigen sind. Auf dieselbe Weise findet auch das geringe Leitungsvermögen mit allen Vorsichtsmaßregeln gereinigter organischer Verbindungen, wie Anilin,

---

[1]) Vorlesungen über theoretische und physikalische Chemie. 1. Heft, 118, (1898).

[2]) Sitzungsber. d. preuß. Akad., physik.-math. Kl., 295, (1894).

Xylol, Terpentinöl usw. seine Erklärung. WARBURG empfiehlt[1]) übrigens, derartige Verunreinigungen durch Elektrolyse zu entfernen und so die Substanzen elektrisch zu reinigen.

Ferner sei darauf hingewiesen, daß man mittels der KOHLRAUSCHschen Methode der Widerstandsmessung mit Erfolg versucht hat, die minimalen Mengen anorganischer Substanz im Zucker quantitativ festzustellen, Löslichkeiten schwerlöslicher Salze zu bestimmen usw.

§ 3. Dissoziierende Kraft der Lösungsmittel.

Den beiden Tatsachen gegenüber, daß weder die bloßen Elektrolyte noch das reine Wasser den elektrischen Strom merklich leiten, muß es im höchsten Grade auffällig erscheinen, daß sich die wässrigen Lösungen der Elektrolyte als Leiter verhalten. Demnach haftet an dem Wasser das Vermögen, die Molekeln des Elektrolyten in die Ionen zu spalten. Es ist gleichsam das Medium, in welchem die Ionen fähig sind, elektrische Ladungen anzunehmen und mit einer gewissen Intensität festzuhalten.

Außer dem Wasser zeigen noch einige andere Flüssigkeiten ein Dissoziierungsvermögen. Doch ist ihnen darin das Wasser meist weit überlegen. Damit eine Jodkaliumlösung den Dissoziationsgrad 0,92 erreicht, sind nach CARRARA[2]) pro g-Molekel JK nur 42 Liter Wasser, dagegen 436 Liter Methylalkohol oder 512 Liter Aceton erforderlich.

Die Messungen der Diëlektrizitätskonstanten verschiedener Flüssigkeiten haben nun, worauf NERNST hinwies, das merkwürdige Resultat ergeben, daß zwischen dieser Größe und der dissoziierenden Kraft ein gewisser Parallelismus besteht. Ist die Kapazität eines Kondensators in einem Medium D-mal größer als in Luft, so ist D die Diëlektrizitätskonstante des untersuchten Mediums, z. B. ergibt sich für Wasser nach einer Methode von NERNST eine ca. 80-malige Vergrösserung der Kapazität. Andererseits ist die Diëlektrizitätskonstante D gleich dem Quadrat des elektrischen Brechungsexponenten, d. h. des Verhältnisses der Wellenlängen, mit denen sich die von einem Erreger erzeugten elektrischen Wellen an einem metal-

---

[1]) Wied. Ann. 54, 396, (1895).
[2]) Gazz. chim. ital. 27, 207—222, (1897).

lischen Leiter einerseits in der Luft, anderseits in der betreffenden Flüssigkeit fortpflanzen. Wenn bei einer bestimmten von DRUDE angegebenen Versuchsanordnung die elektrischen Wellen z. B. in der Luft 36 cm lang sind, so haben sie im Wasser nur die Länge von 4 cm, so daß also für das Wasser $D = (36/4)^2 = 81$ ist. Diese D-Werte sind bei gewöhnlicher Temperatur

für Ameisensäure,	Methylalkohol,	Aceton,
58,5	33,2	20,7
für Äthylalkohol,	Äthyläther,	Chloroform
23,0	4,4	4,9.

Da die Anziehung zweier entgegengesetzt geladener Ionen um so geringer ist, je höher die D-Werte des Lösungsmittels sind, so ist es erklärlich, wieso im Wasser den Ionen eine höhere Existenzfähigkeit zukommt, als in jenen anderen Flüssigkeiten. Freilich dürfen für das Dissoziierungsvermögen außer der Diëlektrizitätskonstanten zweifellos auch noch andere Eigenschaften der Lösungsmittel wesentlich wirksam sein, denn die Reihenfolge, in welcher sich die Elektrolyte nach den α-Werten in dem einen Lösungsmittel ordnen lassen, stimmt mit derjenigen in anderen Lösungsmitteln nicht überein.

Das hohe Dissoziierungsvermögen des Wassers läßt sich durch zahlreiche Versuche anschaulich machen.

Die Lösung des Ammoniaks in absolutem Alkohol gibt mit Phenolphtaleïn keine Farbenreaktion. Erst auf Zusatz von Wasser wird das Ammoniumsalz des Phenolphtaleïns dissoziiert, was an der eintretenden intensiven Rötung zu erkennen ist.[1] Andererseits wird phenolphtaleïnhaltiges Wasser, das durch wenige Tropfen Ammoniaklösung rot gefärbt ist, durch Zusatz von Salmiak entfärbt, indem die Dissoziation des Ammoniaks nach dem Massenwirkungsgesetz zurückgedrängt wird.

Eine kleine Menge Eosin $(C_{20}H_6Br_4O_5)K_2$ schüttele man mit einem Gemisch von 20 cm³ Äther und 1 cm³ Alkohol und filtriere die Flüssigkeit durch möglichst dichtes Filtrierpapier. Das Filtrat ist vollkommen farblos, obwohl es Spuren

---

[1] JONES and ALLEN. Americ. chem. Journ. 18, 337—381, (1896).

jenes Kaliumsalzes gelöst enthält. Wird es aber mit 2 cm³ Wasser geschüttelt, so erscheint letzteres, nachdem es sich am Boden des Gefäßes abgesetzt hat, im durchgehenden Lichte rosa gefärbt und zeigt im auffallenden Lichte die prächtige grüne Fluoreszenz. Offenbar ist diese Farbenerscheinung auf die durch das Wasser bewirkte Dissoziation der salzartigen Substanz des Eosins zurückzuführen. Nach den Untersuchungen von E. Buckingham[1]) sind es tatsächlich die komplizierten Anionen jenes Stoffes, welche die Fluoreszenz bewirken, denn diese wird um so stärker, je mehr die Dissoziation befördert wird.

Auch am Methylenblau $(C_{16}H_{18}N_3S)Cl$, dem Chlorid eines komplizierten Kations, läßt sich die dissoziierende Kraft des Wassers durch eine Farbenerscheinung deutlich demonstrieren. Dieses Salz löst sich in jenem Äther-Alkoholgemisch ebenfalls nur spurenweise, ohne das Lösungsmittel zu färben. Sobald man aber jene Lösung mit 5 cm³ Wasser ausschüttelt, wird die Substanz dissoziiert. Nunmehr sind die freien Kationen $C_{16}H_{18}N_3S$ vorhanden, und diese erteilen dem Wasser die blaue Farbe, die bei obigen Konzentrationsverhältnissen so intensiv ist wie etwa die einer gesättigten Kupfersulfatlösung.

Methylorange ist eine ziemlich schwache, organische, in Wasser lösliche Säure, deren Dissoziation unter deutlich sichtbaren Farbenänderungen sich nach Belieben hervorrufen oder aufheben läßt. Infolge der Dissoziation des Methylorange nimmt das Wasser eine intensiv gelbe Farbe an, die dem Anion angehört. Fügt man der Lösung einige Tropfen Essigsäure zu, so wird die Zahl der Wasserstoffionen vermehrt, die der Anionen muß gemäß der Gleichung $c_k \cdot c_a/c = k$ zurücktreten, und daher wird die Dissoziation des Methylorange rückgängig gemacht. Die Folge davon ist der sofortige Farbenumschlag der Lösung in Karmoisinrot, nämlich in die Farbe der nicht dissoziierten Molekeln des Methylorange. Werden aber nun die von der Dissoziation der Essigsäure herrührenden Wasserstoffionen verdrängt, was infolge jener Gleichung durch Zufügung einiger Kristalle von Natriumacetat leicht geschieht, so tritt die Dissoziation des Methyl-

---

[1]) Zeitschr. f. physik. Chem. **14,** 129—148, (1894).

orange von neuem hervor, und die Lösung wird wieder gelb.[1]) Ähnliche Erscheinungen wie Methylorange zeigt auch die Violursäure.[2])

§ 4. Mechanik der Dissoziation. Energieverhältnisse der Ionen.

War nach dem vorigen Paragraphen die Möglichkeit des Nebeneinanderbestehens entgegengesetzt geladener Ionen im Wasser begreiflich gemacht, so drängt sich nunmehr die Frage auf, aus welchen Energiequellen denn die Ladungen der Ionen selbst hervorgehen? Eine definitive Antwort läßt sich hierauf noch nicht geben, doch darf man eine befriedigende Lösung jenes Problems für die Zukunft wohl erwarten. Immerhin haben bereits jetzt einerseits die thermochemischen, anderseits die photochemischen und photoelektrischen Studien die vorliegende Frage mit einigem Erfolg beleuchtet.

Der Vorgang der Lösung eines Elektrolyten im Wasser besteht zunächst in einer Scheidung der Substanz in noch nicht dissoziierte Molekeln, worauf dann die Dissoziation der letzteren in die Ionen erfolgt. Nach den kalorimetrisch bestimmbaren Wärmeänderungen ist der gesamte Lösungsprozeß in der Regel von einer Abkühlung begleitet, und ein Teil der zur Wiedererreichung der Ausgangstemperatur erforderlichen Wärme muß sich auf die Dissoziation beziehen. Auf Grund thermodynamischer Überlegungen von van't Hoff läßt nun z. B. die Änderung des Dissoziationgrades mit der Temperatur, wie sie sich etwa aus Leitfähigkeitsmessungen ergibt, eine Berechnung der mit dem Dissoziationsvorgang verknüpften Wärmetönung zu.

In manchen Fällen ist die Dissoziationswärme der Elektrolyte auch, wenngleich nur indirekt, meßbar und hat sich dann mit dem theoretischen Wert übereinstimmend erwiesen. Bekanntlich werden bei der Neutralisation von äqui-molekularen Mengen starker einbasischer Säuren und Basen stets gleiche Wärmemengen entbunden, eine Erscheinung, welche die Ionen-

---

[1]) F. W. Küster. Zeitschr. f. Elektrochem. **4,** 105—113, (1898).
[2]) Donnan. Zeitschr. f. physik. Chem. **19,** 465—488, (1896).

theorie mit Leichtigkeit dadurch erklärt, daß diese Wärme-
entwickelung nur die Folge der Vereinigung der Wasserstoffionen der Säure und der Hydroxylionen der Base zu neutralem
Wasser ist. Beim Vermischen verdünnter Lösungen von
je ein Mol Salpetersäure und Natriumhydroxyd werden
bei 25^0 13680 cal. frei, und diese Größe stellt allgemein die
auf 1 Valenz bezogene Neutralisationswärme dar, falls
der α-Wert der Lösungen nicht weit von 1 abweicht. Bezeichnet man, wie es in der Folge nach OSTWALDS Vorgang
immer geschehen soll, die Zahl der positiven Ladungen der
Kationen durch Punkte, die der negativen der Anionen durch
Striche, so ist also bei 25^0

$$H^{\cdot} + OH' = H_2O + 13680 \text{ cal.,}$$

und umgekehrt werden bei der Ionisierung einer Wassermolekel (18 g) 13680 cal. bei 25^0 verbraucht:

$$H_2O = H^{\cdot} + OH' - 13680 \text{ cal.}$$

Wenn aber die zu neutralisierende Säure oder Base
schwach dissoziiert ist, so muß die Neutralisationswärme
einen anderen Wert ergeben, und zwar ist die Differenz dem
Vorgang der Ionisierung zuzuschreiben. Die Essigsäure, deren
α-Wert in der Normallösung sehr gering ist, entwickelt mit
normaler Natronlauge bei 25^0 pro g-Mol. nur 13400 cal. Da
nun das entstehende Natriumacetat sich vollständig dissoziiert, so hat der Neutralisation erst die Ionisierung der Essigsäure voranzugehen, und für diesen Zerfall einer Gramm-
Molekel der Säure in die Ionen werden mithin 280 cal.
verbraucht. Nach der VAN'T HOFFschen Gleichung berechnet
sich diese Dissoziationswärme bei 35^0 zu 220 cal., und wenn
man erwägt, daß überhaupt schon eine sehr hohe Genauigkeit der Messungen erforderlich ist, um die kleine der Dissoziationswärme der Säure entsprechende Differenz nur der
Größenordnung nach richtig zu ermitteln, und wenn man
außerdem bedenkt, daß die Dissoziationswärme der Essigsäure
mit Zunahme der Temperatur geringer wird, so wird durch
dieses Beispiel die VAN'T HOFFsche Gleichung aufs beste bestätigt.

In den meisten Fällen findet die Ionisierung unter Wärmeabsorption statt, die Ionen der Elektrolyte haben also einen

größeren Energieinhalt, als das im indissoziierten Zustande gelöst gedachte Salz ihn besitzen würde. Indessen tritt eine Wärmeaufnahme bei der Dissoziation nicht immer ein. Bei der Phosphorsäure z. B. erfolgt letztere unter dem Freiwerden von 1820 cal. pro g-Mol.

Nach dem Gesetz der thermischen Konstanten von TOMMASI[1]) ist die Wärmemenge, welche entbunden wird, wenn ein Metall ein anderes aus der Lösung seines Salzes verdrängt, stets dieselbe, welches auch das Säureradikal dieses Salzes ist. Demgemäß muß für ein Metall die nämliche Ionisierungswärme gefunden werden, möge man die Wärmetönung der Chloride oder die der Nitrate oder Sulfate der Rechnung zugrunde legen. Die Bestimmung einzelner Ionisationswärmen ist aber nicht ausführbar, da man stets nur Summen, bez. wie hier Differenzen zweier Ionisierungswärmen aus thermochemischen Daten ermitteln kann. Würde man auch nur in einem einzigen Falle die Wärmetönung bei dem Übergange eines Elements in den Ionenzustand ermitteln können, so wären auch die Einzelwerte sämtlich zugänglich, doch ist das bisher mit der nötigen Sicherheit noch nicht möglich. Wenn aber bei jenen Metallausscheidungen die Natur des Anions auf die Wärmeänderungen ohne Einfluß ist (obwohl die Verbindungswärmen der Salze bezogen auf wässrige Lösungen verschieden sind), wenn also der Vorgang nur darin bestehen kann, daß das eine Metall den Ionenzustand aufgibt, das andere ihn annimmt, so folgt, daß der Elektrolyt in der Lösung dissoziiert sein muß. In dem Gesetz von TOMMASI liegt also eine vorzügliche Bestätigung der Dissoziationstheorie. Mittels des LOOSERschen Doppelthermoskops (Fig. 79) läßt sich leicht ein Beispiel für dieses Gesetz experimentell vorführen. Man bringe in die beiden, 25 cm³ fassenden Rezipienten des Apparates je 20 cm³ der Normallösungen von Kupferchlorid und Kupfersulfat, füge denselben je 0,2 g dünne Zinkdrehspäne, deren Streifen möglichst gleiche Breite und Dicke haben müssen (vorzuziehen ist noch das allerdings nicht überall leicht erhältliche Zinkpulver) hinzu und bedecke die Gefäße mit Korkscheiben. Mit einem Holzstäbchen

---

[1]) Compt. rend. 287, (1882). — Moniteur industriel 24, 57—58, (1897).

rühre man die Massen wiederholt um. Das Manometer des ersten Thermoskops zeigt nach 3 Min. den Maximalstand von 4,7 cm, das des zweiten nach 4 Min. den höchsten Stand von 4,3 cm an. Der kleine Unterschied beruht darauf, daß das aus dem Sulfat gefällte Kupfer auf dem Zink fester haftet, so daß letzteres der Lösung weniger leicht zugänglich ist.

Die thermochemischen Ergebnisse dieses Paragraphen lehren, daß der Ionisierungsvorgang mit Wärmeänderungen verknüpft ist. Entweder wird Wärme aufgenommen (—) oder abgegeben (+). Offenbar erfährt also bei dem Übergang eines chemischen Elements in die Ionenform die ihm innewohnende Energie eine Änderung. Letztere aber bedingt zugleich den Wechsel der Eigenschaften, bewirkt also, daß sich die Ionen anders verhalten als sonst die freien Elemente. Die Kaliumjonen K· reagieren nicht auf das Wasser, die Chlorionen Cl′ sind geruchlos, die Cuprijonen Cu·· haben eine blaue, die Ferrojonen Fe·· eine grüne, die Coboltojonen Co·· eine rote Farbe. Die Wasserstoffjonen H geben bei der Vereinigung mit den Hydroxyljonen OH′ nur 13680 cal. ab, während die Verbindungswärme des Wassers aus den Gasen 68000 cal. beträgt. Überhaupt ist die chemische Reaktionsfähigkeit der Ionen gegenüber den nicht ionisierten Elementen durchaus geändert. Auch die verschiedene Reaktionsfähigkeit der allotropen Modifikationen der Elemente, wie des Phosphors, Sauerstoffs, Kohlenstoffs[1]) usw. ist von Verschiedenheiten des Energieinhaltes begleitet.

Wenn nun allgemein der Energieinhalt einer Substanz das gesamte Verhalten derselben wesentlich bedingt, so sind auch die elektrischen Zustände der Ionen als eine Tatsache hinzunehmen, obwohl die Einzelheiten des Ladungsvorganges des näheren einstweilen nicht auseinandergesetzt werden können. Sind doch auch die Details der durch die Reibung erfolgenden Elektrisierung eines Glasstabes in letzter Instanz ebensowenig bekannt.

------

[1]) Gewöhnl. Phosphor (31 g) = roter Phosphor + 28246 cal.
Ozon (48 g) . . . . . = gewöhnl. Sauerstoff + 36200 „
Amorphe Kohle (12 g) . = Diamant + 3720 „
„ = Graphit + 3400 „

Wie in der Thermochemie, so sind auch auf dem Gebiete der strahlenden Energie bisher vielfach Beziehungen zur Elektrizität zutage getreten, von denen ebenfalls eine Förderung des Problems der Ionenladungen zu hoffen ist. Man weiß, daß sich die Metalle im ultravioletten Licht positiv laden. Selen und Phosphor gehen infolge der Belichtung in Modifikationen über, welche die Elektrizität leiten. Überhaupt lassen sich zahlreiche Beispiele[1]) beibringen, welche deutlich zeigen, daß die Lichtwirkung auf eine Erhöhung der Leitfähigkeit hinzielt. So wird das Silberchlorid in das besser leitende Subchlorid verwandelt, das Silberoxyd wird zu Silber reduziert, das Bleioxyd erfährt am Licht eine Oxydation zu leitendem Superoxyd. Durch die Belichtung treten im Chlorwasser $H\cdot$ und Cl', in der wässrigen Lösung des Schwefeldioxyds (selbst bei Ausschluß von Sauerstoff) $H\cdot$ und SO_4'' auf. Die Jodkaliumlösung zersetzt sich am Licht:

$$4\,JK + 2\,H_2O + O_2 = 4\,KOH + 2\,J_2,$$

so daß der starke Leiter KOH entsteht.

§ 5. Anwendungen der Dissoziationstheorie in der Physik.

Der neuen Theorie der elektrolytischen Dissoziation der Ionen ist es anfangs nicht leicht gewesen, sich Bahn zu brechen. Aber dank ihrer Brauchbarkeit ist die Zahl der Anhänger schnell gewachsen. Denn dieselbe hat nicht allein die rein elektrochemischen Vorgänge zu erklären vermocht, sondern sich auch auf den verschiedensten Gebieten der Naturwissenschaften als reformatorische Führerin bewährt.

Die aus dem Jahre 1805 stammende GROTTHUSSsche Theorie der Stromleitung in Lösungen, die vorher lange Zeit maßgebend war, nahm an, die Arbeit des Stromes bei der Elektrolyse bestünde darin, die in der Lösung befindlichen Molekeln des Elektrolyten in Reihen zu ordnen und an den Elektroden die Bestandteile aus dem Verband der Molekeln zu trennen. Man glaubte so erklärt zu haben, wie

---

[1]) J. GIBSON. On photo-chemical action. Edinb. Proc. **21**, 303—309, (1896/97).

die elektrische Energie verbraucht würde und in chemische
überginge. Gegen diese Ansicht wendete CLAUSIUS[1]) schon
1857 ein, daß sich nach derselben die Lösung eines Elektrolyten erst dann als Leiter verhalten dürfte, wenn die Stromenergie (Volt $\times$ Amp) denjenigen Grad erreicht hätte, der
zur Zerlegung der Molekeln erforderlich wäre, und daß von
diesem Moment an, der an dem plötzlich erfolgenden Ausschlag eines eingeschalteten Galvanometers zu erkennen wäre,
sehr viele Molekeln mit einem Male zersetzt werden müßten.
Tatsächlich aber vermag schon ein sehr schwacher Strom
eine Lösung zu passieren, wofern die Elektroden aus demselben Metall bestehen als die Kationen des Elektrolyten.
Bei Einschaltung eines Galvanoskops findet man hierbei, daß
der Nadelausschlag in dem Maße wächst, als der Spannungsunterschied an den Elektroden zunimmt, und daß überhaupt
die Leiter zweiter Ordnung dem OHMschen Gesetz vollkommen genügen, was auf Grund der GROTTHUSSschen
Theorie nicht der Fall sein könnte.

Wenn wirklich die Stromenergie zur Spaltung der Molekeln des Elektrolyten aufgewendet würde, so müßten ferner
gerade diejenigen Elektrolyte ein größeres Leitungsvermögen
zeigen, deren Ionen im chemischen Sinne durch eine schwache
Verwandtschaft zusammengehalten werden. Die Erfahrung
widerspricht auch dieser Folgerung, denn eine Lösung von
Mercurichlorid leitet (wegen geringerer Dissoziation) weit
schlechter als eine solche von Kaliumchlorid, und bei der
Elektrolyse des Kaliumsilbercyanids wandert gerade das
Kalium, das doch fester gebunden sein müßte, an die Kathode, während das Silber mit dem Cyan verbunden an die
Anode geführt wird.

Es ist hier nicht am Platze, näher darauf einzugehen, in-
wiefern die Dissoziationstheorie in den übrigen Teilen der
Physik, soweit es sich um Lösungen handelt, fruchtbringend
gewirkt hat. Daher sei nur angedeutet, daß sich die Eigenschaften elektrolytischer Lösungen in vielen Fällen als die
Summe zweier Konstanten erwiesen haben, die nur den Ionen
zuzuerkennen sind. Beispiele hierfür liefern die Absorption

---

[1]) CLAUSIUS. Mechanische Behandlung der Elektrizität, (1879). VI.

(Farbe), Refraktion und Dispersion des Lichtes. Ganz besonders wichtig für die Ionenlehre selbst ist die Dissoziation bei den Erscheinungen des Gefrierens, Verdampfens und Siedens, wovon im II. Abschnitt die Rede sein wird.

§ 6. Anwendungen der Dissoziationstheorie in der Chemie.

W. Ostwalds „Wissenschaftliche Grundlagen der analytischen Chemie", 2. Aufl. 1897, geben eine vortreffliche Übersicht, welch weitgehende Bedeutung der Dissoziationslehre bei der Erklärung chemischer Reaktionen zuzuschreiben ist. Daß die unedlen Metalle aus den Mineralsäuren leicht Wasserstoff in Freiheit setzen, während sie gegen Kohlenwasserstoffsäuren indifferent sind, daß sich ferner die Hydroxylgruppen der Ätzalkalien bei der Einwirkung auf Salze der Schwermetalle leicht abspalten, während diese Gruppen aus den Alkoholen, z. B. aus Glycerin, welches mit Kupfersulfat keine Fällung gibt, auf diese Weise nicht verdrängt werden, ließe sich nicht einsehen, wenn in den Molekeln jener Säuren und Basen im gelösten Zustand ein festerer Zusammenhang vorausgesetzt würde, als in den organischen Körpern. Die hohe Reaktionsfähigkeit derjenigen anorganischen Verbindungen, welche Elektrolyte sind, die Geschwindigkeit, mit welcher ihre Wirkungen eintreten, gegenüber der Langsamkeit, mit welcher die Nichtelektrolyte, namentlich die Kohlenstoffverbindungen, reagieren, wird erst durch die Dissoziationstheorie verständlich. In gelöster Form sind gerade diejenigen Stoffe die chemisch aktivsten, deren Molekeln am meisten dissoziiert sind. Denn die Massenteilchen tauschen sich Ion für Ion aus, und dies um so schneller, je grösser die Beweglichkeit der Ionen, und je weiter die Dissoziation vorgeschritten ist. Der Dissoziationsgrad a gewinnt daher um so mehr an Bedeutung, als er zugleich für die Schnelligkeit, mit der sich chemische Reaktionen abspielen, bestimmend ist.

So ist der jeweilige Dissoziationsgrad a und allgemeiner die Dissoziationskonstante k für die Säuren und Basen geradezu als ein Maß ihrer Stärke anzusehen, wie es besonders die Vorgänge der Verseifung der Ester und der Inversion des

Zuckers nahe legen. Die Ester werden durch Säuren und Basen gleich schnell verseift, falls der Dissoziationsgrad dieser Substanzen der nämliche ist, also gleichviel $H^.$ bezw. OH' zugegen sind. Die Inversion des Zuckers erfolgt proportional der Anzahl der $H^.$, und so erklärt es sich, wie die Geschwindigkeit dieses Vorganges in dem Grade verringert wird, wie der a-Wert der invertierenden Säure (z. B. durch Hinzufügung von Salzen dieser Säure) zurückgeht.

Überhaupt nehmen die chemischen Reaktionen einen mehr oder weniger langsamen Verlauf, falls die Ionen ausgeschlossen sind, und keine anderen Energieformen in Aktion treten, als bloß die chemische. Der in Chloroform gelöste Chlorwasserstoff wirkt auf Marmorpulver nicht ein. Wohl aber genügt ein geringer Zusatz von Wasser, die Kohlensäureentwicklung hervorzurufen. Die konzentrierte Schwefelsäure, die auch den elektrischen Strom nur wenig leitet, greift das Zink nicht an. Erst bei der Verdünnung mit Wasser wird Wasserstoff entbunden. Während ferner die Ionen $H^.$ und OH' sich bei gewöhnlicher Temperatur leicht vereinigen, sobald sie zusammentreffen, bedarf das Gemisch von Wasserstoff und Sauerstoff einer Temperaturerhöhung, bevor die Reaktion erfolgt. Kupfer und Schwefel reagieren erst nach gehöriger Wärmezufuhr aufeinander, dagegen tritt die Sulfidbildung beim Zusammengießen wässriger Lösungen von Kupfersulfat und Schwefelwasserstoff sofort ein. So ließe sich die Zahl derartiger Beispiele außerordentlich vermehren. Stets würden sie die hohe Aktivität der Ionen beweisen, und somit auch die Bedeutung des Dissoziationsvermögens des Wassers für chemische Umsetzungen begreiflich machen.

Es leuchtet ferner ein, daß die Reagentien, welche die Erkennung eines Elements ermöglichen, wenn es sich im Ionenzustande befindet, nicht mehr verwendbar sind, sobald es mit anderen Elementen ein zusammengesetztes Ion bildet. So ist in dem Chloration ClO_3' des Kaliumchlorats, ferner im Trichloracetion $C_2Cl_3O_2'$ der Trichloressigsäure das Chlor nicht mehr durch Silbernitrat nachweisbar. Zur Bildung solcher komplexen Ionen neigen ferner viele Metalle, wie Eisen, Kupfer und Silber. Sie erzeugen zusammen mit dem Cyan komplexe, fast farblose Anionen, in denen sie gegen Schwefelammonium nicht mehr reagieren. Das Kupfer vermag auch in das Anion der Weinsäure einzutreten, welchem es, wie die bekannte Fehlingsche Lösung zeigt, eine tiefblaue Farbe verleiht. Naturgemäß müssen bei der Elektrolyse solche Metalle, welche sich mit anderen Elementen zu Anionen vereinigen, gegen den Strom (zur Anode) wandern, was Küster[1] mittels der Fehlingschen Lösung in einem lehrreichen Versuch demonstriert. Zu seiner Ausführung dienen vorteilhaft zwei hintereinandergeschaltete Apparate der Art Fig. 26. Den einen beschickt man wie dort bei der Demonstration der Wanderungsgeschwindigkeit des Permanganations mit verdünnter Kupfersulfatlösung und einer K_2SO_4lösung gleichen Leitvermögens, den andern dagegen mit Fehlingscher Lösung unter einer analogen alkalischen Seignettesalzlösung. In dem einen Falle wandert die blaue Färbung, am Cuprijon Cu·· haftend, zur Kathode; im andern Falle, wo das färbende Kupfer Bestandteile des komplexen Anions ist, zur Anode. Kupfer und Quecksilber sowie besonders das Kobalt liefern mit Ammoniak komplexe Kationen, die in ihren Reaktionen von denen der einfachen Kationen ebenfalls abweichen. In den Lösungen des Alauns dagegen haben Aluminium und Kalium ihre normale Reaktionsfähigkeit beibehalten, weil sie beide nebeneinander als selbständige Kationen auftreten. Nur in solchen Fällen, wie sie der Alaun repräsentiert, darf man von wirklichen Doppelsalzen reden, während man früher in diesen Begriff die oben genannten komplexen Verbindungen ebenfalls einschloß.

Auch in die physiologische Chemie hat die Ionenlehre sich Eingang zu verschaffen gewußt. Für die Theorie selbst ist das Resultat der Versuche von Paul und Krönig[2] höchst interessant, daß die giftige Wirkung der Metallsalze mit dem Dissoziationsgrad parallel läuft. Die alkoholischen Lösungen von Sublimat und Höllenstein sind ohne jeden Einfluß auf Milzbrandbazillen. Die Nichtgiftigkeit des Kaliumferrocyanids ist längst bekannt, aber erst die Dissoziationslehre gab die Erklärung hierfür. Man weiß jetzt, daß auch andere Metalle

---

[1] Zeitschr. f. Elektrochem. **4,** 105—113, (1898).
[2] Zeitschr. f. physik. Chem. **21,** 414—450, (1897).

die giftige Wirkung, welche sie als Kationen (Cu·· , Hg·· , Ag·)
ausüben, größtenteils oder ganz verlieren, wenn sie in einen
Anionenkomplex (selbst mit Cyan) eintreten. So ist die des-
infizierende Wirkung des Kaliumsilbercyanids weit geringer,
als die des Silbernitrats, und verdünnte Fehlingsche Lösung
ist auf Pflanzenkeimlinge ohne schädlichen Einfluß.

So erscheint die Dissoziationstheorie nicht nur gegen alle
Einwände gerechtfertigt, sondern sie wird zur Erklärung
mancherlei Vorgänge gefordert. Noch prägnanter aber wird
ihre Richtigkeit durch Erscheinungen bewiesen, die einem
Gebiete angehören, welches der Elektrolyse etwas ferner liegt.
Hiervon soll der nächste Abschnitt handeln.

Die van't Hoffsche Theorie der Lösungen.

Gleichzeitig mit der Theorie der elektrolytischen Dissoziation ist die VAN'T HOFFsche Theorie der Lösungen entstanden. Auch diese hat in der physikalischen Chemie seit der kurzen Zeit ihres Bestehens außerordentiche Erfolge erzielt.

Was hier ganz besonders in Betracht kommt, sind ihre innigen Beziehungen zur Dissoziationslehre, welche von ihr aufs kräftigste gestützt wird. Ferner führt sie zur Erläuterung des Begriffs des osmotischen Druckes, einer Größe, an welche die im III. Abschnitt zu behandelnde NERNSTsche Theorie der Entstehung des galvanischen Stromes direkt anknüpft. Aus diesen Gründen muß hier auf die VAN'T HOFFsche Theorie der Lösungen näher eingegangen werden, wenn sie auch auf den ersten Blick mit der Elektrochemie nichts zu tun hat.

---

1. Kapitel.
Der osmotische Druck.

§ 1. Diffusion und Osmose.

Wenn ein Körper sich in einer Flüssigkeit löst, ohne daß eine chemische Reaktion zwischen beiden stattfindet, so pflegt man den Vorgang der Lösung als einen rein physikalischen anzusehen und die Lösung selbst als ein molekulares Gemenge zu betrachten. Der Lösungsprozeß fester und flüssiger Stoffe ist in der Regel von einer Wärmeabsorption begleitet, die bei fortgesetztem Zusatz des Lösungsmittels so lange andauert, bis die Verdünnung eine Grenze erreicht, wo jene Wärmeänderungen nicht mehr merkbar sind. Das Volumen der gelösten Substanz ist dann gegenüber demjenigen des Lösungsmittels verschwindend klein. Für die folgenden wesentlich theoretischen Betrachtungen dieses Abschnitts handelt es sich um solche Lösungen, deren Konzentrationen sich jenem Grenzfall nähern.[1])

Schichtet man vorsichtig mittels einer an einem Glasstab befestigten Korkscheibe über die konzentriertere Lösung eines gefärbten Salzes, z. B. über eine wässrige Lösung von Kaliumdichromat oder Kupfersulfat, eine verdünntere Lösung desselben Körpers, so beobachtet man, daß die Konzentration der letzteren allmählich wächst, während die der ersteren abnimmt. Es diffundieren die Molekeln des gelösten Stoffes gegen die Richtung der Schwere von Orten höherer nach solchen niedrigerer Konzentration, bis die Flüssigkeit in allen Teilen gleichartig geworden ist. Die Kraft, durch welche die Diffusion betrieben wird, entspricht dem Gasdruck, der die Molekeln eines Gasvolumens zwingt, einen größern Raum einzunehmen, wenn ihnen derselbe geboten wird. Denn wie der Gasdruck die Gasmolekeln bis zu den neuen Grenzen treibt, so werden die Molekeln der gelösten Substanz gedrängt, sich in dem zugefügten Lösungsmittel zu verteilen, bis die gesamte Flüssigkeit eine gleichmäßige Konzentration erlangt hat.

Daß ein solcher Druck während des Diffusionsprozesses tatsächlich besteht, läßt sich zunächst durch folgenden Versuch dartun. Einen etwa 100 cm³ großen Zylinder fülle man bis zum Rand mit einer konzentrierten, sirupartigen Zuckerlösung und verschließe ihn luftdicht mit Rindsblase. Wird er nun umgekehrt in ein Wasser enthaltendes Gefäß gesenkt, so wölbt sich die Membran allmählich in Form einer Kalotte heraus, die nach einigen Stunden eine Höhe bis zu 2 cm erlangt. Offenbar beruht diese Erscheinung

---

[1]) Für gewisse Demonstrationsversuche sind freilich höher konzentrierte Lösungen anzuwenden, damit sie intensivere Effekte ergeben.

darauf, daß die Zuckermolekeln das Bestreben haben, in das Wasser außerhalb des Zylinders zu diffundieren. Hieran werden sie aber durch die Membran größtenteils gehindert; sie spannen daher die letztere, während Wasser in den infolge dieser Spannung entstehenden Raum der Zylinderzelle eindringt. Jene Spannung der Membran ist eine ganz bedeutende, wie man sogleich erkennt, wenn man den Zylinder aus dem Wasser hebt und die Membran mittels einer feinen Nähnadel durchbohrt. Aus der kleinen Öffnung wird ein etwa 20 cm hoher Flüssigkeitsstrahl emporgeschleudert.

Den an diesem Versuch zu beobachtenden Vorgang, also die Durchdringung einer Membran seitens einer Flüssigkeit, hat man Osmose und die Kraft, mit welcher die Molekeln des gelösten Körpers gegen die Membran drücken, den osmotischen Druck genannt. Derselbe erweist sich um so stärker, je konzentrierter die Lösung ist.

§ 2. Die Plasmolyse.

Um den genaueren Zusammenhang zwischen dem osmotischen Druck und der Konzentration zu erkennen, müßte die Membran vollkommen semipermeabel, d. h. halbdurchlässig (nämlich nur durchlässig für die Molekeln des Lösungsmittels, nicht aber für die der gelösten Substanz) sein. Diese Bedingung wird von einer tierischen Haut nicht ganz erfüllt, denn wenn man eine kleine Menge jenes Wassers, in welchem sich die beim vorigen Versuch benutzte zylindrische Zelle mehrere Stunden befand, mit einer Spur verdünnter Schwefelsäure kocht und sie zu einem Überschuß einer erwärmten Fehlingschen Lösung (10 g Kupfertartrat + 500 g Wasser + 400 g reines Ätznatron) fügt, so entsteht ein roter Niederschlag von Kupferoxydul, durch welchen die Anwesenheit von Zukker konstatiert wird.

Vollkommen semipermeabler Membranen hat die Natur sich beim Bau der Pflanzenzellen bedient. Legt man die Oberhautzellen von der Unterseite des Mittelnerven der Blätter von Tradescantia discolor in 10prozentige Salpeterlösung, so beobachtet man mit Hilfe des Mikroskops, daß sich der Plasmaschlauch von der Zellwand loslöst. Der Plasmainhalt der Zellen kontrahiert sich, während die Salzlösung den Raum

zwischen Zellwand und Plasma ausfüllt. H. DE VRIES, welcher
1884 die Osmose an Pflanzenzellen studierte, hat diese Erscheinung Plasmolyse genannt. Als semipermeable Membran
fungiert hier das zarte Häutchen, welches die Plasmamasse
einer Zelle umgibt. Dasselbe läßt aus dem Inhalt der Zelle
Wasser eben dann hindurch, wenn die Konzentration der
Salzlösung um ein Minimum größer ist als diejenige des Zell-
saftes. Indem nun DE VRIES diejenigen Konzentrationen der
wässrigen Lösungen verschiedener Körper ermittelte, die den
plasmolytischen Zustand jener Pflanzenzellen eben noch her-
vorriefen, fand er, daß jene Lösungen äquimolekular waren,
d. h. daß sie die gelösten Körper in solchen Mengen enthielten, die im Verhältnis der Molekulargewichte derselben
standen. Äquimolekulare Lösungen zeigen daher glei-
chen osmotischen Druck, sie sind isotonisch ($\iota\sigma\acute{o}\tau o\nu o\varsigma$,
gleichgespannt).

Die Größe des osmotischen Druckes ist somit
nur durch die Anzahl der gelösten Molekeln bedingt.

§ 3. Die semipermeablen Niederschlagsmembranen.

So wertvoll das Ergebnis von H. DE VRIES auch ist, so
gestattet doch das plasmolytische Verfahren nicht, den osmotischen Druck einer Lösung von bestimmter Konzentration
direkt zu messen. Hierzu sind Apparate erforderlich, deren
wichtigster Teil eine künstlich hergestellte semipermeable
Membran ist. In betreff der Mittel, letztere zu erzeugen, ist
man bisher sehr beschränkt gewesen, da man nur wenige geeignete Stoffe hat auffinden können, und die aus ihnen ge-
wonnenen Membranen die gewünschte Eigenschaft nur gegen
eine geringe Anzahl gelöster Substanzen gezeigt haben.

Die ersten Versuche rühren von TRAUBE[1]) her. Einer
derselben sei hier mitgeteilt. Man bereite sich eine Mischung
von 5 cm^3 einer 2,8 prozentigen Kupferacetatlösung und 0,5 cm^3
einer 10 prozentigen Bariumchloridlösung, fülle durch An-
saugen eine etwa 5 mm weite Glasröhre mit jener Mischung
teilweise an und verschließe sie oben mittels eines Gummischlauchs und Quetschhahnes. Alsdann senke man sie, bis

---

[1]) Archiv f. Anatomie und Physiologie, **87,** (1867).

die Niveaus gleich sind, in ein Gefäß ein, in welchem sich eine 2,4 prozentige Kaliumferrocyanidlösung befindet. An der unteren Öffnung der Röhre bildet sich sehr bald der gallertartige Niederschlag von Kupferferrocyanid $Cu_2Fe(CN)_6$, der wie eine Haut jene Öffnung abschließt. Diese Niederschlagsmembran läßt Wasser, aber fast kein Bariumchlorid hindurch. Es dringt also Wasser in die Glasröhre ein, und die Membran wölbt sich durch den osmotischen Druck, den die Bariumchloridlösung ausübt, in Form einer Blase heraus.

§ 4. Die Messungen des osmotischen Druckes nach PFEFFER.

Um osmotische Versuche mit einer Ferrocyankupfermembran in größerem Maßstabe auszuführen, handelte es sich noch darum, der Membran die gehörige Widerstandsfähigkeit zu geben. Es gelang dies PFEFFER[1]) dadurch, daß er die Membran innerhalb der Wand einer porösen Tonzelle entstehen ließ. Die Herstellung einer gehörig festen und zusammenhängende Membran bietet einige Schwierigkeit, da das

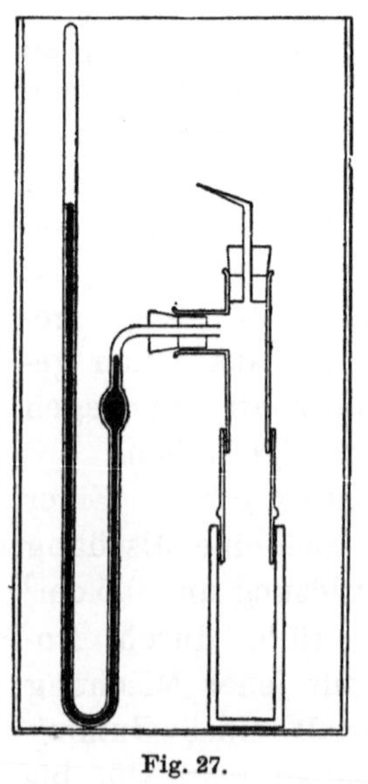

Fig. 27.

Material der Tonzellenwand nicht zuverlässig genug ist. Sie gelingt um so sicherer, je kleiner die Dimensionen der Zelle sind. PFEFFER benutzte Zellen, die nur 4,6 cm hoch und 1,6 cm weit waren. In dem Rand der mit einer Membran ausgestatteten Zelle (Fig. 27) befestigte er ein Verschlußstück aus Glas, brachte in dem seitlichen Tubus desselben ein Quecksilbermanometer an, dessen freier Schenkel zugeschmolzen war, und senkte den ganzen Apparat, nachdem er mit der zu prüfenden Lösung vollständig gefüllt und fest verschlossen war, in ein größeres, Wasser enthaltenes Gefäß ein. Das Quecksilber des Manometers stieg allmählich in die Höhe. Mehrere Wochen aber vergingen, ehe

---

[1]) PFEFFER. Osmotische Untersuchungen, Leipzig (1877).

es den Maximalstand erreicht hatte. Von diesem Moment an
hielt der Druck der im geschlossenen Manometerschenkel komprimierten Luft dem osmotischen Druck das Gleichgewicht,
und PFEFFER war auf diese Weise imstande, letzteren nach
Atmosphären zu messen, also anzugeben, mit welcher Kraft
die Molekeln des gelösten Körpers auf ein Flächenstück der
Zellwand drücken, welches dem Querschnitt des Manometerrohres gleich ist.

Anschaulicher noch wäre der Versuch der Messung des
osmotischen Druckes, wenn sich folgender Apparat konstruieren ließe. Man denke sich das untere Ende einer langen,
mit einer Skala versehenen Glasröhe von 1 cm² Querschnitt
mit einer festen, semipermeablen Membran verschlossen und
teilweise mit der zu prüfenden, verdünnten Lösung angefüllt.
Dicht über den letzteren sei ein für Flüssigkeiten undurchlässiger Stempel angebracht, der sich in der Röhre ohne Reibung verschieben könnte. Man senke die Röhre vertikal in
ein großes, mit Wasser gefülltes Gefäß, so daß das Niveau
in der Röhre gleich demjenigen außerhalb derselben ist. Die
Zelle würde dann durch die Membran Wasser aufnehmen.
Der Stempel würde nach und nach gehoben werden und
schließlich in einer bestimmten Lage stehen bleiben, bis nämlich das Gewicht der in der Röhre aufsteigenden Flüssigkeitssäule dem osmotischen Druck das Gleichgewicht halten
würde. Befände sich eine konzentriertere Lösung in der Röhre,
so würde die aufgenommene Wassermasse sehr beträchtlich
sein. Dadurch würde die Konzentration der Lösung zu sehr
geändert werden, und das Gewicht der aufgestiegenen Flüssigkeitssäule würde einen zu kleinen Druck angeben. In diesem
Fall hätte man dem Stempel Gewichtsstücke aufzulegen, bis
er sich nicht mehr hebt, und diese würden dann als Maß
des osmotischen Druckes gelten. Würde die aufgelegte Last
noch vermehrt werden, so müßte der Stempel sinken; es
würde aus der Röhre durch die semipermeable Membran so
viel Wasser austreten, daß der vermehrte osmotische Druck
der konzentrierter gewordenen Lösung gleich der aufliegenden
Last wäre.

Die PFEFFERschen Versuche sind wegen ihrer hohen Bedeutung im Laufe der Zeit unter mehrfachen Abänderungen der Apparate wiederholt worden. Letztere gingen wesentlich darauf hinaus, die Niederschlagsmembran gegen die häufig nach vielen Atmosphären zählenden Druckkräfte resistenter zu machen. Man hatte Grund anzunehmen, daß hierdurch eine vollkommenere Semipermeabilität erreicht werden würde, und die Möglichkeit geboten wäre, die Untersuchungen auf eine größere Zahl von Substanzen auszudehnen. Mit Rücksicht hierauf sei besonders auf die Arbeiten von TAMMANN[1]) hingewiesen. Immerhin ist man bis jetzt dem Ziel nur wenig näher gerückt.

Die genaueren PFEFFERschen Messungen des osmotischen Druckes der Lösungen führten zu den beiden Gesetzen, daß der osmotische Druck einer Lösung sowohl der Konzentration als der absoluten Temperatur proportional ist. Bezeichnet P den osmotischen Druck in Atmosphären, c den Prozentgehalt, t die Celsiusgrade, T die absolute Temperatur und a eine von dem Molekulargewicht der gelösten Substanz abhängige Konstante, welche den osmotischen Druck bei 0^0 und der Konzentration von $1\,^0/_0$ angibt, so ist

$$P = a \cdot c\,(1 + 0{,}00366\,t) = a\,c\,\frac{T}{273}.$$

Für Rohrzucker ist nach PFEFFER $a = 0{,}649$ Atm.

Über die weiteren Konsequenzen der PFEFFERschen Resultate wird § 7 dieses Kapitels handeln.

§ 5. Demonstrationsversuche.

Will man die PFEFFERschen Versuche nur qualitativ vorführen, so benutze man eine glockenförmige, 225 cm^3 große Glaszelle (Fig. 28), deren untere 7 cm weite Öffnung mit einer Tonplatte, dem von einer Tonzelle abgesägten und passend gefeilten Boden, mittels Siegellack fest verschlossen ist. Hat jene Glaszelle stundenlang in siedendem Wasser gelegen, so daß die Tonplatte mit Wasser injiziert ist, so wird sie mit einer 3 prozentigen Kaliumferrocyanidlösung gefüllt und in ein eine 3 prozentige Kupfersulfatlösung enthaltendes Gefäß bis zum gleichen Niveau eingesenkt. Die Tonplatte

---

[1]) Zeitschr. f. physik. Chem. **9**, 97, (1891).

muß dicht schließen, was man daran erkennt, daß der braune Kupferferrocyanidniederschlag sich weder in der Glocke noch in dem Gefäß außerhalb derselben zeigt. Die so in der Masse der Tonplatte entstehende Membran hat nach drei Tagen eine genügende Dicke erreicht. Die Glocke ist nunmehr ein für allemal vorbereitet. Zu einem osmotischen Versuch wird sie mit einer 50 prozentigen Rohrzuckerlösung gefüllt und mit einem Pfropfen verschlossen, durch den ein mit einer Skala versehenes Thermometerrohr r von 1,3 mm lichter Weite gesteckt ist. In das Lumen dieses Rohres wird vorher etwas gepulvertes Alkaliblau geschüttet, welches an den Wandungen der Röhre adhäriert und durch die blaue Farbe, die es der aufsteigenden Zuckerlösung erteilt, das Niveau derselben besser erkennbar macht. Wird nun der Apparat mittels des Korkes k in dem mit Wasser gefüllten Zylinder C befestigt, so rückt die Flüssigkeit im Thermometerrohr pro Minute durchschnittlich 1 mm vor. Nach dem Versuch, selbst wenn er fünf Stunden dauert, zeigt das Wasser des Zylinders C mit Fehlingscher Lösung nur Spuren einer Zuckerreaktion.

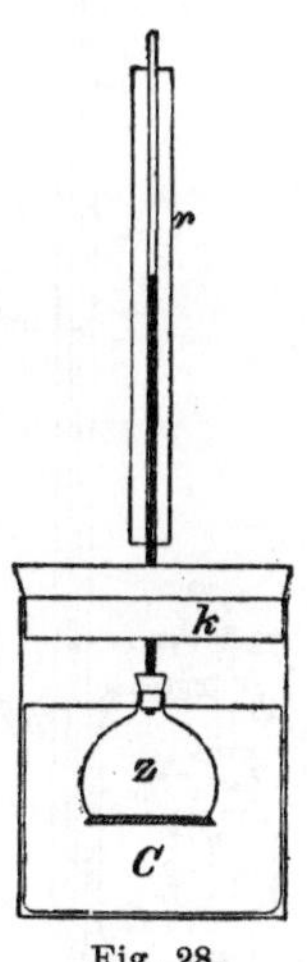

Fig. 28.

Für Demonstrationsversuche liefert ferner eine zylindrische Pukallsche Filterzelle,[1]) deren Wand aus gehörig fester, poröser Porzellanmasse besteht, befriedigende Resultate. Eine derartige Zelle von 38 cm³ Inhalt wurde in folgender Weise präpariert. Durch wiederholtes Evakuieren unter der Luftpumpe wurde sie mit Wasser vollständig durchtränkt. Hierauf wurde sie mit einer 3-prozentigen Kaliumferrocyanidlösung gefüllt, mit einem höchstens einen Centimeter tief eingesetzten Pfropfen, der mit einer beiderseits offenen Glasröhre versehen war, verschlossen und bis über den Rand in eine 3-prozentige Kupfersulfatlösung getaucht. Nach sieben Tagen hat sich ungefähr in der Mitte der Zellwand eine genügend feste Kupferferrocyanidmembran gebildet. Zu einem

---

¹) Dieselbe ist zu erhalten in der Kgl. Porzellan-Manufaktur, Berlin. Leipzigerstr. 2. Preis 0,75 M.

Demonstrationsversuch fülle man die so vorbereitete Zelle mit einer 50-prozentigen Zuckerlösung und verschließe sie mit einem möglichst tief einzudrückenden Gummipfropfen. Letzterer ist, wie bei dem durch die Fig. 29 dargestellten, zum folgenden Versuch gehörenden Apparat, mit einem ⊢förmigen Glasaufsatz S zu versehen. In dem seitlichen Tubus T desselben ist mittels eines Gummipfropfens das mit der Kugel k und dem Trichterchen t, sowie mit einer Skala ausgestattete Manometerrohr M befestigt, welches in beiden Schenkeln eine Lackmuslösung enthält. Das Rohr S ist nun ebenfalls mit Zuckerlösung zu füllen und mit einem Pfropfen p fest zu verschließen. Um aber hierbei jedwedes Luftbläschen zu beseitigen, steckt man durch p ein Glasröhrchen r und schmilzt das kapillare Ende desselben in der Flamme eines Bunsenschen Brenners zu. Wird nun die Zelle bis über den Rand in einen Wasser enthaltenden Zylinder gesenkt, so steigt die Lackmuslösung im Manometerrohr pro Minute durchschnittlich 10 mm, wenn das Lumen dieses Rohres 0,79 mm weit ist. Die osmotische Wasseraufnahme erfolgt also etwa viermal so schnell als bei dem vorigen Versuch.

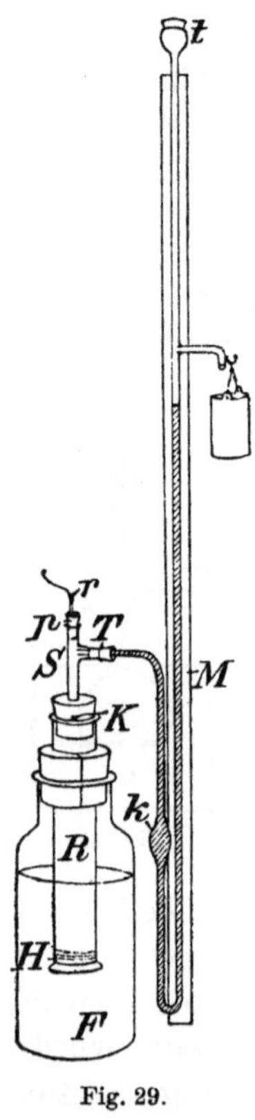

Fig. 29.

Die mit einer Niederschlagsmembran ausgestattete Pukallsche Zelle erscheint auch für quantitative osmotische Versuche brauchbar zu sein. Als nämlich eine nur 1-prozentige Zuckerlösung in den Apparat gebracht, und das Manometer mit Quecksilber gefüllt wurde, stieg letzteres innerhalb mehrerer Wochen bis zu einer Höhe, die dem von Pfeffer gefundenen Druckwerte sehr nahe kam. Im Wasser außerhalb der Zelle war keine Spur von Zucker zu entdecken.

Folgende Versuchsanordnung hat schon Pfeffer empfohlen. Sie eignet sich zwar nicht zur Druckmessung, hat aber den Vorzug, sich leicht und schnell für Demonstrationszwecke ausführen zu lassen. Anstatt der Tonzelle bediene man sich eines 12 cm langen und 2,5 cm weiten Glasrohres R (Fig. 29). Der untere umgelegte und abgeschliffene Rand desselben wird mit Kompoundmasse oder Schellack bestrichen und mit festem Pergamentpapier H dicht überbunden. In letzterem wird dann auf die angegebene Weise die Niederschlagsmembran hervorgerufen. Im übrigen verfährt man, wie schon oben dargestellt ist, und befestigt schließlich das Glasrohr R mittels eines Korkes in dem Halse der mit Wasser gefüllten Flasche F. Nur ist noch zu bemerken, daß man, um die in der sich spannenden Niederschlagsmembran während des Versuchs etwa entstehenden Schäden auszubessern, der Zuckerlösung 0,1 $^0/_0$ Kaliumferrocyanid und dem Wasser 0,09 $^0/_0$ Kupfernitrat hinzuzufügen hat. Je nach der Dicke der Niederschlagsmembran fällt die Geschwindigkeit, mit welcher die Manometerflüssigkeit steigt, etwas verschieden aus. Nach einer dreitägigen Einwirkung der Kupfersulfat- und Kaliumferrocyanidlösung hob sich der Flüssigkeitsfaden des Manometers in einer Minute durchschnittlich 1 bis 2 mm. Bei Benutzung eines nicht präparierten Pergamentpapiers steigt die Flüssigkeit im Manometer anfangs zwar etwa doppelt so schnell; aber es tritt, was für die Dauer von ungefähr zwei Stunden nicht geschieht, wenn das Papier mit der Niederschlagsmembran versehen ist, Zucker in das Wasser über, und außerdem ist die maximale Steighöhe im Manometerrohr geringer.

§ 6. Die allgemeine Gasgleichung.

Auf die Analogie der von PFEFFER experimentell gefundenen Gesetze mit den Gasgesetzen von BOYLE-MARIOTTE und GAY-LUSSAC hat zuerst VAN'T HOFF[1]) hingewiesen und hierdurch, wie der folgende § zeigen wird, die so außerordentlich anschauliche Theorie der Lösungen begründet.

Wenn ein Gas unter dem Druck p_0 bei der Temperatur von 0^0 das Volumen v_0 hat, so hat es nach jenen Gasgesetzen unter dem Druck p und bei der Temperatur von t^0 das Volumen.

$$v = \frac{v_0\, p_0\, (1 + \alpha\, t)}{p} = \frac{v_0\, p_0}{p} \cdot \frac{T}{273},$$

---

[1]) Zeitschr. f. physik. Chem. **1**, 481, (1887).

wobei nach REGNAULT $\alpha = 0,003665 = \dfrac{1}{273}$ für Luft und

näherungsweise für alle Gase ist. Indessen ist in der allgemeinen Chemie noch eine einfachere Form der Gasgleichung gebräuchlich. Da jene beiden Gesetze für alle idealen Gase gelten, also von der chemischen Zusammensetzung derselben unabhängig sind, so stellte bekanntlich AVOGADRO zur Erklärung des Gesetzes der gleichen oder in einfachen Zahlenverhältnissen stehenden Verbindungsvolumina den Satz auf: Gleiche Volumina aller Gase enthalten unter den gleichen Bedingungen des Druckes und der Temperatur eine gleiche Anzahl von Molekeln. Dieser Satz, die sogenannte Regel von AVOGADRO, hat sich durch die zahllosen Molekulargewichtsbestimmungen und auf den verschiedensten Gebieten immer wieder bewährt und stellt eine der theoretisch weittragendsten Grundannahmen der physikalischen Chemie dar. 1 Liter Wasserstoff wiegt bei 0^0 und 76 cm Barometerstand 0,08988 g; und 1 g-Molekel, d. h. 2,018 g Wasserstoff, nimmt somit unter den normalen Verhältnissen den Raum von 22,43 Litern ein. Für andere Gase ergeben sich ähnliche Werte, der genaueste Zahlwert dürfte zurzeit 22,412 sein. Nach der AVOGADROschen Regel müssen daher die normalen Volumina sämtlicher Gase 22,412 Liter betragen, wenn sie die in Grammen ausgedrückte Molekulargewichtsmenge enthalten. Geht màn nun nach HORSTMANN in der Gasformel $p v = p_0 v_0 T/273$ von dem g-Molekularvolumen $v_0 = 22,412$ Liter $= 22412$ cm^3 aus und berücksichtigt, daß 76 cm^3 Quecksilber 1033,3 g wiegen, mißt also p nach Grammen und v nach Kubikcentimetern, so nimmt jene Formel die einfachere Gestalt

$$p v = \frac{1033,3 \cdot 22,412 \cdot T}{273} = 84\,800 \, Tg \cdot cm,$$

oder wenn man p nach Atmosphären und v nach Litern mißt, die Gestalt

$$p v = \frac{22,412 \cdot T}{273} = 0,0821 \, T \text{ Liter-Atmosphären,}$$

(1 Liter - Atmosphäre $= 1033,3 \cdot 100 \cdot 10 \cdot g \cdot cm = 10,333$ kg·m), oder endlich, da 42720 g·cm $= 1$ g-cal. sind, die Gestalt

$$p\,v = \frac{84\,800 \cdot T}{42\,720} = 1,985\,T \text{ oder rund} = 2\,T\text{g-cal}.$$

an. Die Gleichung für p v in der einen oder andern Form läßt sich also allgemein schreiben:

$$p\,v = RT.$$

Wenn man daher die in den nämlichen Einheiten gemessenen Molekularvolumina der Gase mit den betreffenden Drucken multipliziert und das Produkt durch die absoluten Temperaturen dividiert, so erhält man für alle Gase eine konstante Zahl R. Jene Gleichung umfaßt nun nicht bloß die beiden Gasgesetze, sondern schließt in sich auch die AVOGADROsche Regel ein.

Folgende Beispiele mögen die Anwendbarkeit jener Gasgleichung dartun.

a) Um zu berechnen, welches Volumen in Litern 5 g Wasserstoff bei 27^0 und 72 cm Barometerstand $= 72/76$ Atm. erfüllen, bestimme man zunächst das Volumen von 1 Gramm-Molekel $= 2,018$ g Wasserstoff

$$v = \frac{0,0821 \cdot (273 + 27)}{72/76}$$

woraus sich das von 5 g Wasserstoff

$$= \frac{0,0821\,(273 + 27)}{72/76} \cdot \frac{5}{2,018} = 64,4 \text{ Liter}$$

ergibt.

b) Soll das Gewicht von 80 Litern Kohlendioxyd bei 78 cm Barometerstand und 30^0 gefunden werden, so ermittelte man das Gramm-Molekularvolumen (44 g CO_2) bei $78/76$ Atm. und 30^0

$$v = \frac{0,0821\,(273 + 30)}{78/76}$$

und nach der Proportion $v : 44 = 80 : x$ das zu suchende Gewicht

$$x = \frac{78/76}{0,0821\,(273 + 30)} \cdot 80 \cdot 44 = 145,1 \text{ g}.$$

c) Welche Arbeit vermag 1 kg Sauerstoff zu leisten, wenn er bei Atmosphärendruck um 100^0 erwärmt wird?

1 kg Sauerstoff enthält 1000/32 = 31,25 g-Mol.   Folglich beträgt die Arbeit

$$84\,800 \cdot 31,25 \cdot 100 = 265 \cdot 10^6\, g \cdot cm$$
$$= 2650\, kg \cdot m,$$
$$\text{oder }\ 0,0821 \cdot 31,25 \cdot 100 = 256\ \text{Liter-Atmosphären,}$$
$$\text{oder }\ 1,985\ \ \cdot 31,25 \cdot 100 = 6200\ \text{g-cal.}$$

§ 7. Das VAN'T HOFFSche Gesetz der Lösungen.

Der allgemeinen Gasgleichung bediente sich nun auch VAN'T HOFF bei seinen Spekulationen über den osmotischen Druck.   Es ergab sich zwischen diesem Druck P und dem Gasdruck p eine überraschend nahe Beziehung, indem er die Formel $p\,v = 0,0821\ T$ Liter-Atm. auf die PFEFFERschen Resultate anwendete.   Den osmotischen Druck $P = 0,649$ Atm., den eine 1-prozentige Rohrzuckerlösung bei 0^0 ausübt, setzte er in jene Gleichung für p ein.   Da ferner 100 g Wasser, wenn darin 1 g Zucker gelöst wird, den Raum von $100,6\ cm^3$ einnehmen, so würde 1 g-Mol., d. h. 342 g Zucker, in $100,6 \cdot 342\ cm^3$ $= 34,4$ Litern einer 1-prozentigen Lösung enthalten sein. Dieses Volumen setzte er für v und fand $R = 0,649 \cdot 34,4/273$ $= 0,0818$ Liter-Atm., also fast denselben Wert, wie ihn die Gasgleichung zeigt.   Anderseits berechnete er den Druck eines Gases, dessen Volumen mit einer 1-prozentigen Rohrzuckerlösung äquimolekular ist, also in 34,4 Litern ebenfalls 1 g-Mol. enthält, bei denjenigen Temperaturen, bei denen PFEFFER die osmotischen Drucke bestimmt hatte.   In Tabelle VII sind die Werte der beiden Drucke zusammengestellt.

Tab. VII.

Temperatur T	Gasdruck in Atm. berechnet nach $p = \dfrac{0,0821}{34,4}\,T$	Osmot. Druck P in Atm. gefunden von PFEFFER
273,0	0,652	0,649
279,8	0,669	0,664
286,8	0,685	0,686
288,5	0,689	0,691

Die Werte für p beweisen, daß bei Zunahme der Temperatur um 1^0 der osmotische Druck nahezu um 1/273 wächst, daß also diese Druckvermehrung ebenso erfolgt wie bei Gasen.

Tab. VIII.

Prozente der Zuckerlösung	V die Anzahl Liter, in denen 1 g-Mol. Zucker	Gasdruck berechnet nach $p = \dfrac{0{,}0821 \cdot 288}{V}$ Atm.	Osmot. Druck P in Atm. gefunden von PFEFFER
1	34,4	0,689	0,691
2	17,3	1,352	1,337
4	8,8	2,674	2,739
6	5,9	3,966	4,046

In der Tabelle VIII sind neben den bei 15^0 (T $=288$) und verschiedenem Prozentgehalt der Zuckerlösung von PFEFFER bestimmten osmotischen Drucken P die für 15^0 berechneten Drucke p äquimolekularer Gasvolumina verzeichnet. Die Übereinstimmung der Größen p und P ist evident, und dasselbe hat sich außer für Rohrzucker auch für andere organische Substanzen, soweit der osmotische Druck ihrer Lösungen experimentell ermittelt wurde, herausgestellt.

Die Gasgleichung $pv = 0{,}0821$ T Liter-Atm. hat somit auch unmittelbar für Lösungen Gültigkeit, wenn anstatt des Gasdrucks p (in Atm.) der osmotische Druck P, und anstatt des Gasvolumens v (in Litern) das Volumen V der Lösung tritt, nämlich die Anzahl Liter, welche 1 g-Mol. der Substanz enthalten. Auf Grund dieser Übereinstimmung kam VAN'T HOFF zu dem Schluß: der osmotische Druck ist gleich dem Gasdruck, den man beobachten würde, wenn man sich das Lösungsmittel entfernt denkt und annimmt, daß die gelöste Substanz in Gasgestalt bei der gleichen Temperatur den gleichen Raum als die Lösung ausfüllt, oder mit anderen Worten: Die Molekeln einer gelösten Substanz üben bei osmotischen Vorgängen gegen eine semipermeable Membran denselben Druck aus, mit welchem sie in Gasform bei der nämlichen Konzentration und der

nämlichen Temperatur auf die Wände der gewöhnlichen Gefäße drücken würden.

Indem so VAN'T HOFF auf Grund der PFEFFERschen Versuche die AVOGADROsche Regel auf die Lösungen ausdehnte,
bestätigte er zugleich das Gesetz von DE VRIES, nach welchem
der osmotische Druck nicht durch die Qualität der Molekeln
der gelösten Substanz, sondern nur durch die Anzahl derselben bedingt wird, und knüpfte hieran ferner die Folgerung,
daß unter normalen Verhältnissen eine Substanz (Nichtelektrolyt) durch den Vorgang der Lösung in Einzelmolekeln
zerlegt wird.

Auch in energetischer Beziehung müssen sich die Lösungen
wie die Gase vorhalten. Es muß also infolge der durch das
Produkt $V \cdot dP$ gemessenen Änderung der Volumenenergie einer
Lösung dieselbe Arbeit geleistet werden, wie von einem
äquimolekularen Gasvolumen unter entsprechenden Verhältnissen des Druckes und der Temperatur. Hierauf beruht
überhaupt die Messung des osmotischen Drucks durch den
PFEFFERschen Apparat, insofern die Luft im geschlossenen
Schenkel des Manometers so weit komprimiert, und im offenen
Manometerschenkel das Quecksilber so hoch gehoben wird,
bis der so entstehende Gegendruck dem osmotischen Druck
gleich kommt. Im ersteren Fall findet eine bloße Verschiebung der Volumenenergie, im zweiten eine Verwandlung der
Volumenenergie in Distanzenergie statt. In einem offenen Manometerschenkel würde eine 1-prozentige Rohrzuckerlösung eine
Steigung derselben um 6,7 m veranlassen. Betrüge der Querschnitt dieses Schenkels 1 cm^2, so würde diese osmotische
Arbeit $670 \cdot 981 \cdot 670/2 = 219000$ Erg sein, denn 1 cm^3 setzt
der Hebung einen Widerstand von 981 Dynen entgegen, und
der mittlerere Weg ist 670/2 cm. Würde man unterhalb dieser
Höhe jenen Schenkel mit einem seitlichen Ausflußrohr versehen, so würde aus demselben so lange Flüssigkeit ausfließen, bis die Lösung in der Zelle durch die Wasseraufnahme so verdünnt wäre, daß ihrem osmotischen Druck durch
den hydrostatischen Druck der Flüssigkeitssäule des Manometers das Gleichgewicht gehalten würde. Auf diese Weise
könnte der Apparat als Wasserhebemaschine arbeiten (s. Fig. 29
das Eimerchen am seitlichen Zweigrohr des Manometers).

Noch deutlicher wird die Analogie des osmotischen Druckes mit dem Gasdruck, wenn man sich nach VAN'T HOFF folgende Vorrichtung konstruiert denkt. In einem vertikalen, unten geschlossenen und oben offenen Glasrohr befinde sich eine auf und ab bewegliche, dicht schließende, aus einer semipermeablen Masse bestehende Querwand. Oberhalb derselben sei Wasser, während der Raum unter ihr von einer Lösung eingenommen werde. Wäre nun der Druck der Wassersäule größer als der osmotische Druck der Lösung, so würde sich die Querwand senken, und die Lösung würde konzentrierter. Wäre er geringer, so würde sie sich heben, und die Lösung würde mehr Wasser aufnehmen, also verdünnt werden. In beiden Fällen würde die Verschiebung der Querwand so lange stattfinden, bis ein osmotischer Druck hergestellt wäre, der durch den Druck der Wassersäule eben kompensiert würde.

Die Arbeitsfähigkeit einer Lösung ist gerade so, wie die eines Gasvolumens um so größer, je mehr das Volumen verkleinert, d. h. je konzentrierter die Lösung gemacht wird. Dieselbe Arbeit aber, welche der osmotische Druck einer Lösung leistet, falls der letzeren Gelegenheit geboten wird, durch eine semipermeable Wand Lösungsmittel aufzunehmen, muß aufgewendet werden, um den früheren Konzentrationsgrad wiederherzustellen. Zwar kann diese bei der Konzentrierung einer Lösung aufzuwendende Arbeit durch einen osmotischen Versuch direkt nicht gemessen werden, weil jene VAN'T HOFFsche Vorrichtung nicht ausführbar ist. Wohl aber kann die Messung indirekt durch die Vorgänge des Siedens und Gefrierens, die überhaupt eine genauere Bestimmung des osmotischen Druckes ermöglichen (s. II. Abschnitt 3. und 4. Kapitel), gemacht werden.

Was den Wert des osmotischen Druckes anbetrifft, so muß es auffallen, daß derselbe schon bei verdünnten Lösungen hoch ist. Beträgt er doch bei einer 5-prozentigen Rohrzuckerlösung von 0^0 schon $5 . 0{,}649 = 3{,}2$ Atm. Wenn dennoch die Gefäße, in denen man solche Lösungen aufbewahrt, nicht zersprengt werden, so liegt dies daran, daß der nach Tausenden von Atmosphären zählende Binnendruck des Lösungsmittels die einzelnen Teilchen dieser Flüssigkeiten zusammenhält. Der osmotische Druck könnte erst dann zur Geltung kommen und eventuell die Wände der Gefäße zertrümmern, falls diese semipermeabel wären, und man die Gefäße in das Lösungsmittel einsenken würde, ein Vorgang, den man z. B. wirklich beobachten kann, wenn man in geeigneter Weise einen mit semipermeabler Wand umgebenen Tropfen, der eine Zuckerlösung enthält, in eine Lösung mit kleinerem osmotischen Drucke bringt.

———

2. Kapitel.

Der Dampfdruck der Lösungen.

§ 1.   Messung des Dampfdruckes der Flüssigkeiten.

Der maximale Dampfdruck einer Flüssigkeit bei bestimmter Temperatur läßt sich in Millimetern Quecksilber messen. Man hat nur nötig, eine etwa 80 cm lange und etwa 1 cm weite Glasröhre mit luftfreiem Quecksilber zu füllen, sie in einer Quecksilberwanne umzukehren und alsdann in ihr ein ungefähr 1 cm³ großes Fläschchen aufsteigen zu lassen, welches ganz mit der zu prüfenden Flüssigkeit gefüllt und mit einem lose aufgesetzten Glasstöpsel verschlossen ist. Letzterer wird, wenn das Fläschchen in das barometrische Vakuum gelangt, abgeworfen. Ein Teil der Flüssigkeit verdampft, und der Druck dieses Dampfes drückt das Quecksilber um eine bestimmte Anzahl von Millimetern herab, welche die maximale Dampfspannung der Flüssigkeit bei der Temperatur des Versuchs angibt. Mit der Ablesung des Quecksilberstandes hat man etwa 10 Minuten zu warten, und ferner ist es nötig, durch wiederholtes Neigen der Röhre ihre Wände gehörig zu benetzen. Die Größe des barometrischen Vakuums kommt für den gemessenen Dampfdruck nicht wesentlich in Betracht. Sie würde nur das Quantum des entstehenden Dampfes variieren, doch würde sich, solange noch Flüssigkeit vorhanden, stets der gleiche Dampfdruck einstellen. Das Resultat ist indessen unbrauchbar, wenn das Barometerrohr nicht völlig luftleer bleibt, sowie wenn die in Frage kommende Flüssigkeit Verunreinigungen enthält.

Der Wert der maximalen Dampfspannung einer Flüssigkeit ist ein Maß für die Flüchtigkeit derselben. Bei 16^0 beträgt sie für Wasser nur 13,5, für Äther dagegen 374 mm.

§ 2. Die RAOULTschen Gesetze des Dampfdruckes der Lösungen.

Die im Barometerrohr gemessene Depression des Quecksilbers fällt nun geringer aus, wenn in der Flüssigkeit eine Substanz gelöst ist. Dies ist begreiflich, wenn man erwägt, daß die Verdampfung das Volumen der Flüssigkeit verringert, und daß der osmotische Druck, der eher eine Vermehrung des Lösungsmittels herbeizuführen bestrebt ist, die Verdampfung desselben hemmt. Die sich auf die Dampfdruckverminderung der Lösungen beziehenden Gesetze sind von RAOULT[1]) in Grénoble experimentell ermittelt. Die Arbeiten dieses Forschers waren deshalb erfolgreicher als die seiner Vorgänger (WÜLLNER, BABO), weil er von den flüchtigeren Lösungsmitteln ausging und vor allem die Lösungen solcher indifferenter, den galvanischen Strom nicht leitender Substanzen untersuchte, deren eigener Dampfdruck minimal ist. Auf Grund der nach der barometrischen Methode ausgeführten Versuche war RAOULT zu folgenden Sätzen gelangt, von denen die beiden ersten schon früher im wesentlichen bekannt waren.

1. Die relative Dampfdruckverminderung $(p - p_1)/p$, wenn p und p_1 die Dampfdrucke des reinen Lösungsmittels bezw. der Lösung bezeichnen, ist von 0^0 bis 20^0 von der Temperatur unabhängig.

2. Sie wächst der Menge der gelösten Substanz proportional, falls die Konzentrationen nicht zu groß sind.

3. Bezieht man sie diesem Proportionalitätsgesetz gemäß auf 1 g-Mol. Substanz, die in 100 g Lösungsmittel gelöst wäre, so erhält man die molekulare Dampfdruckverminderung.

$$\frac{p - p_1}{p} \cdot \frac{m}{l},$$

wenn l die zum Versuch verwendete Substanz in Grammen, und m ihr Molekulargewicht ist. Die molekulare Dampf-

---

[1]) Zeitschr. f. physik. Chem. 2, 353, (1888).

druckverminderung ist für die Lösungen der verschiedenen Substanzen, die mit dem nämlichen Lösungsmittel hergestellt sind, konstant, also, wie auch der osmotische Druck, nur durch die vorhandene Anzahl der Molekeln der gelösten Substanzen bedingt.

4. Berechnet man, indem man die Gewichtsmengen der Substanz und des Lösungsmittels durch die zugehörigen Molekulargewichte dividiert, die Anzahl n und N der Molekeln beider, so besteht für alle Lösungsmittel die Gleichung

$$\frac{p - p_1}{p} = \frac{n}{N + n},$$

d. h. die relative Dampfdruckverminderung ist für alle Lösungsmittel gleich dem Verhältnis der Anzahl der Molekeln der Substanz zu der Gesamtzahl der in der Lösung vorhandenen Molekeln der Substanz und des Lösungsmittels.

§ 3. Demonstrationsversuche.

Falls man auf genauere Messungen des Dampfdruckes, wie sie RAOULT unter Anwendung sehr sorgfältig gereinigter Materialien, sowie durch kathetometrische Ablesung des Quecksilberstandes und Korrektion desselben erhielt, verzichten will, läßt sich jenes zweite Gesetz, auf das es wesentlich ankommt, durch den folgenden Versuch veranschaulichen. Man fülle vier gleich lange, mit Millimeterskalen versehene Barometerröhren R_1, R_2, R_3 und R_4 (Fig. 30) mit gut gereinigtem Quecksilber und befestige sie gleich weit entfernt in umgekehrter Stellung in einer Wanne W. Waren die Luftbläschen gänzlich beseitigt, so müssen die Quecksilberniveaus gleich sein. Alsdann bringe man in drei Fläschchen F von beistehender Form, wie sie zur HOFMANNschen Dampfdichtebestimmung dienen, reinen Äther bezw. Lösungen von 12,2 und 24,4 g Benzoësäure in 100 g Äther. Die Füllung läßt sich am besten in der Weise bewerkstelligen, daß man die Fläschchen an einem Platindraht in die in der Wägeflasche befindlichen Flüssigkeiten einsenkt und sie, nachdem die letzteren eingedrungen sind, schnell mit dem Stöpsel verschließt. Sind sie äußerlich durch Aufspritzen von Äther gut gereinigt, so lasse man sie der Reihe nach mit dem Stöpsel nach unten in drei jener

Röhren R_2, R_3 und R_4 aufsteigen. Die vierte Röhre R_1 bleibt zur Messung des Luftdrucks reserviert. Nach einiger Zeit haben sich die Quecksilberniveaus konstant eingestellt, und es zeigt sich, daß dieselben, wenn man sie sich durch Linien verbunden denkt, sämtlich in einer geneigten Geraden liegen, wie es die im zweiten Gesetz ausgesprochene Proportionalität verlangt. Obwohl die an den Skalen direkt abgelesenen Zahlen nur als Näherungswerte gelten können, sind sie doch geeignet, zum Verständnis der RAOULTschen Gesetze beizutragen. Sie mögen daher nebst den Daten zweier anderer Versuche und den sich anschließenden Berechnungen in der Tabelle IX Platz finden (s. Seite 110 u. 111).

Die Zahlen in den Kolumnen 7 und 8 lassen das zweite bezw. dritte Gesetz von RAOULT annähernd erkennen. Auch stimmen die in der Kolumne 9 mit denen in 7 leidlich überein, wie es das vierte Gesetz fordert. Die Zahlen der Kolumne 10 sind durch Division der Werte der molekularen Dampfdruckverminderung durch das Molekulargewicht des Lösungsmittels (durch 74 für Äther, durch 78 für Benzol) erhalten. Sie geben also die relative Dampfdruckverminderung für den Fall an, daß 1 g-Mol. Substanz in 100 g·Mol Lösungsmittel gelöst wäre, und gleichen für beide Lösungsmittel fast dem Wert $1/(100 + 1) = 0{,}00999$.

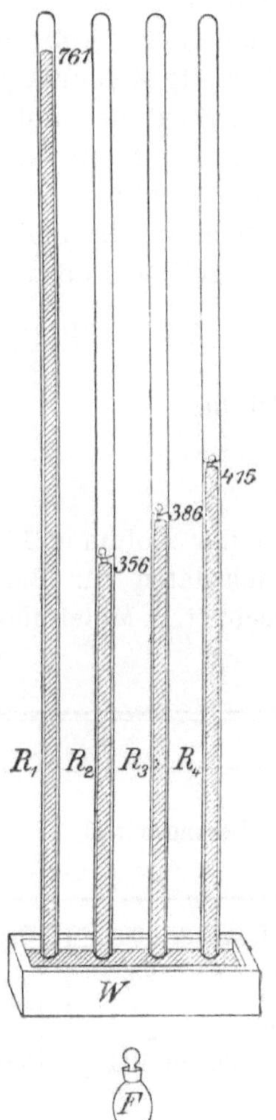

Fig. 30.

§ 4. Bestimmung des Molekulargewichts.

Auf Grund der Formel $(p - p_1)/p = n/(N + n)$ kann nach RAOULT das Molekulargewicht m der gelösten Substanz berechnet werden, und insofern sind die Dampfdruckmessungen geeignet, als Kontrolle der Molekulargewichtsbestimmungen zu dienen. Derartige Methoden der Molekulargewichtsbestimmung sind insbesondere dann wertvoll, wenn es sich etwa darum handelt zu erfahren, ob eine Substanz das einfache oder doppelte Molekulargewicht besitzt, was z. B. bei Entscheidung von Struktur- und Isomeriefragen usw. von ausschlaggebender Bedeutung sein kann. Bezeichnet M das Molekulargewicht des Lösungsmittels, L die in der Lösung vorhandene Menge desselben in Grammen, m und l die entsprechenden Werte für die gelöste Substanz, so ist

$$\frac{p - p_1}{p} = \frac{l/m}{L/M + l/m} = \frac{l\,M}{L\,m + l\,M},$$

folglich

$$m = M \cdot \frac{l}{L} \cdot \frac{p_1}{p - p_1}.$$

In der Kolumne 11 der Tabelle IX stehen die aus den Versuchsdaten für Benzoësäure, Salicylsäure und Naphtalin berechneten Molekulargewichte.

Tab. IX.

	1	2	3	4	5	6	7	
	Lösungsmittel	Gelöste Substanz	Versuchstemperatur	Barometerstand	p	p_1	$\dfrac{p-p_1}{p}$	
I.	Äther 100 g	Benzoësäure 12,2	17,75	761	405	375	0,0740	
II.	„ „	„ 24,4	17,75	761	405	346	0,1456	
III.	„ „	Salicylsäure 13,8	19,00	755	420	388	0,0762	
IV.	„ „	„ 27,6	19,00	755	420	355	0,1547	
V.	Benzol 100 g	Naphtalin 12,8	21,00	758	85,5	79	0,0762	

§ 5. Beziehungen zwischen dem osmotischen Druck und dem Dampfdruck der Lösungen.

Da für äquimolekulare Lösungen verschiedener Stoffe in demselben Lösungsmittel sowohl der osmotische Druck als auch die relative Dampfdruckverminderung gleich sind, so ist anzunehmen, daß beide Größen in kausalem Zusammenhang miteinander stehen. In der Tat hat van't Hoff durch eine thermodynamische Rechnung das eine Gesetz aus dem anderen abgeleitet.

Auf einfacherem Wege läßt sich folgendermaßen aus dem Gesetz des osmotischen Druckes das RAOULTsche Gesetz entwickeln. Eine Glocke g (Fig. 31), die unten mit einer semipermeablen Membran m abgeschlossen und oben mit einem Steigrohr von 1 cm² Querschnitt versehen ist, enthalte eine Lösung aus N g-Mol. Lösungsmittel und n g-Mol. gelöster Substanz und sei in ein mit dem reinen Lösungsmittel gefülltes Gefäß F bis f eingesenkt. Man stelle sich ferner vor, daß der ganze Apparat auf eine Platte A gesetzt und mit einer Glocke G überdeckt sei, und daß im Innern derselben ein Vakuum erzeugt würde. Infolge des osmotischen Vorganges möge die Lösung im Steigrohr bis zum Punkte h steigen. Der osmotische Druck ist dann

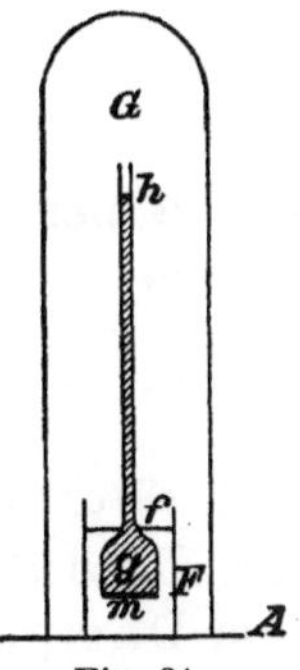

Fig. 31.

Tab. IX.

8	9	10	11	12
$\dfrac{p-p_1}{p}\cdot\dfrac{m}{l}$	$\dfrac{n}{N+n}$	$\dfrac{1}{74(78)}\cdot\dfrac{p-p_1}{p}\cdot\dfrac{m}{l}$	Molekulargewicht berechnet $m=M\cdot\dfrac{l}{L}\cdot\dfrac{p_1}{p-p_1}$	sonst gefunden
0,740	0,0689	0,00999	113	122
0,728	0,1289	0,00984	106	122
0,762	0,0689	0,01030	124	138
0,773	0,1289	0,01040	112	138
0,762	0,0723	0,00977	121	128

nach der Gleichung

$$P=\frac{nRT}{V},$$

wo R $=84\,800$ ist, wenn P in Grammen und V in Kubikcentimetern gemessen wird. Ist nun M das Molekulargewicht des Lösungsmittels, so wiegt die Lösung, da das Gewicht der Substanz wegen des als gering anzunehmenden Konzentrationsgrades zu vernachlässigen ist, MN Gramm, und ist s das spezifische Gewicht der Lösung, welches dem des Lösungsmittels sehr nahe kommt, so muß $V = MN/s$ cm³ sein. Mithin ist

$$P = \frac{nsRT}{MN}.$$

Gibt ferner H die Strecke fh in cm an, so ist $P = Hs$, und folglich

$$H = \frac{nRT}{MN}.$$

Soll aber der Apparat im Gleichgewicht sein, so ist der Dampfdruck p_1 der Lösung im Punkte h gleich dem Dampfdruck p des Lösungsmittels vermindert um das Gewicht der Dampfsäule fh von 1 cm² Querschnitt. Mithin ist, wenn d das Gewicht eines Kubikcentimeters Dampf bedeutet, $p_1 = p - Hd$, oder $p - p_1 = Hd$. Es wiegen nun v cm³ Dampf M Gramm, wenn v das Molekularvolumen des Lösungsmittels in Dampfform ist. Also wiegt 1 cm³ Dampf $d = M/v$ Gramm, oder, da nach der Gasgleichung $v = RT/p$ ist, so ist

$$d = \frac{Mp}{RT}.$$

Setzt man schließlich in die Gleichung $p - p_1 = Hd$ die Werte für H und d ein, so ergibt sich

$$p - p_1 = \frac{nRT}{MN} \cdot \frac{Mp}{RT} = \frac{n}{N} p \quad \text{oder}$$

$$\frac{p - p_1}{p} = \frac{n}{N}.$$

Dies ist aber die von RAOULT empirisch gefundene Gleichung unter der Voraussetzung, daß n gegen N sehr klein, die Lösung also sehr verdünnt ist.

Für endliche Konzentration hat H einen nicht unbedeutenden Wert, und es darf daher, weil d mit der Höhe H sich ändert, der Druck π der Dampfsäule von der Höhe H nicht ohne weiteres $= Hd$ gesetzt werden. Vielmehr ist $\partial\pi/\partial H = -d$, oder da $d = M\pi/RT$ ist, so ist

$$\partial H = -\frac{RT}{M} \cdot \frac{\partial\pi}{\pi}.$$

Integriert man diese Gleichung von 0 bis H, so ist

$$H = -\frac{RT}{M}\int_0^H \frac{\partial \pi}{\pi}, \text{ also } H = \frac{RT}{M}\ln\frac{\pi_0}{\pi_H},$$

und hierin ist $\pi_0 = p$ und $\pi_H = p_1$. Aus dem osmotischen Druck hatte man aber

$$H = \frac{nRT}{MN}$$

gefunden. Folglich ist

$$\frac{RT}{M}\ln\frac{p}{p_1} = \frac{nRT}{MN} \text{ oder}$$

$$\ln\frac{p}{p_1} = \frac{n}{N}.$$

Nun aber ist

$$\ln\frac{p}{p_1} = \ln\left(1 + \frac{p-p_1}{p_1}\right) = \frac{p-p_1}{p_1} - \frac{1}{2}\left(\frac{p-p_1}{p_1}\right)^2 + \cdots$$

oder in erster Annäherung, wenn $\dfrac{p-p_1}{p_1}$ genügend klein

gegen 1 ist
$$\ln\frac{p}{p_1} = \frac{p-p_1}{p_1}.$$

Somit ergibt sich

$$\frac{p-p_1}{p_1} = \frac{n}{N}, \text{ oder}$$

$$\frac{p-p_1}{p} = \frac{n}{N+n}.$$

Es ist also die empirische Formel von RAOULT auch theoretisch begründet, und andererseits die Richtigkeit der Formel PV = RT, von welcher jene Betrachtung ausging, aufs neue bestätigt.

---

3. Kapitel.
Siedepunkt und Gefrierpunkt der Lösungen.

§ 1. Das Sieden und Gefrieren der Lösungen.

Beim Sieden von Lösungen genügend schwer flüchtiger Stoffe verdampft bekanntlich praktisch nur das Lösungsmittel und nicht die gelöste Substanz. Beim Gefrieren einer Lösung scheidet sich in fester Form in der Regel nur das Lösungsmittel aus, falls die Lösung nicht zu konzentriert ist; bringt man z. B. ein mit verdünnter Kaliumpermanganatlösung gefülltes Reagensglas in eine Kältemischung, so zeigt sich schließlich das Gefäß bis auf einen axialen, dunkel violetten Flüssigkeitsfaden mit farblosem Eis gefüllt. Erwägt man nun, daß der Dampfdruck einer Lösung stets geringer ist, als der des Lösungsmittels, so ergibt sich, daß eine Lösung bei einem höheren Temperaturgrad sieden und bei einem tieferen gefrieren muß, als das reine Lösungsmittel. Denn beim Siedepunkt des Lösungsmittels vermag der Dampfdruck der Lösung den Druck der Luft noch nicht zu überwinden. Damit dies möglich ist, also die Lösung siedet, muß sie bis zu einem höheren Temperaturgrad erhitzt werden. Ferner fängt das Lösungsmittel erst dann an zu gefrieren, wenn der Dampfdruck der Lösung dem Dampfdruck des festen Lösungsmittels gleich ist. Diese Bedingung ist aber erst bei einer Temperatur erfüllt, welche tiefer liegt, als der Gefrierpunkt des reinen Lösungsmittels. Auch durch das Verhalten des osmotischen Druckes, der einer Verringerung des Lösungsmittels, die sowohl beim Sieden als beim Gefrieren erfolgt, entgegenwirkt, sind jene Erscheinungen des Siedens und Gefrierens verständlich.

Stehen aber der Dampfdruck und der osmotische Druck einer Lösung in innigster Beziehung zu ihrer Siedepunktserhöhung und Gefrierpunktserniedrigung, so wird sich auch erwarten lassen, daß den RAOULTschen Gesetzen des Dampfdrucks gemäß jene beiden Größen proportional der Konzentration zunehmen und für äquimolekulare, mit dem nämlichen Lösungsmittel bereitete Lösungen gleichen Wert haben.

In der Tat hat der Versuch zu diesem Ergebnis geführt, und namentlich gelang es wiederum RAOULT, dieses Problem experimentell zu lösen, indem er vor allem die Lösungen organischer Körper untersuchte und die Resultate auf molekulare Mengen bezog.

§ 2. Bestimmung des Siedepunktes.

Da die Siedepunkts- sowie namentlich die Gefrierpunktsmethode eine weit bequemere und genauere Bestimmung des Molekulargewichts der gelösten Substanzen gestatten, als die Dampfdruckmethode, so sind im Laufe der Zeit zur Bestimmung des Siedepunkts der Lösungen Apparate von großer Empfindlichkeit und Sicherheit kontruiert. Am meisten sind diejenigen von BECKMANN[1]) im Gebrauch. Um zu Demonstrationszwecken Siedepunktsmessungen an wässrigen Lösungen auszuführen, eignet sich sehr gut der Apparat Fig. 32, der mit einigen Abänderungen, die den Zweck haben, die Resultate in größerer Entfernung erkennen zu lassen, einem der BECKMANNschen nachgebildet ist. Das Siedegefäß G von der Form eines Reagensglases ist 15 cm lang und 4,8 cm weit. Es ist in der ringförmigen Klemme R des Stativs S befestigt und ruht, unten umgeben von Asbestwolle, auf dem mit Asbesteinlage versehenen Drahtnetz D. M ist ein 12 cm hoher und 8 cm weiter, beiderseits offener

---

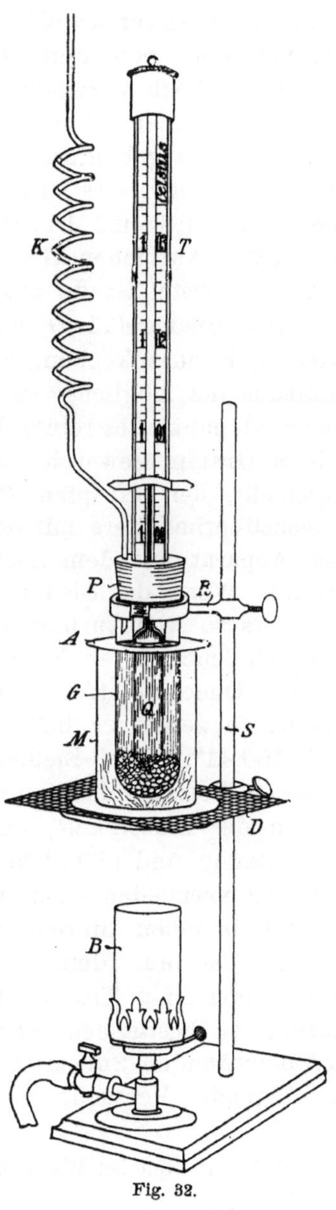

Fig. 32.

[1]) Zeitschr. f. physik. Chem. 2, 639, (1888); 4, 543, (1889); 21, 245, (1896).

8*

Glaszylinder, welcher das Gefäß G mantelförmig umgibt. Oben ist er mit dem Asbestring A bedeckt. Der das Gefäß G verschließende Pfropfen P trägt den Kühler K und das Thermometer T. Ersterer ist ein Spiralrohr aus 9 Windungen à 5 cm Durchmesser. Sein unteres Ende ist schräg abgeschliffen und mit einem Loch versehen, damit die Dämpfe in das Kühlrohr gelangen können, ohne durch das sich ansammelnde kondensierte Wasser gehindert zu werden. Der Quecksilberbehälter Q des Thermometers[1]) ist 10 cm lang und hat einen Durchmesser von 1,8 cm. Die Skala umfaßt nur 3 Grade, von 100^0 bis 103^0. Auf jeden Grad kommen ca. 7 cm Skalenlänge, so daß hundertstel Grade abgelesen werden können.

Das Siedegefäß G ist vor dem Gebrauch mit Wasser wiederholt auszukochen, um den Einfluß der Löslichkeit der Glassubstanz möglichst zu verringern. Alsdann bestimmt man den Siedepunkt des reinen Wassers, indem man das Siedegefäß mit 50 Gramm gewaschener Tariergranaten und 200 g Wasser beschickt, den Pfropfen P aufsetzt, so daß das Niveau des Quecksilberbehälters mit dem des Wassers zusammenfällt, und den Apparat mit dem leicht regulierbaren Argandbrenner B erhitzt. Wenn das Sieden beginnt, drehe man den Hahn des Brenners so weit zurück, daß die Flamme desselben auf einen schwach leuchtenden Ring reduziert ist. Nach zehn Minuten hat der Quecksilberfaden des Thermometers einen konstanten Stand; so zeigte er bei einem Barometerstand von 771 mm auf $100,41^0$. Das Sieden nimmt einen genügend gleichmäßigen Verlauf, da einerseits durch die Tariergranaten das Stoßen der Flüssigkeit, das sonst infolge des Wechsels von Überhitzung und plötzlicher Dampfbildung leicht eintritt, vollkommen vermieden wird, anderseits der Luftmantel zwischen G und M einen hinreichenden Wärmeschutz gewährt, und endlich das aus dem Kühler zurückfließende Wasser pro Minute nur einen Tropfen beträgt. Um den Siedepunkt einer Lösung zu bestimmen, schütte man eine abgewogene Menge der betreffenden Substanz in Pulverform in das Wasser. Für die folgenden Versuche wurde Rohrzucker benutzt. Die Resul-

---

[1]) Zu erhalten bei WARMBRUNN, QUILITZ & Co., Berlin, Rosenthalerstraße 20.

tate sind in der Tabelle X zusammengestellt. Darin bedeutet l die in 100 g Wasser gelöste Zuckermenge, t_0 den Siedepunkt des Wassers und t denjenigen der Lösung.

Tab. X.

1	2	3	4	5	6	7
l	t_0	t	$t-t_0$	$\dfrac{t-t_0}{l}$	$S=\dfrac{t-t_0\cdot m}{l}$	$m=5{,}168\cdot\dfrac{l}{t-t_0}$
11,4		100,58	0,17	0,01491	5,099	346
22,8		100,76	0,35	0,01535	5,249	337
34,2	100,41	100,92	0,51	0,01491	5,099	346
45,6		101,10	0,69	0,01513	5,174	341
57,0		101,28	0,87	0,01526	5,219	339

§ 3. Die Gesetze der Siedepunktserhöhung und ihre Anwendung zur Bestimmung der Molekulargewichte.

Aus den Zahlen der Kolumne 5 der Tabelle X folgt, daß die Siedepunktserhöhung für je ein Gramm Rohrzucker fast konstant ist, daß also der Siedepunkt proportional der Konzentration steigt. Die Siedepunktserhöhung würde nach den bei den einzelnen Konzentrationen festgestellten Werten t die in der Kolumne 6 verzeichneten S-Werte angenommen haben, falls 1 g-Mol. $= 342$ Gramm Rohrzucker in 100 Gramm Wasser gelöst wäre. Wie man sieht, sind diese für S berechneten Werte fast konstant. Sie ergeben den Mittelwert 5,168, welchen man die molekulare Siedepunktserhöhung des Wassers nennt.

Wenn man mit Lösungen einer anderen organischen Verbindung in Wasser eine ähnliche Reihe von Siedepunktsbestimmungen ausführen würde, so würde man als molekulare Siedepunktserhöhung denselben Wert $S = 5{,}168$ erhalten. Daraus folgt, daß äquimolekulare Lösungen der verschiedenen Substanzen in Wasser die gleiche Siedepunktserhöhung zeigen, daß also der Siedepunkt wässriger Lösungen nur durch die Anzahl der gelösten Molekeln bestimmt ist.

Die Konstante S für Lösungen in Wasser ermöglicht die Feststellung des Molekulargewichts m einer in Wasser löslichen Verbindung, wenn man eine zuverlässige Siedepunktsbestimmung einer Lösung ausführt. Fand man z. B. für eine Lösung von 5 g Harnstoff in 100 g Wasser den Wert $t-t_0$ $= 0{,}43$, so ist nach der Proportion

$$5 : m = 0{,}43 : 5{,}168$$

$m = 60$. So sind in der Tabelle X die Werte m für Rohrzucker aus den 5 Einzelmessungen erhalten. Sie stimmen mit der Zahl 342 nahezu überein.

Kommen nicht 100 g, sondern L g des Lösungsmittels in Anwendung, so ist

$$m = 100\,S\,\frac{l}{L(t-t_0)}.$$

Die mit Rohrzucker angestellten Versuche lassen sich im Vortrag auch insofern noch weiter ausnutzen, als man durch Zusatz eines Kubikcentimeters verdünnter, mit Kaliumchlorid versetzter Chlorwasserstoffsäure zur siedenden Lösung die Zuckermolekeln nach der Gleichung:

$$C_{12}H_{22}O_{11} + H_2O = 2\,C_6H_{12}O_6$$

leicht invertieren, also die Zahl der gelösten Molekeln in kaum einer Minute verdoppeln kann, was eine doppelt so hohe Siedepunktserhöhung zur Folge hat. Aus dieser Erscheinung ist ferner zu ersehen, daß bei Molekulargewichtsbestimmungen nach der Siedepunktsmethode nur solche Lösungsmittel anwendbar sind, die auf die gelöste Substanz chemisch nicht einwirken.

Für jedes Lösungsmittel gibt es einen ihm eigentümlichen Wert S. So ist für

	Wasser	Alkohol	Äther	Essigsäure
$t_0 =$	100^0	$78{,}3^0$	$34{,}97^0$	$118{,}1^0$
$S =$	$5{,}1^0$	$11{,}5^0$	$21{,}10^0$	$25{,}3^0$

	Äthylacetat	Benzol	Chloroform
$t_0 =$	$72{,}8^0$	$80{,}0^0$	$61{,}2^0$
$S =$	$26{,}1^0$	$26{,}1^0$	$35{,}9^0$

Da sich wegen der höhreren S-Werte mit Lösungen in Alkohol, Äthylacetat oder Chloroform größere Siedepunktsdifferenzen ergeben, so können in diesen Fällen Thermometer mit kleinerem Quecksilbergefäß benutzt werden. Die Versuche mit jenen Lösungen lassen sich daher schneller erledigen. Für Demonstrationszwecke reicht der Apparat Fig. 33 aus. Der Kolben des Siedegefäßes G faßt 200 cm³, sein Hals ist 30 cm lang und 3 cm weit. Er steht in einer mit Asbestwolle ausgelegten Asbestschale S und muß, wie Fig. 33 zeigt, mit dem aus dickem wollenen Tuch herzustellenden Mantel M umgeben sein, damit etwaiger Luftzug unschädlich gemacht wird. Der Kork k trägt die beiden langen Kühlschlangen K_1 und K_2, zwischen deren Windungen angefeuchtetes Fließpapier zu stecken ist, sowie das Thermometer T. Das Quecksilbergefäß des letzteren (50×8 mm) ragt in die 100 g betragende Menge des Lösungsmittels hinein. Der Quecksilberfaden ist 2 mm breit und daher aus ziemlich weiter Entfernung zu erkennen. Die Skala beginnt bei 30⁰. Sie erreicht bis 110⁰ eine Länge von 30 cm, so daß die Differenz pro Grad nahezu 4 mm ausmacht, und zehntel Grade noch abgelesen werden können. Den Siedeverzug vermeidet man in der oben angegebenen Weise. Zum Erhitzen ist wiederum ein Argandbrenner B mit leuchtender Flamme, hohem Schornstein und Regulierhahn zu empfehlen. Zunächst bestimme man den Siedepunkt des

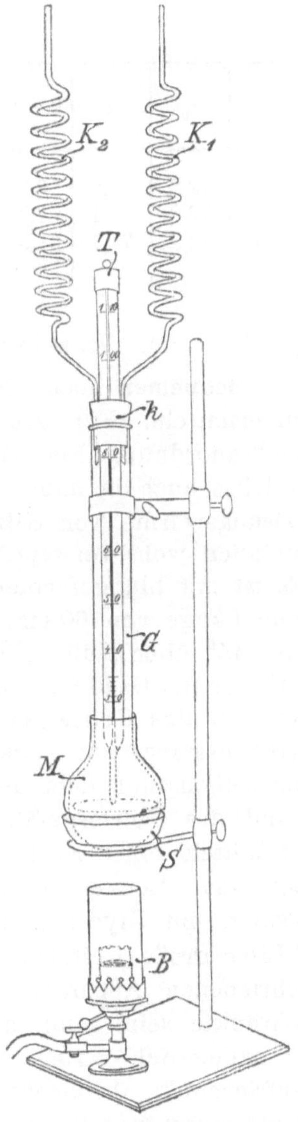

Fig. 33.

Lösungsmittels und füge dann durch den Kolbenhals die zu lösende Substanz hinzu. Tabelle XI enthält die Resultate der

Siedepunktsbestimmungen einiger Lösungen von Naphtalin (Mol. Gew. 128) in Äthylacetat.

Tab. XI.

l	t_0	t	$t-t_0$	$\dfrac{t-t_0}{l}$	$S=\dfrac{t-t_0}{l}\cdot m$	$m=26{,}1\cdot\dfrac{l}{t-t_0}$
3,2	72,8	73,5	0,7	0,2188	28,00	119,3
6,4	72,8	74,1	1,3	0,2031	25,99	128,5
9,6	72,8	74,7	1,9	0,1979	25,33	125,3

§ 4. Bestimmung des Gefrierpunkts.

Bequemer noch als der Siedepunkt ist der Gefrierpunkt zu ermitteln. Für Demonstrationszwecke eignet sich die Versuchsanordnung Fig. 34. Das Gefäß des Thermometers[1] T, welches auch in anderen Fällen, z. B. zur Demonstration der Lösungswärme von Salzen oder der spezifischen Wärme von Metallen wohl verwendbar ist, ist 14 cm lang und 1,5 cm weit. Es ist mit blaugefärbtem Amylalkohol gefüllt. Die Skala hat eine Länge von 60 cm. Sie umfaßt 75^0, und zwar 30^0 unter und 45^0 über Null. Die Graddifferenz beträgt also 8 mm, so daß zehntel Grade leicht abzulesen sind. Dieses Thermometer wird in das Gefriergefäß R gesetzt, welches die Form eines Reagensglases hat. Das Niveau der zu prüfenden Lösung in demselben muß dem des Thermometergefäßes gleich und vom Rand des Gefriergefäßes 3 cm entfernt sein. Die Röhre R ist mittels einer Korkscheibe in der Öffnung der Flasche F befestigt. Letztere ist mit einer konzentrierten Chlorcalciumlösung, mit Glycerin oder Alkohol gefüllt und in das 5 bis 6 Liter große Kältebad K eingesenkt. Will man mit dem beschriebenen Apparat, dessen Empfindlichkeit nur eine beschränkte sein kann, annähernd richtige Resultate erhalten, es namentlich vermeiden, daß zu tiefe Temperaturgrade als Gefrierpunkte beobachtet werden, so muß man den aus Nickeldraht gefertigten Rührer r während der Abkühlung der Lösung beständig bewegen, bis sich eben das Lösungsmittel in fester

---

[1] Angefertigt vom Glasbläser STUHL, Berlin N, Philippstr. 22.

Gestalt ausscheidet. Auf keinen Fall darf die Kühlung zu rasch erfolgen, und es ist deshalb darauf zu achten, daß die Temperatur der Flüssigkeit in der Flasche F höchstens 2^0 Grad tiefer liegt, als der betreffende Gefrierpunkt. Dies läßt sich aber leicht bewerkstelligen, indem man im Kältebad K die gehörige Temperatur erzeugt, also je nach den Umständen mit Eiswasser oder einer Kältemischung aus Eis und mehr oder weniger Kochsalz arbeitet.

§ 5. Die Gesetze der Gefrierpunktserniedrigung und ihre Anwendung zur Bestimmung der Molekulargewichte.

Die Ergebnisse einiger Versuche mit Lösungen in Wasser und in Benzol, dessen Gefrierpunkt $5,5^0$ war, sind aus der Tabelle XII zu ersehen. Darin bezeichnet l die auf 100 Gramm Lösungsmittel kommende Menge der gelösten Substanz, ϑ den Gefrierpunkt der Lösung, ϑ_0 den des Lösungsmittels, G die molekulare Gefrierpunktserniedrigung, m (Kolumne 9) das berechnete und m_0 das wahre Molekulargewicht der gelösten Verbindung. Die durch den Versuch gefundenen Gefrierpunkte sind, abgesehen von den Mängeln der Methode, auch deshalb wenig genau, weil zur Erlangung möglichst großer Temperaturdifferenzen höhere Konzentrationen verwendet wurden. Für Molekulargewichtsbestimmungen dürfen letztere nicht über 0,04 g-Mol. auf 100 Gramm Lösungsmittel hinausgehen.

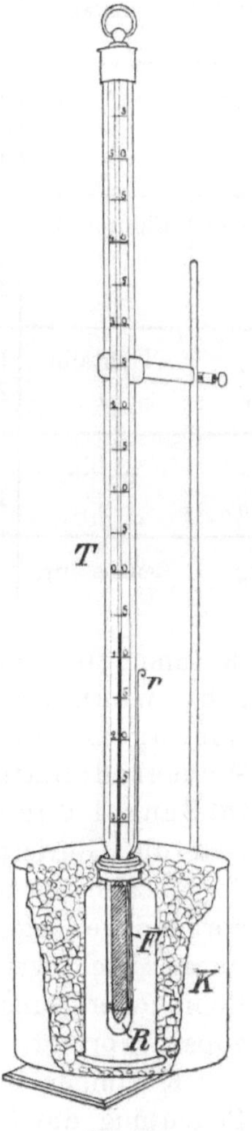

Fig. 34.

Man erkennt hieraus deutlich die Analogie zwischen den Erscheinungen des Siedens und Gefrierens der Lösungen. Der Gefrierpunkt sinkt proportional der Konzentration

Tab. XII.

1	2	3	4	5	6	7	8	9	10
Lösungs-mittel	Gelöste Substanz	l	ϑ	$\vartheta_0 - \vartheta$	$\dfrac{\vartheta_0 - \vartheta}{l}$	$G = m\dfrac{\vartheta_0 - \vartheta}{l}$	G nach Raoult	$m = \dfrac{l}{G\,\dfrac{\vartheta_0 - \vartheta}{l}}$	m_0
Wasser	Rohrzucker	34,2	− 1,8	1,8	0,053	18,13		342,00	
„	„	51,3	− 2,8	2,8	0,054	18,45	18,5	341,60	342,0
„	„	68,4	− 3,8	3,8	0,055	18,81		342,00	
Benzol	Chloroform	11,9	+ 0,2	5,3	0,444	53,01		112,75	
„	„	23,9	− 4,5	10,0	0,419	50,01	51,1	119,50	119,5
„	„	35,8	− 8,5	14,4	0,391	46,72		128,00	
„	Naphtalin	12,8	+ 0,5	5,0	0,391	50,05	50,0	128,00	128,0
„	„	25,6	− 4,0	9,5	0,371	47,19		134,70	
„	Anilin	9,3	+ 0,8	4,7	0,505	46,96	46,3	99,35	93,0
„	„	18,6	− 3,5	9,0	0,484	45,01		103,30	
„	Benzoësäure	6,1	+ 4,2	1,3	0,213	25,98	25,4	234,60	122,0

(Kolumne 6), und die Gefrierpunktserniedrigung ergibt, wenn 1 g-Mol. Substanz in der nämlichen Menge Lösungsmittel (100 g) gelöst wäre, für Lösungen in Wasser den Durchschnittswert 18,5° und für solche in Benzol den Durchschnittswert 49° (Kolumne 7 und 8). Daß die Gefrierpunktserniedrigung sich ebenfalls nur nach der Anzahl der in einer konstanten Menge des Lösungsmittels vorhandenen Molekeln der Substanz richtet, wird auch dadurch noch veranschaulicht, daß man die 34,2 prozentige Rohrzuckerlösung nach der Inversion wieder in den Gefrierapparat bringt, wobei man $\vartheta = -3,3°$ erhält. Die Zahlen der Kolumnen 9 und 10 machen es begreiflich, welch hohe Bedeutung die Gefrierpunkte zur Bestimmung der Molekulargewichte haben, die den Gleichungen gemäß

$$l : m = (\vartheta_0 - \vartheta) : G$$

oder

$$l : m = (\vartheta_0 - \vartheta)\, L/100 : G,$$

wenn L die jeweilige Gewichtsmenge des Lösungsmittels bezeichnet, berechnet werden.

Die von RAOULT ermittelten Konstanten einiger Lösungsmittel sind für

	Wasser	Essigsäure	Ameisensäure	Benzol	Nitrobenzol
$\vartheta_0 =$	0^0	20^0	$8,5^0$	$4,9^0$	$5,3^0$
$G =$	$18,5^0$	$38,6^0$	$27,7^0$	$50,0^0$	$70,7^0$

Die aus den angeführten Versuchen der Siedepunkts- und
Gefrierpunktsbestimmungen hervorgegangenen Zahlen stimmen
mit den theoretischen Werten mehrfach nicht überein. Doch
sind diese Differenzen nicht allein durch die Ungenauigkeit
der Methode bedingt. Auch die mittels der BECKMANNschen
Apparate enthaltenen Zahlen weichen oft sehr von den theoretischen Werten ab. Die Größen $(\vartheta_0 - \vartheta)/l$ der Benzollösungen nehmen mit der Konzentration in der Regel ab. Man
erklärt dies durch die wohl begründete Annahme, daß die
Molekeln der Substanzen in Benzollösungen teilweise zu Doppelmolekeln vereinigt sind, und zwar um so mehr, je konzentrierter sie sind. Die Benzoësäure bildet in Benzol ausschließlich Doppelmolekeln. Anderseits erweisen sich bei wässrigen
Lösungen höherer Konzentrationen sowohl die Siedepunkts-
als auch die Gefrierpunktsänderungen größer, als es der
Theorie entspricht. In diesen Fällen kann aber auch von
einer Gültigkeit der Gesetze des osmotischen Drucks nicht
mehr die Rede sein, wie ja auch für stark komprimierte Gase
die ideale Gasgleichung ihre Gültigkeit verliert.

4. Kapitel.

Zusammenfassung.

§ 1. Die Beziehungen des osmotischen Druckes zur
Dampfdruckverminderung, Siedepunktserhöhung und
Gefrierpunktserniedrigung.

Die Versuche mit verdünnten Lösungen haben bisher zu
vier ähnlich lautenden Gesetzen geführt, nämlich: Äqui-

molekulare Lösungen beliebiger Stoffe, die mit gleichen Gewichtsmengen desselben Lösungsmittels hergestellt sind, zeigen gleichen osmotischen Druck, gleiche relative Dampfdruckverminderung, gleiche Siedepunktserhöhung und gleiche Gefrierpunktserniedrigung, und die Versuchsdaten lassen auch die Umkehrung dieser Gesetze zu. Bei relativ gleicher, im allgemeinen aber geringer Konzentration müssen daher die Größen P, $(p - p_1)/p$, $t - t_0$ und $\vartheta_0 - \vartheta$ einander proportional, und der Proportionalitätsfaktor darf nur von den Konstanten des Lösungsmittels abhängig sein. Auf theoretischem Wege hat van't Hoff[1]) die Beziehung des osmotischen Druckes zu den drei anderen Größen ermittelt und folgende Gleichungen aufgestellt, in denen M das Molekulargewicht des Lösungsmittels, s das spezifische Gewicht desselben, T_0 und T'_0 seinen absoluten Siede- bezw. Gefrierpunkt, w und w' seine latente Verdampfungs- bezw. Schmelzwärme pro Gramm und K, K' und K'' die betreffenden, vom Lösungsmittel abhängigen Gesamtkonstanten bedeuten:

$$\text{I. } P = \frac{p - p_1}{p} \cdot \frac{82,1\, s \cdot T}{M} = \frac{p - p_1}{p}\, TK \text{ Atm.}$$

$$\text{II. } P = (t - t_0) \cdot \frac{41,37 \cdot s \cdot w}{T_0} = (t - t_0)\, K' \text{ Atm.}$$

$$\text{III. } P. = (\vartheta_0 - \vartheta) \cdot \frac{41,37 \cdot s \cdot w'}{T'_0} = (\vartheta_0 - \vartheta)\, K'' \text{ Atm.}$$

Es muß sich folglich die eine Größe aus der anderen finden lassen. So möge nach den Gleichungen II und III der Wert für P aus einigen früher angegebenen Versuchsdaten berechnet werden. Die Resultate sind aus den beiden folgenden Tabellen XIII und XIV zu ersehen.

In den Kolumnen 11 beider Tabellen ist P nach der Gleichung $PV = 0{,}0821\, T_0$ bezw. $= 0{,}0821\, T'_0$ Liter-Atm., in welcher V die Zahl der Liter angibt, die 1 g-Mol. Substanz in der Lösung enthalten würden, berechnet. In der Tat stimmt dieser Wert, wenn man erwägt, daß bei obigen Siedepunkts-

---

[1]) Nernst, Theoretische Chemie, 124—126. Stuttgart 1893.

Tab. XIII.

1	2	3	4	5	6	7	8	9	10	11
Lösungsmittel	Gelöste Substanz	l	V	$t - t_0$	s	w	T_0	K'	$P = (t - t_0)\,K'$	$P = \dfrac{0{,}0821\,T_0}{V}$
Wasser	Rohrzucker	51,3	0,6667	0,74	0,959	536,4	373,0	57	42,2	45,9

Tab. XIV.

1	2	3	4	5	6	7	8	9	10	11
Lösungsmittel	Gelöste Substanz	l	V	$\vartheta_0 - \vartheta$	s	w'	T_0'	K''	$P = (\vartheta_0 - \vartheta)\,K''$	$P = \dfrac{0{,}0821\,T_0'}{V}$
Wasser	Rohrzucker	51,3	0,6667	2,8	0,9998	79,0	273,0	11,85	31,9	33,6
Benzol	Chloroform	11,9	1,1494	5,3	0,8700	29,5	278,5	3,76	19,9	19,9
„	„	23,9	0,5747	10,0	0,8700	29,1	278,5	3,76	37,6	33,7

und Gefrierpunktsbestimmungen verhältnismäßig sehr konzentrierte Lösungen verwendet wurden, mit dem in den Kolumnen 10 verzeichneten, nach jenen VAN'T HOFFschen Formeln ermittelten Wert ziemlich überein.

Es haben sich also aus den Bestimmungen des Siedepunkts und Gefrierpunkts, welche weit genauer ausgeführt werden können, als die des osmotischen Druckes, solche Werte für P ergeben, welche der der Gasgleichung entsprechenden Gleichung $PV = RT$ genügen, und somit wird durch die Siedepunkts- und Gefrierpunktsmethode die VAN'T HOFFsche Theorie wiederum bestätigt. Für die Richtigkeit derselben spricht aber auch ferner die Tatsache, daß aus den Siedepunkten und Gefrierpunkten der Lösungen im allgemeinen dieselben Molekulargewichte der gelösten Substanzen gefunden werden, zu welchen die Dampfdichtebestimmungen führen.

§ 2. Berechnung der molekularen Gefrierpunktserniedrigung nach VAN'T HOFF.

Noch einen anderen sehr überzeugenden Beweis für die Theorie der Lösungen hat VAN'T HOFF gegeben, indem er auf

Grund der Gasgleichung durch eine rein thermodynamische Betrachtung für die molekulare Gefrierpunktserniedrigung Werte ermittelte, die den empirischen gleichkommen. Dazu dient der folgende Kreisprozeß. Wir denken uns eine sehr große Menge einer Lösung von n g-Mol. Substanz in einer sehr großen Anzahl N g-Mol. Lösungsmittel. Die Gefriertemperatur des reinen Lösungsmittels sei ϑ_0°, die der Lösung ϑ°. Wir kühlen nun zunächst die Lösung von der Temperatur ϑ_0° auf ϑ° ab. Es möge ihr dann noch soviel Wärme entzogen werden, daß N/n g-Mol. Lösungsmittel, also diejenige Menge, auf welche in der ursprünglichen Lösung 1 g-Mol. Substanz kommt, ausfrieren. Dadurch werden $N/n \cdot M\,\omega$ g-cal. bei ϑ° frei, wenn M das Molekulargewicht des Lösungsmittels, und ω die latente Schmelzwärme pro Gramm desselben bei ϑ° ist. Die gefrorene Menge des Lösungsmittels denke man sich ferner aus der Lösung ausgeschieden, auf ϑ_0° erwärmt und bei ϑ_0° zum Schmelzen gebracht. Hierzu werden $N/n \cdot M\,\omega'$ g-cal. aufgenommen, wenn ω' die latente Schmelzwärme des Lösungsmittels bei ϑ_0° ist. Da nun die latenten Schmelzwärmen bei tieferen Schmelzpunkten geringer sind, so ist

$$\frac{N}{n}\,M\,\omega < \frac{N}{n}\,M\,\omega'.$$

Wird inzwischen die übrige Lösung wieder auf ϑ_0° gebracht, so beträgt das Plus der bei allen jenen Vorgängen zugeführten Wärme

$$\frac{N}{n}\,M\,(\omega' - \omega)\ \text{g-cal.}$$

Auf Kosten dieser Wärme lasse man die Lösung Arbeit leisten, indem man ihr Gelegenheit bietet, N/n g-Mol. Lösungsmittel durch eine semipermeable Membran osmotisch wieder aufzunehmen. Es ist dann das Anfangsstadium des Kreisprozesses erreicht.

Dieser Kreisprozeß ist auch in umgekehrter Richtung möglich. Denn man kann sich vorstellen, daß man bei ϑ_0° aus der Lösung vermöge eines Stempels N/n g-Mol. Lösungsmittel durch eine semipermeable Membran hindurchpresse, bei ϑ_0° gefrieren lasse, nebst der Lösung auf ϑ° abkühle und wieder in die Lösung bringe, in der es schmelze. Würde nun das Ganze auf ϑ_0° erwärmt, so wäre der Kreisprozeß wiederum geschlossen, und es wäre statt der aufgewendeten osmotischen Arbeit eine Wärmemenge

$$\frac{N}{n} M (\omega' - \omega) \text{ g-cal.}$$

frei geworden.

Da ferner für jene osmotische, in dem einen Fall gelieferte, in dem andern Fall aufgewendete Arbeit die Formel

$$PV = 2 T_0' \text{ g-cal.}$$

anwendbar ist, in welcher T_0' der Gefrierpunkt des Lösungsmittels in absoluter Zählung, P der osmotische Druck der Lösung, und V dasjenige Volumen des Lösungsmittels ist, welches osmotisch aufgenommen bezw. ausgepreßt wurde, so gilt, falls man nur den ersten Kreisprozeß berücksichtigt, die Gleichung

$$2 T_0' : N/n \cdot M \omega' = (\vartheta_0 - \vartheta) : T_0',$$

denn nach dem zweiten Hauptsatz der mechanischen Wärmetheorie verhält sich, wenn Wärme in einem umkehrbaren Kreisprozeß Arbeit leistet, der in Arbeit verwandelbare Anteil dieser Wärme zur gesamten zugeführten Wärme wie das Temperaturgefälle zu der absoluten Temperatur, bei welcher das System die Wärme aufnahm. Aus jener Gleichung folgt

$$\vartheta_0 - \vartheta = \frac{2 \, n \, T_0'^2}{M \, N \, \omega'}.$$

Ist aber 1 g-Mol. Substanz in 100 g Lösungsmittel gelöst, so ist

$$\vartheta_0 - \vartheta = \frac{0{,}02 \, T_0'^2}{\omega'},$$

worin also T_0' den absoluten Gefrierpunkt des Lösungsmittels und ω', welches sich von ω nur wenig unterscheidet, die latente Schmelzwärme für 1 g desselben bedeutet. Diese für $\vartheta_0 - \vartheta$ gefundene Größe ist nun identisch mit der empirisch gefundenen Größe G. Setzt man z. B. für Wasser die Werte $T_0' = 273$ und $\omega' = 79$ ein, so ist $\vartheta_0 - \vartheta = 18{,}8$, während die Versuche $G = 18{,}5$ ergaben.

Eine entsprechende Gleichung hat VAN'T HOFF für die auf 100 g Lösungsmittel bezogene molekulare Siedepunktserhöhung abgeleitet, nämlich

$$t - t_0 = \frac{0,02\, T_0{}^2}{w},$$

worin T_0 den Siedepunkt des Lösungsmittels in absoluter Zählung, und w die latente Verdampfungswärme ist. Auch diese Gleichung genügt den Ergebnissen der Versuche.

Schließlich sei noch bemerkt, daß man aus jenen beiden Gleichungen mit Hilfe der empirischen Werte G bezw. S die Größen ω und w berechnen kann, und daß sich die so erhaltenen Werte mit den Resultaten direkter Versuche ebenfalls im Einklang erwiesen haben.

Wenn nun eine Theorie von so verschiedenen Seiten her bestätigt worden ist, wie die VAN'T HOFFsche, so kann ein Zweifel an der Brauchbarkeit derselben nicht bestehen. In der Tat hat sich die VAN'T HOFFsche Theorie als eine vorzügliche Führerin beim Studium verdünnter Lösungen im weitesten Umfange bewährt. Wir haben daher den Satz: Gelöste Substanzen üben in verdünnten Lösungen denselben Druck als osmotischen aus, den sie im gleichen Volumen bei der nämlichen Temperatur und bei unverändertem Molekularzustande als Gasdruck zeigen würden. Demnach erweist sich die AVOGADROsche Regel auch auf Substanzen im Zustand verdünnter Lösungen als anwendbar.

---

5. Kapitel.

Die wässrigen Lösungen der Elektrolyte.

§ 1. Das VAN'T HOFFsche Gesetz und die Lösungen der Elektrolyte.

Es ist bereits betont worden, daß die Untersuchungen, welche RAOULT zu den genannten, von VAN'T HOFF theoretisch begründeten Gesetzen führten, an Lösungen indifferenter organischer Verbindungen in Wasser oder in organischen Lösungsmitteln angestellt wurden. Eine große Zahl von Substanzen in ihren wässrigen Lösungen, nämlich die Salze, Säuren und Basen, und zwar insbesondere solche anorganischer Natur, zeigt ein von jenen Gesetzen abweichendes Verhalten, welches der allgemeinen Anerkennung der VAN'T HOFFschen Theorie anfangs Schwierigkeiten machte. Die Größen P, $(p - p_1)/p$, $t - t_0$ und $\vartheta_0 - \vartheta$ erweisen sich nämlich sämtlich höher, als es der Theorie entspricht. Erstere beiden sind indessen nicht genau genug bestimmbar, um eine etwaige Gesetzmäßigkeit ihrer Abweichungen deutlich erkennen zu lassen. Denn einerseits ist die Kupferferrocyanidmembran für jene Substanzen bei so hohen Drucken, wie sie sich ergaben, nicht mehr völlig undurchlässig, anderseits sind die Unterschiede der Dampfspannungen wässriger Lösungen zu gering. Wohl aber haben die Ermittelungen des Siedepunkts und Gefrierpunkts weitere Aufschlüsse gebracht. Zunächst mögen die Resultate einiger nach dem 3. Kapitel ausgeführten Versuche in den Tabellen XV und XVI zusammengestellt

Tab. XV.

1	2	3	4	5	6	7	8	9	10
Substanz auf 100 g Wasser	l	$t - t_0$	$\dfrac{t - t_0}{l}$	m	$S = m \cdot \dfrac{t - t_0}{l}$	$i = \dfrac{S}{5{,}2}$	$i'' = 1 + (z - 1)\dfrac{\lambda}{\lambda_\infty}$	$\alpha = \dfrac{i' - 1}{z - 1}$	$\alpha'' = \dfrac{\lambda}{\lambda_\infty}$
Natriumchlorid	5,85	0,94	0,160	58,5	9,36	1,80	1,82	0,80	0,82
„	8,80	1,40	0,159		9,30	1,78		0,78	

Tab. XVI.

1	2	3	4	5	6	7	8	9	10
Substanz auf 100 g Wasser	l	$\vartheta_0 - \vartheta$	$\dfrac{\vartheta_0 - \vartheta}{l}$	m	$G = m \cdot \dfrac{\vartheta_0 - \vartheta}{l}$	$i' = \dfrac{G}{18{,}5}$	$i'' = 1 + (z - 1)\dfrac{\lambda}{\lambda_\infty}$	$\alpha' = \dfrac{i' - 1}{z - 1}$	$\alpha'' = \dfrac{\lambda}{\lambda_\infty}$
Natriumchlorid	5,83	3,5	0,598	58,50	34,98	1,89	1,82	0,89	0,82
„	8,80	5,2	0,591		34,51	1,87		0,87	
Kaliumchlorid	6,00	2,7	0,442	74,58	32,97	1,78	1,86	0,78	0,86
„	10,00	4,4	0,440		32,81	1,77		0,77	
Calciumchlorid $CaCl_2 \cdot 6$ aq.	21,90	5,2	0,237	219,98	51,90	2,69	2,50	0,84	0,75

werden, in denen dieselben Bezeichnungen beibehalten sind, wie früher.

Wie man aus den Zahlen der Kolumnen 4 ersieht, nehmen wiederum die Werte $t - t_0$ und $\vartheta_0 - \vartheta$ für jede Substanz proportional der Konzentration zu. Auch stimmen die molekularen Gefrierpunktserniedrigungen G (Kolumne 6) für die Lösungen von Natrium- und Kaliumchlorid überein. Vergleicht man aber die Werte S und G mit denen der Tabellen X und XII, so zeigen sie sich sämtlich größer als dort. Welches Multiplum sie von den Normalwerten 2,5 bezw. 18,5 sind, erfährt man, wenn man sie durch 2,5 bezw. 18,5 dividiert. Die so erhaltenen Zahlen (Kolumne 7) hat VAN'T HOFF mit i bezeichnet. Es hat sich nun herausgestellt, daß die Werte i für jede einzelne Substanz bei wachsender Verdünnung zunehmen und schießlich in die ganzen Zahlen 2, 3, 4 . . . . übergehen, und daß sie ferner für Stoffe von ähnlicher Zusammensetzung gleich sind, nämlich für die Säuren $\overset{\text{I I}}{\text{HA}}$, die Basen $\overset{\text{I I}}{\text{B(OH)}}$ und die Salze $\overset{\text{I I}}{\text{AB}}$ die Zahl 2, für die Säuren $\overset{\text{I II}}{\text{H}_2\text{A}}$, die Basen $\overset{\text{I II}}{\text{B(OH)}_2}$ und die Salze $\overset{\text{I II}}{\text{A}_2\text{B}}$ und $\overset{\text{II I}}{\text{AB}_2}$ die Zahl 3 ergeben, und zwar ist es hierbei gleichgültig, ob die i-Werte nach der Methode des osmotischen Drucks oder derjenigen des Dampfdrucks, Siedepunkts oder Gefrierpunkts ermittelt werden. Da die Größen $(p - p_1)/p$, $t - t_0$ und $\vartheta_0 - \vartheta$ den P-Werten proportional sind, so mußte VAN'T HOFF die allgemeine Gleichung in der Form

$$PV = iRT$$

schreiben. Die Lösungen aller jener Substanzen verhalten sich demnach so, wie wenn eine größere Anzahl von Molekeln vorhanden ist, als der Konzentration entsprechen würde.

§ 2. Erklärung des Faktors i nach ARRHENIUS und Bestätigung der Dissoziationstheorie.

Um jene Erscheinung zu erklären, lag es hinsichtlich der Analogie zwischen Lösungen und Gasen nahe, eine Dissoziation der Molekeln der gelösten Substanzen anzunehmen. Hatten sich doch auch die Anomalien gewisser Gase, wie Stickstofftetroxyd und Phosphorpentachlorid, die gegen die AVOGADROsche Regel einen zu hohen Druck zeigen, durch die Annahme einer Dissoziation befriedigend erklären lassen. Indessen hätte man sich wohl schwerlich dazu entschlossen, diesen Ausweg für die Lösungen zu benutzen, wenn nicht die betreffenden Substanzen gleichzeitig Elektrolyte wären, und die Theorie der Elektrolyse nicht auch jene Forderung gestellt hätte. In der Tat treten die abnormen Siedepunkts- und Gefrierpunktserscheinungen nur auf, wenn die Lösungen den galvanischen Strom leiten. Die Lösungen von Natriumacetat in Äther und Kaliumchlorid in Alkohol verhalten sich gerade so normal, wie die wässrigen Lösungen von Zucker oder Harnstoff, d. h. der Faktor i ist $= 1$. Sobald aber jene Salze in Wasser gelöst, also Stromleiter geworden sind, nimmt der Faktor i bei gehörigen Verdünnungen den Wert 2 an.

ARRHENIUS[1]) gebührt das Verdienst, auf diesen Umstand, und zwar im Jahre 1887, hingewiesen zu haben. Seine Theorie der elektrolytischen Dissoziation fand ihre hauptsächlichste Stütze darin, daß sich die aus der Leitfähigkeit abgeleiteten Werte von i den VAN'T HOFFSCHEN nahezu gleich zeigten. Die Zahl i gibt offenbar das Verhältnis der in der Lösung wirklich vorhandenen Massenteilchen zu derjenigen Zahl an, in welcher die Molekeln hätten vorhanden sein müssen, wenn keine Dissoziation eingetreten wäre. Wenn nun n g-Mol. Substanz abgewogen und in Wasser gelöst werden, wenn ferner der Dissoziationskoëffizient α den Bruchteil von n bezeichnet, der die Dissoziation erfährt, und z die Zahl der Teilmolekeln bedeutet, in welche eine Molekel der Substanz zerfällt, so befinden sich in der Lösung $n - n\alpha$ ganze Molekeln und $zn\alpha$ Teilmolekeln. Mithin ist

$$i = \frac{n - n\alpha + zn\alpha}{n} = 1 + (z - 1)\alpha,$$

und da $\alpha = \Lambda / \Lambda_\infty$ ist, wenn Λ die molekulare Leitfähigkeit bei endlicher, und Λ_∞ die bei unendlicher Verdünnung darstellt, so folgt aus der Leitfähigkeit der Lösungen

----

[1]) Zeitschr. für physik. Chem. **1**, 630, (1887).

$$i = 1 + (z - 1)\frac{\Lambda}{\Lambda_\infty}$$

In den Kolumnen 8 der Tabellen XV und XVI sind diese i'' genannten Werte angeführt. Sie sind denen in den Kolumnen 7 nahezu gleich, und die Übereinstimmung wäre noch vollkommener, wenn S und G mit Hilfe verdünnterer Lösungen festgestellt wären. Dasselbe gilt von den Werten für α, wenn sie einerseits mit Hilfe der VAN'T HOFFSCHEN Faktoren i nach der Gleichung

$$\alpha = \frac{i - 1}{z - 1},$$

anderseits nach der Gleichung $\alpha = \Lambda/\Lambda_\infty$ berechnet werden (s. Kolumnen 9 und 10). Was die sachliche Bedeutung der Größen α anbetrifft, so sei daran erinnert, daß der hundertfache Wert von α die Anzahl der Molekeln der Substanz angibt, die von je 100 Molekeln dissoziiert sind. Die Zahl 0,89 für Natriumchlorid besagt also, daß in der betreffenden Lösung 89 % der Molekeln zerfallen sind. Die Teilmolekeln einer binären Substanz müssen nun unbedingt mit den Ionen identisch sein, und aus der Übereinstimmung der nach obigen beiden Methoden ermittelten i-Werte muß die Idendität der Teilmolekeln und Ionen auch für sämtliche anderen elektrolytischen Substanzen gelten. Auch spricht hierfür (s. Tabelle XV und XVI) die Erscheinung, daß der Dissoziationsgrad mit zunehmender Konzentration abnimmt, wie auch aus den Tatsachen der Leitfähigkeit gefolgert werden muß.

In betreff der nach der Gefrierpunktmethode bestimmbaren Werte i sei noch bemerkt, daß sie zur Berechnung der molekularen Leitfähigkeit Λ der elektrolytischen Lösungen ein bequemes Mittel bieten, welches insofern besonders wertvoll ist, als die gut leitenden Elektrolyte dem OSTWALDschen Verdünnungsgesetz nicht folgen (siehe I. Abschnitt, 5. Kapitel, § 3). Ist z. B. für eine Kaliumchloridlösung, die in 114 Litern 1 g-Mol. enthält, G $= 36,14$ gefunden, so ist i $= 36,14/18,5 = 1,95$, also $\alpha = 0,95$. Aus den Wanderungsgeschwindigkeiten für K$\cdot$ und Cl$'$ bei 18^0 folgt aber $\Lambda_\infty = 130{,}1$. Demnach ist

$$\Lambda_{114} = a \cdot \Lambda_\infty = 0{,}95 \cdot 130{,}1 = 123{,}7$$

und gefunden ist von KOHLRAUSCH $\Lambda_{100} = 122{,}5$ und $\Lambda_{200} = 124{,}6$.

Wenn ferner für eine elektrolytische Lösung die Größen i und λ empirisch ermittelt sind, so läßt sich der Wert z nach der Gleichung

$$z = \frac{(i-1)\,\Lambda_\infty}{\Lambda} + 1$$

berechnen, und da z die Anzahl der Ionen bedeutet, in welche die Molekel einer Substanz dissoziiert wird, so dürften sich für die Konstitutionsformel der letzteren aus der Größe z unter Umständen wertvolle Schlüsse ziehen lassen.

Vor allem aber lehrt dieses Kapitel, daß ARRHENIUS das merkwürdige, von dem VAN'T HOFFSCHEN Gesetz auf den ersten Blick abweichende Verhalten der Lösungen der Elektrolyte im Sinne jenes Gesetzes selbst erklärt und auf diese Weise nicht allein die Gültigkeit der AVOGADROSCHEN Regel für elektrolytische Lösungen, sondern auch die vorzügliche Brauchbarkeit seiner Dissoziationstheorie bestätigt hat.

III. Abschnitt.

Die osmotische Theorie der galvanischen Stromerzeugung.

In den beiden ersten Abschnitten hat sich eine Reihe von Sätzen ergeben, deren Richtigkeit nach fast allen Seiten hin durch den Versuch erwiesen ist. Auf Grund dieser Sätze hat NERNST seine osmotische Theorie über die Entstehung des elektrischen Stromes in den VOLTASchen Ketten aufgestellt. Dieselbe soll nebst ihren weiteren Folgerungen in diesem Abschnitt erörtert werden.

------

1. Kapitel.

Die Flüssigkeitsketten.

Es ist eine längst bekannte Tatsache, daß sich bei der Berührung von Leitern zweiter Ordnung elektrische Differenzen geltend machen. Indessen war nicht einzusehen, daß der bloße Kontakt die Ursache dieser Erscheinungen sein sollte.

Die Entstehung einer Potentialdifferenz zwischen zwei verschieden konzentrierten Lösungen desselben Elektrolyten erklärt NERNST dadurch, daß sich die vom osmotischen Druck getriebenen Ionen mit verschiedener Geschwindigkeit bewegen, mithin in der einen Lösung die Kationen, in der anderen die Anionen im Überschuß auftreten. Da aber die Ionen die Träger elektrischer Ladungen sind, so findet in der einen Lösung eine Anhäufung positiver, in der andern eine solche negativer Elektrizität statt. Verbindet man daher mit den beiden Lösungen zwei indifferente Elektroden, d. h. Elektroden von solcher Beschaffenheit, daß die Kräfte, welche an den Grenzflächen derselben und der Flüssigkeiten ihren Sitz haben, vollkommen eliminiert werden, so muß sich die Potentialdifferenz, welche die Folge der Anhäufung beider Elektrizitäten ist, nachweisen und messen lassen. Derartige Ketten hat man Flüssigkeitsketten genannt.

Jene Potentialdifferenz hat NERNST [1]) unter obigen Voraussetzungen in einer Abhandlung berechnet, welche H. v. HELMHOLTZ im Jahre 1889 der Akademie der Wissenschaften vorlegte. Da diese theoretischen Erörterungen die Basis der modernen Stromtheorie bilden, so ist eine kurze Widergabe derselben nötig. Der Einfachheit wegen werde angenommen, daß der Elektrolyt aus zwei einwertigen Ionen bestehe, deren Wanderungsgeschwindigkeiten u und v seien. Ferner sei p_1 der osmotische Partialdruck der Kationen in der konzentrierten, p_2 der der Anionen in der verdünnten Lösung. Wenn die an einem g-Atom eines einwertigen Ions haftende Elektrizitätsmenge von 96 540 Coulomb durch die Kette fließen sollte, müßten $u/(u+v)$ g-Atome Kationen mit dem Strom und $v/(u+v)$ g-Atome Anionen gegen den Strom transportiert werden. Denn wenn unter dem Einfluß der der Anode durch den Schließungsbogen zugeleiteten Elektrizität $v/(u+v)$ g-Atome Anionen aus der einen Lösung in die andere geführt werden, so bleiben in der ersteren $v/(u+v)$ g-Atome Kationen zurück. Zu ihnen müssen also $u/(u+v)$ g-Atome Kationen aus der zweiten Lösung hinzukommen, damit in der ersten Lösung $(u+v)/(u+v)=1$ g-Atom Kationen die Kathode erreichen. Ebenso müssen $v/(u+v)$ g-Atome Anionen zur Anode gelangen, damit hier im ganzen $(u+v)/(u+v)=1$ g-Atom Anionen auftreten. Sowie nun das Volumen V einer g-Molekel eines Gases, wofern es allmählich von dem Druck p_1 auf p_2 sinkt, auf Kosten der von außen aufgenommenen Wärme die Arbeit

$$\int_{p_2}^{p_1} V\, dp$$

---

[1]) Sitzungsber. der preuß. Akad. d. Wiss. 83, (1889).

zu leisten vermag, so muß dadurch, daß das 1 g-Atom Kationen enthaltende Volumen V einer Lösung vom osmotischen Druck p_1 auf p_2 sinkt, gleichfalls die Arbeit

$$\int_{p_2}^{p_1} V\,dp$$

verfügbar werden. Daher leisten $u/u+v$ g-Atome Kationen die Arbeit

$$\frac{u}{u+v}\int_{p_2}^{p_1} V\,dp,$$

und da $pV = RT$ ist, so ist jene Arbeit

$$= \frac{u}{u+v} RT \int_{p_2}^{p_1} \frac{dp}{p}$$

oder

$$= \frac{u}{u+v} RT \ln \frac{p_1}{p_2}.$$

Um aber $v/(u+v)$ g-Atome Anionen von dem Drucke p_2 auf p_1 zu heben, ist die Arbeit

$$- \frac{v}{u+v} RT \ln \frac{p_1}{p_2}$$

aufzuwenden. Die von der osmotischen Energie insgesamt verfügbare Arbeit ist daher

$$\frac{u-v}{u+v} RT \ln \frac{p_1}{p_2}.$$

Soll nun diese Arbeit ganz in die elektrische Energie $96540 \cdot \pi$ übergehen, wenn π die Potentialdifferenz der Flüssigkeitskette bedeutet, so ist

$$96540\,\pi = \frac{u-v}{u+v} RT \ln \frac{p_1}{p_2}.$$

Darin ist $R = 1{,}985$ g-cal. $= 2 \cdot 4{,}189 \cdot 10^7$, 1 Coulomb $= 10^{-1}$ und 1 Volt $= 10^8$ absol. Einheiten. Mithin ist

$$\pi = \frac{1{,}985 \cdot 4{,}189 \cdot 10^7}{96540 \cdot 10^{-1} \cdot 10^8} \cdot \frac{u-v}{u+v} \cdot T \ln \frac{p_1}{p_2} \text{ Volt,}$$

$$= 0{,}0000861 \frac{u-v}{u+v} T \ln \frac{p_1}{p_2} \text{ Volt,}$$

oder, wenn wir statt der natürlichen Logarithmen die für die Rechnung bequemeren Briggschen Logarithmen einführen

$$= 0{,}0001983 \frac{u-v}{u+v} T \log \frac{p_1}{p_2} \text{ Volt.}$$

Damit also zwischen zwei verschiedenen konzentrierten Lösungen eines Elektrolyten eine Potentialdifferenz zustande kommt, müssen nicht nur p_1 und p_2, sondern auch u und v verschieden sein, und zwar geht der Strom von der konzentrierten zur verdünnten Lösung, wenn $u > v$ ist, im andern Fall umgekehrt. Für die Säuren ist u stets größer als v. Eine Flüssigkeitskette aus einer normalen und einer 0,001-normalen Chlorwasserstoffsäure würde bei 17^0 die Potentialdifferenz

$$\pi = 0{,}0001983 \frac{329{,}8 - 65{,}44}{329{,}8 + 65{,}44} \cdot 290 \cdot 3 = 0{,}116 \text{ Volt}$$

haben.

Enthält der Elektrolyt mehr als zwei Ionen, und ist die Wertigkeit derselben n_1 und n_2, so lautet obige Gleichung

$$\pi = 0{,}0001983 \frac{\dfrac{u}{n_1} - \dfrac{v}{n_2}}{u+v} T \log \frac{p_1}{p_2} \text{ Volt,}$$

und wenn $n_1 = n_2 = n$ ist, so ist für einen Elektrolyten aus zwei n-wertigen Ionen

$$\pi = \frac{0{,}0001983}{n} \cdot \frac{u-v}{u+v} T \log \frac{p_1}{p_2} \text{ Volt} \quad \ldots \ldots \quad 1)$$

Eine noch allgemeinere Gleichung, die auch den Fall in sich schließt, daß sich zwei verschiedene Elektrolyte berühren, ist von Planck aufgestellt. Doch möge von dieser hier abgesehen werden.

Die vorstehende Theorie der Flüssigkeitsketten gewährt einen Einblick in die Mechanik des Zustandekommens der Potentialdifferenz, welche sich zwischen zwei verschieden konzentrierten Lösungen eines Elektrolyten entwickelt. Das Experiment hat sie zur Genüge bestätigt. So fand KENRIK[1]) zwischen normaler und 0,1-normaler Chlorwasserstoffsäure die Potentialdifferenz 0,030 Volt, während 0,0387 Volt berechnet werden; da KENRIKS direkte Methode zur Messung derartiger Potentialdifferenzen nur sehr unsichere Werte liefert, ist die Übereinstimmung durchaus befriedigend. Genauere Messungen solcher Flüssigkeitsketten sind nur indirekt möglich.

<hr>

2. Kapitel.
Die Konzentrationsketten.

§ 1. Der Strom der Konzentrationsketten.

Werden zwei Elektroden aus demselben Metall in zwei verschieden konzentrierte, sich berührende Lösungen eines seiner Salze gebracht, so entsteht eine Konzentrationskette. Sie liefert einen bis zum Ausgleich der Konzentrationen dauernden Strom, und zwar dadurch, daß die Kationen an der Elektrode der konzentrierten Lösung unter Abgabe ihrer elektrischen Ladungen den metallischen Zustand annehmen und daher diese Elektrode positiv laden, während die Atome der anderen Elektrode als Kationen in die Lösung geschafft werden. Wie früher auseinandergesetzt wurde, ist die Ionisierung dieser Atome mit Änderungen der Energie verknüpft. Die in den Elektrolyten eintretenden Kationen führen positive elektrischeLadungen mit sich. Die Elektrode, von der sie sich lösen, wird also negativ geladen, denn positive Elektrizität kann nicht ohne ein gleiches Quantum negativer entstehen. Dieser Vorgang wird anschaulich, wenn man ihn mit der rein mechanischen Lösung eines festen Körpers vergleicht. Sowie letzterer, um in den flüssigen Zustand überzugehen, der Umgebung Wärme entzieht und daher, so zu sagen, Kälte hinterläßt, so nehmen die sich ionisierenden Metallatome die erforderlichen positiven elektrischen Ladungen auf, und negative elektrische Ladungen bleiben in der Elektrode zurück.

<hr>

[1]) Zeitschr. f. physik. Chem. **19**, 625—656, (1896).

Wie in einer elektrolytischen Zelle, deren Elektroden man von außen den Strom zuführt, so werden auch in einer galvanischen Kette die Elektroden Kathode und Anode genannt, je nachdem sich die Kationen oder Anionen zu ihnen begeben, und der (positive) Strom nimmt seinen Weg auf jeden Fall von der Kathode durch den Schließungsbogen zur Anode. Hält man hieran fest, so ist ein Irrtum in der Anwendung der Begriffe: positiver und negativer Pol, leicht zu vermeiden.[1]) Der positive Pol einer galvanischen Kette ist derjenige, an welchen die Kationen herantreten, und zum Zweck der Elektrolyse ist derselbe an diejenige Elektrode einer Zersetzungszelle anzulegen, von welcher sich mit dem Strom die Kationen nach der anderen Elektrode bewegen sollen. Stets hat der positive Strom dieselbe Richtung wie die Kationen, sowohl in der Stromquelle als auch in der Zersetzungszelle.

§ 2. Die Lösungstension der Metalle und Nichtmetalle.

In einer Konzentrationskette kommen nun drei einzelne Potentialdifferenzen in Betracht, von denen die eine zwischen den beiden Lösungen, die beiden andern an den Grenzflächen zwischen Metall und Elektrolyt auftreten. NERNST[2]) hat auch die Potentialdifferenz zwischen Metall und Elektrolyt berechnet und die Entstehung derselben anschaulich gemacht. Zu dem Zweck führte er den Begriff der elektrolytischen Lösungstension ein. Gerade wie eine Flüssigkeit an der Oberfläche solange verdampft, bis der Druck des Dampfes das Verdampfungsbestreben der Flüssigkeit ausgleicht, also dem Sättigungsdruck gleichkommt, so muß sich, da Verdampfung und Lösung analoge Vorgänge sind, ein Salz im Wasser in solcher Menge lösen, bis der osmotische Druck der Lösung dem Lösungsbestreben des Salzes oder, wie man sagt, der dem betreffenden Salz eigentümlichen Lösungstension das

---

[1]) Wie früher mitgeteilt, wird der heutigen Auffassung entsprechend der Transport der Elektrizität in metallischen Leitern durch negative elektrische Elementarteilchen besorgt, es findet also überhaupt kein positiver Strom, sondern nur ein Strömen in der der üblichen Bezeichnungsweise entgegengesetzten Richtung statt.

[2]) Zeitschr. f. physik. Chem. 4, 129, (1889).

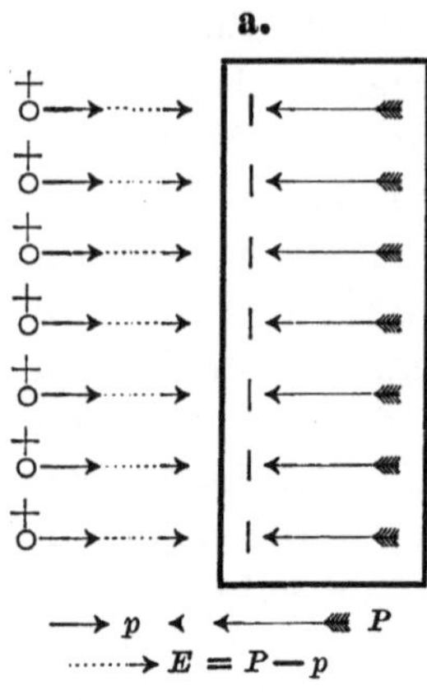

a.

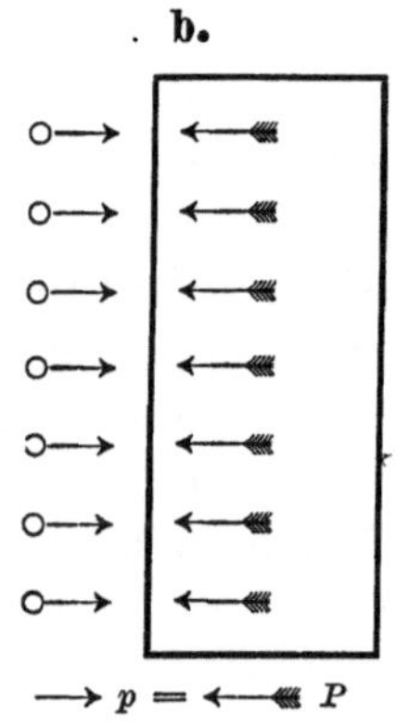

b.

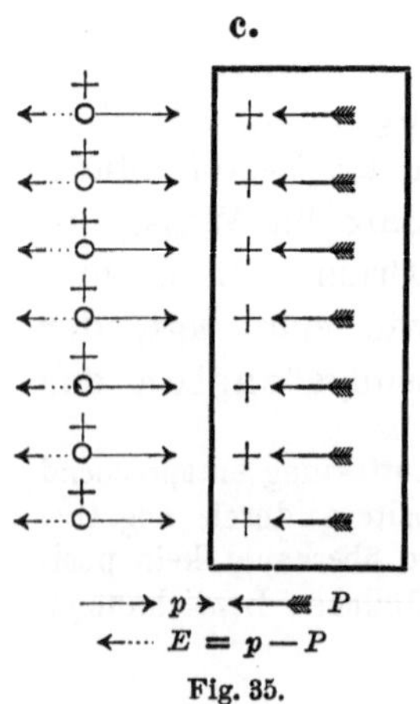

c.

Fig. 35.

Gleichgewicht hält. Ebenso aber wohnt nach NERNST jedem Metall eine nur durch seine chemische Natur bedingte Fähigkeit inne, Metallatome als Ionen in Lösung zu bringen. Diese als elektrolytische Lösungstension bezeichnete Kraft sucht sich geltend zu machen, wenn das Metall in einen Elektrolyten eingesenkt wird, und zwar um so mehr, je weniger Kationen in der Lösung bereits vorhanden sind. Umgekehrt ist der osmotische Druck nach Maßgabe der Konzentration bestrebt, der Lösungstension entgegenzuarbeiten, also Kationen aus der Lösung herauszuschaffen.

Ist P die Lösungstension eines Metalles, p der osmotische Druck der in der Lösung befindlichen Kationen, so sind drei Fälle zu unterscheiden je nachdem P grösser, gleich oder kleiner als p ist. Figur 35 a, b, c, illustrieren die in diesen Fällen konkurrierenden Kräfte.

Wir betrachten zunächst den Fall $P > p$. Das Metall verhält sich dann ähnlich wie eine Salzmasse, welche sich, wenn sie der noch ungesättigten Lösung zugefügt wird, darin löst. Das Metall sucht also Kationen in die Lösung zu befördern, und da mit diesen Ionen positive elektrische Ladungen transportiert werden, während die gleiche Menge negativer Elektrizität im Metall zurückbleibt, so erhält der Elektrolyt ein positives und das Metall ein negatives Potential. Dadurch aber treten noch elektrostatische Zusatzkräfte auf und so sehr auch der Wert von P den von p übertreffen mag, so kann infolge des bloßen

Eintauchens des Metalles in den Elektrolyten die Anzahl der
sich bildenden Kationen nur gering sein. Denn die an der Grenzfläche zwischen dem Metall und dem Elektrolyten auftretenden
elektrischen Zuzatzkräfte wirken, schnell anwachsend, der
weiteren Betätigung der Lösungstension entgegen. Es wird
sich daher bald ein Gleichgewichtszustand herstellen, bei dem
omotischer Druck plus elektrostatischer Zusatzkraft entgegengesetzt gleich sind der Lösungstension von $p + E = P$, wie das
in Fig. 35a angedeutet. Sobald aber die freien Elektrizitäten
durch einen Schließungsbogen abgeleitet werden und damit der
Ausbildung der elektrostatischen Zusatzkräfte entgegengewirkt
wird, tritt das Übergewicht der Lösungstension wieder hervor
und bewirkt ein fortgesetztes in Lösung gehen von Kationen.

Liegt der zweite sehr unwahrscheinliche Spezialfall vor,
daß $P = p$ ist, so kommt es überhaupt nicht zu einer Potentialdifferenz, denn osmotischer Druck und elektrolytische Lösungstension halten sich in diesem Fall gerade das Gleichgewicht.
Fig. 35b.

Wenn endlich drittens $P < p$ ist, so entspricht das Metall
einer festen Salzmasse, welche man in die übersättigte Salzlösung bringt. Nunmehr geben einige Kationen ihre Ladungen
an das Metall ab. Dieses ladet sich folglich positiv, und der
Elektrolyt nimmt ein negatives Potential an. Der Vorgang
dauert wiederum nur kurze Zeit, da die schnell anwachsenden
elektrostatischen Zusatzkräfte der weiteren Abscheidung von
Kationen entgegenwirken.

Wie die Metalle, vermögen auch die Nichtmetalle eine
Lösungstension, also die Tendenz, Anionen zu bilden, zu
äußern. Indessen kommen hierbei wesentlich nur der Sauerstoff und die Elemente der Halogene in Betracht, da die
übrigen Anionen Atomgruppen darstellen, die eine selbständige Existenz nicht besitzen. Die betreffende Elektrode, an
welcher jene Nichtmetalle die Ionenform annehmen, ladet
sich natürlich positiv.

§ 3. Berechnung der Potentialdifferenz der Konzentrationsketten.

Die Lösungstension eines Metalles und der osmotische Druck sind nach NERNST analoge Begriffe.

Unter dieser Voraussetzung läßt sich erwarten, daß die Potentialdifferenz p zwischen einem Metall und der Lösung eines seiner Salze bei einer bestimmten Temperatur nur von dem Verhältnis P/p abhängt. Auf ähnliche Weise, wie es bei den Flüssigkeitsketten auseinandergesetzt wurde, ergibt sich die Formel

$$p = \frac{0{,}0001983}{n} \; T \log \frac{P}{p} \, \text{Volt} \quad \ldots \ldots \ldots \; 2)$$

wenn n die Valenz des Kations ist, und p in der Richtung vom Metall zur Lösung angenommen wird.

Für eine Konzentrationskette von der Form

$$M/MS \; konc./MS \; verd./M,$$

wenn M das Metall, und S das Anion bezeichnet, berechnet sich nunmehr die gesamte Potentialdifferenz π aus der algebraischen Summe der drei einzelnen Potentialdifferenzen nach der Gleichung

$$\pi = \frac{0{,}0001983}{n} \; T \left[\log \frac{P}{p_1} + \frac{u-v}{u+v} \log \frac{p_1}{p_2} - \log \frac{P}{p_2} \right] \text{Volt}$$

$$= - \frac{0{,}0001983}{n} \cdot \frac{2\,v}{u+v} \cdot T \log \frac{p_1}{p_2} \, \text{Volt} \quad \ldots \ldots \ldots \; 3)$$

Das Minuszeichen in obigen Formeln bedeutet, daß innerhalb der Konzentrationskette der Strom von der verdünnten zur konzentrierten Lösung geht, so daß die Elektrode der letzteren zur Kathode, die der ersteren zur Anode wird.

Die Richtigkeit dieser Formel ist von verschiedenen Forschern experimentell bestätigt. Von den vielen derartigen Versuchen möge nur einer zur weiteren Erläuterung jener Formel angeben werden. Für die Kette

$$Ag/AgNO_3 \, 0{,}1\text{-normal}/AgNO_3 \, 0{,}01\text{-normal}/Ag$$

ist $n = 1$, $u = 54{,}02$ $v = 61{,}78$. Das Verhältnis $\frac{p_1}{p_2}$ der Ionenkonzentrationen des Silbers in den beiden Lösungen ergibt sich aus Leitfähigkeitsmessungen zu 8,7. Bei 18^0 muß demnach

$$\pi = - \, 0{,}0001983 \cdot \frac{2 \cdot 61{,}78}{54{,}02 + 61{,}78} \cdot 291 \log 8{,}7 = - \, 0{,}0578 \, \text{Volt}$$

sein. NERNST fand 0,055 Volt, ein Resultat, das in Anbetracht der Unsicherheit der Werte von u und v wohl befriedigt.

Die Konzentrationsketten sind Vorkehrungen, in welchen sich (abgesehen von dem Transport der Metallmassen von der Anode zur Kathode) zwei verschiedene Konzentrationen einer Lösung ausgleichen und hierbei elektrische Energie verfügbar machen. Dieser Ausgleich könnte auch in anderer Weise, z. B durch mechanische Arbeitsleistung, zur Ausführung kommen. Da nämlich der Dampfdruck der verdünnten Lösung größer ist, als der der konzentrierten, so könnte man sich nach OSTWALD[1]) eine Maschine vorstellen, in welcher der von der verdünnten Lösung entwickelte Dampf von höherer Spannung sich unter Arbeitsleistung ausdehnt, bis er den geringeren Druck über der konzentrierten Lösung, wo er kondensiert wird, angenommen hat. Die Arbeitsfähigkeit dieser Maschine würde so lange bestehen, bis die überdestillierte Wassermasse die Gleichheit der Konzentrationen bewirkt haben würde.

Jene Arbeit ließe sich ferner durch den direkten osmotischen Vorgang gewinnen. Man denke sich die konzentrierte Lösung durch eine semipermeable Membran von der darunter befindlichen verdünnten Lösung getrennt. Aus letzterer würde dann eine gewisse Quantität Wasser in den Behälter der konzentrierten Lösung gehoben werden.

§ 4. Versuche zur Demonstration der Konzentrationsketten.

Die Entstehung des Stromes in der Silbernitratkette kann man folgendermaßen nachweisen. In Fig. 36 seien K und A die beiden Silberelektroden und $a\,b$ die Grenzfläche der beiden Silbernitratlösungen L und l. Ist die Kette offen, so besitzen K und A, weil P einen sehr geringen Wert hat (s. III. Abschnitt, 5. Kapitel), ein positives Potential, welches aber nach der Formel 2) für K größer sein muß als für A. Es muß daher beim Schluß der Kette ein Strom von K durch den Schließungsbogen nach A gehen. Nunmehr werden an

---

[1]) W. OSTWALD. Lehrbuch der allgemeinen Chemie. 2. Aufl. Leipzig 1893. II. Bd. 1. Teil. S. 830.

K Silberionen entladen, an A dagegen gehen Atome der Elektrode in den Jonenzustand über, während negative Elektrizität in den Leitungsdraht abfließt. Für je 108 Gew.-Teile Silber, welche an K abgeschieden werden, werden 108 Gew.-Teile Silber von A gelöst. Der Vorgang dauert bei allmählicher Abnahme der elektromotorischen Kraft der Kette so lange, bis sich die Konzentrationen der Lösungen ausgeglichen haben, also die osmotische Energie vollständig erschöpft ist.

Die nach der Fig. 36 getroffene Versuchsanordnung reicht aus, den Konzentrationsstrom mit Hilfe eines besseren Galvano-

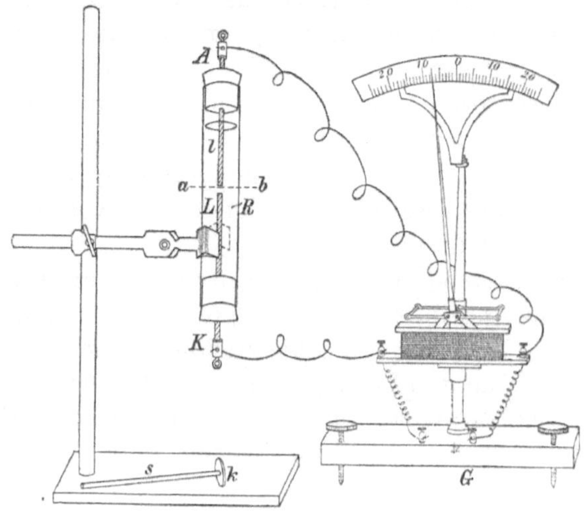

Fig. 36.

skops nachzuweisen. Man fülle das 15 cm lange und 2,5 cm weite Glasrohr R bis $a\,b$ mit einer normalen Silbernitratlösung, schichte auf dieselbe mittels des Glasstabes s, an dessen Ende die Korkscheibe k mit Siegellack befestigt ist, Wasser auf, senke die Elektrode A ein und schalte in den Stromkreis das Vorlesungsgalvanoskop G[1]) ein, welches einen mit einer ver-

---

[1]) Dieses Galvanoskop ist von KEISER & SCHMIDT, Berlin Johannisstr. 20, zu beziehen. Dieses für die meisten der folgenden Versuche, bei denen schwächere Ströme nachzuweisen sind, verwendete Instrument hat einen Widerstand von 9,6 Ohm und ist so empfindlich, daß ein Strom von 0,000226 Amp. einen Ausschlag um einen Grad der Skala bewirkt. Ein zweites, größeres, für etwas stärkere Ströme benutztes Instrument

tikalen hölzernen Nadel versehenen Winkelmagneten enthält. Die Nadel gibt einen deutlichen Ausschlag in der der Theorie entsprechenden Richtung.

Noch kräftiger ist der Ausschlag der Kette

$$Cu/CuCl_2\,konz./CuCl_2\,verd./Cu,$$

weil sich vom Kupferchlorid sehr konzentrierte Lösungen verstellen lassen. — Auch die Kette

$$Zn/ZnSO_4\,konz./ZnSO_4\,verd./Zn$$

ist zur Demonstration zu empfehlen. Hier nehmen die Elektroden wegen der starken Lösungstension des Zinks vor dem Stromschluß negative Potentiale an. Indessen ist das von A größer als das von K, und infolge dieser Differenz gehen von A aus Zinkionen in Lösung, während sich an K Zink ausscheidet, wenn p_2 klein genug ist.

In baumartig verzweigter Gestalt erhält man eine derartige Metallausscheidung, wie Fig. 37 zeigt, und zwar schon nach zwei Stunden, wenn man einen etwa 12 cm hohen Zylinder zur Hälfte mit konzentrierter, frisch bereiteter Zinnchlo-

hat einen Widerstand von 8 Ohm. Die Skala besteht, beiderseits aus 12 Teilstrichen die je 1 cm entfernt sind. Die Nadel zeigt 0,003 bis 0,004 Amp.

Fig. 37.

ridlösung (die man erhält, wenn man 15 g Stanniol in verdünnter Salzsäure löst und die Lösung bis auf 40 cm³ ein-
dampft) füllt und nach dem Aufschichten von Wasser einen
langen Zinnstab axial anbringt. Derselbe vertritt hier beide
Elektroden und zngleich den äußeren Schließungsbogen. Die
Figur läßt den Metallverlust an seinem oberen Ende wohl erkennen.

Sehr deutlich wird die Wirkung des Konzentrations-
unterschiedes der Lösungen duch folgende Kette veranschaulicht.

In dem |/| förmigen Rohr (Fig. 38) befinden sich die
Quecksilberelektroden A und K, die mittels eingeschmolzener
Platindrähte mit dem Leitungsdraht zu ver-
binden sind. Das schräg gerichtete Verbindungsstück der Schenkel S_1 und S_2 enthält
einen Pfropfen p aus Glaswolle. Wird bis
$m\,n$ eine kalt gesättigte Lösung des käuflichen krystallisierten Merkuronitrats einge-
füllt, so bleibt, da $p_1 = p_2$ ist, die Galvano-
skopnadel in Ruhe. Bringt man aber nach
und nach in den Schenkel S_1 konzentrierte
Kaliumchloridlösung und gleichzeitig zur
Wiederherstellung des Gleichgewichts in den
Schenkel S_2 das entsprechende Volumen Mer-
kuronitratlösung, so schlägt die Nadel aus,
und dies um so mehr, je mehr Kaliumchlorid
angewendet wird. Nach der Gleichung

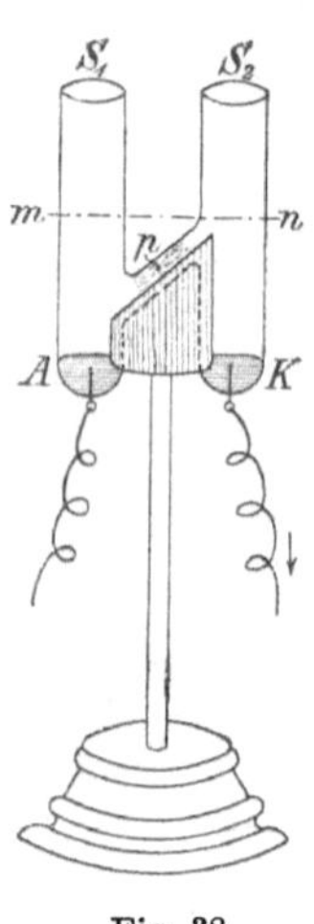

Fig. 38.

$$Hg \cdot NO_3{}' + K \cdot Cl' = HgCl + K \cdot NO_3{}'$$

wird nämlich im Schenkel S_1 Quecksilberchlorür gefällt, und
hierdurch wird die Konzentration der Quecksilberionen verringert. Folglich ist eine Konzentrationskette hergestellt, an
der leicht nachgewiesen werden kann, daß der Formel 3)
gemäß π wächst, wenn p_2 abnimmt. Die Nadel kehrt in einigen
Minuten auf die Nullage zurück, wenn die Anode von dem
schnell zu Boden sinkenden Quecksilberchlorür bedeckt wird.
Sie stellt sich aber sofort wieder ein, sobald man den Niederschlag durch Umrühren mittels eines Glasstabes in Suspension
erhält.

Ähnlich wie die vorige Kette verhält sich die folgende,
nur treten an die Stelle des Quecksilbers und seiner Ionen

der Wasserstoff und dessen Ionen. Der Entstehung des Stromes liegt hier die Reaktion

$$\mathrm{H \cdot Cl' + K \cdot OH' = H_2O + K \cdot Cl'},$$

also die Neutralisation von Säure und Base zugrunde. Die den Quecksilberelektroden des vorigen Versuchs entsprechenden Wasserstoffelektroden erhält man, indem man Platinbleche mit Palladiumschwarz überzieht und letzteres mit Wasserstoff sättigt.[1]) Eine passende Anordnung jener Kette stellt Fig. 39 dar. Z_1 und Z_2 sind zwei je 100 cm³ fassende Zellen, wie man sie aus Flaschen, deren Boden abzusprengen ist, leicht anfertigt. Die Halsenden, welche durch die Korke k_1 und k_2 geschoben und mittels derselben in einem tischförmigen Stativ befestigt sind, tragen die aus 3 bis 4 qcm großen Platinscheiben bestehenden Elektroden A und K. Der Raum unterhalb derselben wird mit Paraffin ausgefüllt. Nach sorgfältiger Reinigung der Elektroden bringt man in die Zellen eine Lösung von Palladiumnitrat, die man durch Lösen von 2 g Palladium in heißer konzentrierter Salpetersäure, Verdampfen der freien Säure und Verdünnen auf 100 cm³ gewinnt. Alsdann schließt man die Zellen hintereinander unter Einschaltung eines Widerstandes von 10 bis 20 Ohm in den Stromkreis von 4 Akkumulatoren so ein, daß jene Platinscheiben Kathoden werden, während als Anoden in die Palladiumnitratlösungen Palladiumbleche einzusenken sind. In 20 Minuten hat sich ein festhaftender, sammetschwarzer Palladiumüberzug niedergeschlagen. Nun ersetzt man den

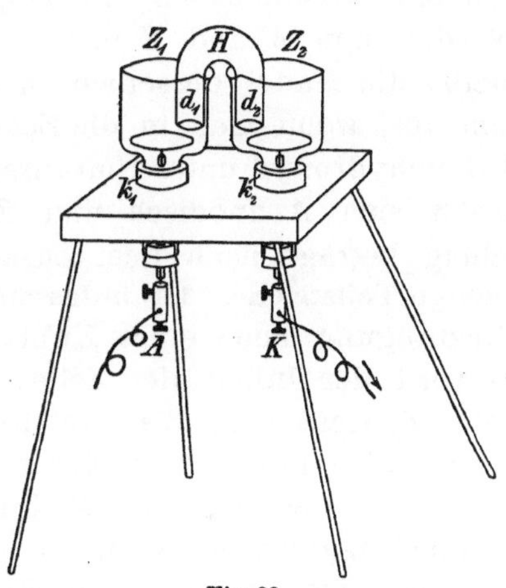

Fig. 39.

---

[1]) Bekanntlich hat das Palladium die Fähigkeit, den Wasserstoff in solchen Mengen (etwa das 1000-fache Volumen) zu absorbieren, daß derselbe mit sichtbarer Flamme verbrennt, wenn man das mit dem Gase beladene Metall mittels des Bunsenbrenners kurze Zeit erhitzt.

Elektrolyten der Zellen durch verdünnte Schwefelsäure und die Palladiumanoden durch solche von Platin. Innerhalb einer halben Stunde des Stromdurchganges nimmt das Palladiumschwarz genügende Mengen von Wasserstoff auf.

Sind diese Vorbereitungen vollendet, so gießt man in die Zellen Z_1 und Z_2 je 20 cm³ Normal-Chlorwasserstoffsäure und verbindet sie mittels des mit Normal-Chlorkaliumlösung gefüllten Hebers H, der an seinen Enden mit Tierblase verschlossen ist. Die etwa 3 cm langen Schenkel des Hebers liegen auf den $^1/_2$ cm voneinander entfernten Ausbuchtungen d_1 und d_2 fest auf. Die Säure der Zelle Z_1 ist mit einigen Tropfen alkoholischer Phenolphtaleïnlösung zu versetzen. Werden nun A und K mit dem Galvanoskop verbunden, so bleibt die Nadel desselben in Ruhe. Sie schlägt aber langsam aus, wenn man in die Zelle Z_1 eine Lösung von Normal-Kaliumhydroxyd unter Umrühren hineinfließen läßt, und zwar erhält sich A anodisch und K kathodisch. Der Nadelausschlag beträgt nach dem Zusatz von 19 cm³ der Base erst wenige Teilstriche. Ist indessen der Neutralisationspunkt nach Hinzufügung noch eines Kubikzentimeters der Base erreicht, so wird der Inhalt der Zelle Z_1 rot. Von der Kathode der Zelle Z_2 sieht man Wasserstoffbläschen aufsteigen. Der Ausschlag wird nun viel größer und wächst noch weiter, sobald noch ein Stückchen festes Kaliumhydroxyd auf die Platinscheibe A gebracht wird.

Die Erscheinungen der Neutralisation der Säure und Base lassen sich in folgender Weise erklären. In dem Maße, als die Menge der einfließenden Kaliumhydroxydlösung zunimmt, wird die Anzahl der Wasserstoffjonen H· in der Zelle Z_1 verringert, da sich die H· der Säure mit den Hydroxylionen OH′ der Base zu Wasser neutralisieren. Dadurch sind die Bedingungen der Konzentrationskette

$$H_{fest}/H·_{verdünnt}/H·_{konzentriert}/H_{fest}$$

gegeben. Mithin werden in Z_1 neue H· gebildet. In Z_2 aber werden H· entionisiert. A muß also Anode, K Kathode werden. Immerhin ist die elektromotorische Kraft gering, so lange noch in Z_1 freie H-ionen in großer Anzahl vorhanden sind. Erst wenn deren Konzentration infolge des weiteren Zuflusses der Kaliumhydroxydlösung sehr weitgehend gesunken ist, also das Verhältnis $\frac{p_1}{p_2}$ wegen der ungeheueren Kleinheit von p_2 sehr große Werte annimmt, kommt die ohnehin nur geringe Ionisierungstendenz des Wasserstoffs der Anode A mehr zur Geltung. Daher rührt das schnellere Wachsen des Nadelausschlages in der Nähe des Neutralisationspunktes. Wird nun die Menge der Base weiter gesteigert, so pflanzt sich allmählich die Neutralisation auch auf die Säure der Zelle Z_2 fort. Das Eigenartige dieses Vorganges besteht aber darin, daß die OH-ionen der Base zur Wasserbildung, auf die ja jede Neutralisation zwischen Säure und Base hinausläuft, den erforderlichen Wasserstoff nicht aus der Zelle Z_2, sondern von der Anode A entnehmen, wo er sich zuvor ionisieren muß, während das entsprechende Wasserstoffquantum an K in Bläschenform entwickelt wird.

Nach W. Böttger[1]) ist eine der Fig. 39 analoge Vorkehrung geeignet, die Titration von Säuren und Basen unter Verwendung eines Galvanoskops als Indikator auszuführen.

---

3. Kapitel.
Die Daniellschen Ketten.

§ 1. Konstruktion der Daniellschen Ketten.

Von den Konzentrationsketten gelangt man zu den Daniellschen Ketten

$$M_1/M_1\,S/M_2\,S/M_2,$$

indem man in der Versuchsanordnung Fig. 36 die Elektroden K und A aus zwei verschiedenen Metallen M_2 und M_1 anfertigt und die Lösungen L und l durch die Lösungen der Salze M_2S und M_1S, denen das Anion S gemeinsam ist, ersetzt. Falls die spezifischen Gewichte beider Lösungen nicht weit genug voneinander abweichen, um eine Übereinanderschichtung derselben zu ermöglichen, müssen sie durch Diaphragmen, meistens in der Gestalt von Tonzellen, getrennt werden.

---

[1]) Zeitschr. f. physik. Chem. **24**, 253, (1897).

§ 2. Berechnung der elektromotorischen Kraft der DANIELLschen Ketten.

Die gesamte Potentialdifferenz π einer solchen Kette besteht aus vier Summanden, nämlich

$$\pi_1 = M_1/M_1\,S,$$
$$\pi_2 = M_1\,S/M_2\,S,$$
$$\pi_3 = M_2\,S/M_2,$$
$$\pi_4 = M_2/M_1.$$

Nun beträgt π_2 im allgemeinen höchstens einige Millivolts, kann also in Anbetracht der durchschnittlich viel höheren gesamten Potentialdifferenz unberücksichtigt bleiben, um so mehr, je mehr die Konzentration der beiden Elektrolyte und die Geschwindigkeiten ihrer Kationen übereinstimmen. Ebenso hat π_4 einen sehr geringen Wert, wie später noch erörtert werden wird. Für die Berechnung von π sind daher wesentlich die Einzelpotentiale π_1 und π_3 ausschlaggebend. Bezeichnen P_1 und P_2 die Lösungstensionen der Metalle M_1 und M_2, p_1 und p_2 die osmotischen Drucke bezw. die Konzentrationen der Kationen ihrer Salze und n die Valenz der zunächst als gleichwertig anzunehmenden Metalle, so folgt nach der Formel 2) Seite 142

$$\pi = \frac{0{,}0002}{n}\,T\left(\log\frac{P_1}{p_1} - \log\frac{P_2}{p_2}\right) \text{Volt} \quad\ldots\ldots\quad 4)$$
$$= \frac{0{,}0002}{n}\,T\left(\log\frac{P_1}{P_2} - \log\frac{p_1}{p_2}\right)$$
$$= \frac{0{,}0002}{n}\,T\left(\log\frac{P_1}{P_2} - \log\frac{\alpha_1\,c_1}{\alpha_2\,c_2}\right) \text{Volt} \quad\ldots\ldots\quad 5),$$

wenn α_1 und α_2 die Dissoziationsgrade, und c_1 und c_2 die Anzahl der Gramm-Molekeln der Elektrolyte im Liter sind. Falls die Wertigkeiten der Metalle verschieden sind, so ist

$$\pi = 0{,}0002\,T\left(\frac{1}{n_1}\log\frac{P_1}{p_1} - \frac{1}{n_2}\log\frac{P_2}{p_2}\right) \text{Volt}.$$

Die Stromrichtung innerhalb der Kette ist hierbei von M_1 nach M_2 gerechnet.

§ 3. Messung von elektromotorischen Kräften. Klemmenspannung.

Es sollen einige der gebräuchlichsten Methoden, nach denen die elektromotorischen Kräfte galvanischer Ketten gemessen werden können, kurz angedeutet werden.

Im offenen Zustand bestimmt man die elektromotorische Kraft der Ketten mittels eines Quadrantelektrometers, indem man die Ausschläge beobachtet, die einerseits das zu prüfende, andrerseits ein Normalelement hervorruft. Als solches verwendet man z. B. ein Clarkelement $Zn/ZnSO_4/Hg_2SO_4/Hg$, $\pi = 1{,}4328$ Volt bei 15^0 oder besser ein Westonelement $Cd/CdSO_4/Hg_2SO_4/Hg$, dessen elektromotorische Kraft weitgehend von der Temperatur unabhängig ist und $1{,}019$ Volt beträgt.

Stehen genauere Widerstände zur Verfügung, so kombiniere man die zu prüfende Kette mit einem in Amp. geaichten Galvanometer und einem bestimmten Widerstand w_1 Ohm zu einem Stromkreis. Nach dem OHMschen Gesetz ist dann

$$i_1 = \frac{\pi}{W + w_1},$$

wenn i_1 die am Galvanometer abgelesene Stromintensität, und W der gesamte übrige Widerstand des Stromkreises ist. Wird nun w_2 Ohm statt w_1 eingeschaltet, so ist

$$i_2 = \frac{\pi}{W + w_2}.$$

Aus beiden Gleichungen folgt

$$\pi = \frac{w_1 - w_2}{\dfrac{1}{i_1} - \dfrac{1}{i_2}}.$$

Die elektromotorische Kraft von Elementen mit kleinem inneren Widerstande mißt man am bequemsten durch Anlegen eines geeigneten Zeiger-Voltmeters von genügendem inneren Widerstande. (Siehe auch weiter unten.)

Für genauere elektrochemische Arbeiten ist die Kompensationsmethode, nach welcher die elektromotorischen Kräfte der Ketten im stromlosen Zustande gemessen werden, allgemein

in Gebrauch. Sie ist bei weitem die wissenschaftlichste
Methode und als Nullmethode der höchsten Genauigkeit fähig.
Das Prinzip der Methode erläutert die schematische Fig. 40.
A ist eine konstante Stromquelle (Akkumulator) von der gegebenen elektromotorischen Kraft E. Sie ist an die Punkte
a und b angeschlossen. $a\,b$ ist ein 1 m langer gerader Brückendraht oder ein in Tausendstel geteilter Draht einer Brücken-
walze. Die Stromquelle B, deren elektromotorische Kraft π
ermittelt werden soll, ist mit dem empfindlichen Galvanoskop G verbunden und an a so angeschlossen, daß ihr Strom
ebenso wie der von A nach a gerichtet ist. Der Anodenpol
von B steht mit dem auf dem Meßdraht verschiebbaren Gleit-

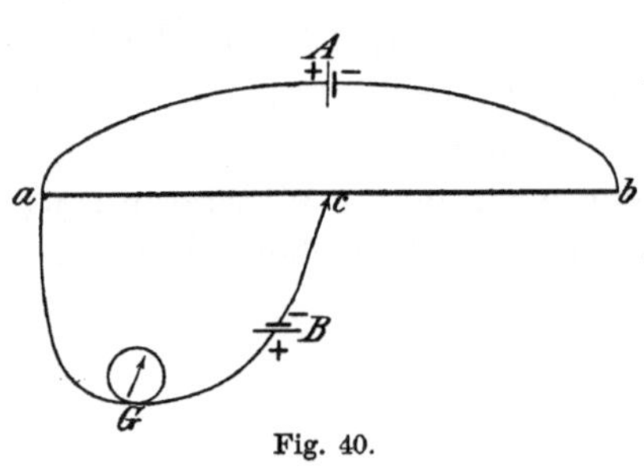

Fig. 40.

kontakt c in Verbindung.
Nach dem KIRCHHOFFschen
Gesetz ($\Sigma iw = \Sigma\pi$) ist dann
in dem Stromkreis cBGac

$$i_{ac} \cdot w_{ac} + i_{cBGa} \cdot w_{cBGa} = \pi,$$

wenn die i und die w die
Stromintensitäten bezw. die
Widerstände der durch die
Indices bezeichneten Strek-
ken angeben. Man reguliert
nun die Stellung des Schleifkontaktes derart, daß der Strom
$i_{cBGa} = 0$ wird, dann ist direkt $i_{ac} \cdot w_{ac} = \pi$.

Darin ist w_{ac} stets der Länge des Stückes $a\,c$ proportional.
Mithin verhalten sich bei stets gleicher Stromstärke i_{ac} zwei
verschiedene kompensierte elektromotorische Kräfte π_1 und π_2,
wie die zugehörigen Längen l_1 und l_2. Man kompensiert demnach direkt nach der Bestimmung von l_1 ein Normalelement
(siehe oben), findet dafür die Einstellung l_2 und hat sofort

$$\pi_1 : \pi_2 \,(\text{Normal}) = l_1 : l_2,$$

womit π_1 bestimmt ist.

Sobald es sich um Messungen mit sehr weitgehender Genauigkeit handelt, begnügt man sich nicht mit der Ersetzung
der Abzweigungswiderstände durch ihre proportionalen Längen,
sondern behält die Widerstände bei. Speziell für derartige
genaueste Spannungsmessungen nach der Kompensationsmethode
eingerichtete Apparate nennt man Kompensationsapparate.

Hierbei soll nicht unerwähnt gelassen werden, daß die genauesten Messungen von Stromstärken mittels der Kompensationsapparate ausgeführt werden, indem man die Spannung an einem genau bekannten, von dem zu messenden Strome durchflossenen Widerstande mißt. Die hohe Genauigkeit, deren die Kompensationsmethode fähig ist, hat ihren Grund insbesondere darin, daß sie eine Nullmethode ist, wie die Brückenmethode zur Bestimmung von Widerständen.

Der Gleichung 5 gemäß (S. 150) hat bei gegebener Temperatur und bei bestimmten Konzentrationen der Lösungen die elektromotorische Kraft eines offenen Elementes stets einen bestimmten Wert, der auch von den Dimensionen des Elementes unabhängig ist. Doch ist folgendes zu beachten. Wenn die Kette Strom liefert, so ist die Klemmenspannung k an den Elektroden stets kleiner als die elektromotorische Kraft, weil auch innerhalb der Kette die Spannung abfällt, und zwar um so mehr, je größer der innere Widerstand w_i der Kette, und je stärker die Intensität i des entnommenen Stromes ist. Es ist $\pi - k = i w_i$, also

$$k = \pi - i w_i. \text{ [1]}$$

Der innere Widerstand der Kette, der nach der Methode von KOHLRAUSCH (S. 57) gemessen werden kann, ist abgesehen von den Konzentrationen der Lösungen wesentlich durch den Widerstand des Diaphragmas und die Dimensionen der einzelnen Teile der Kette bedingt. Daher ist es auch nicht tunlich, bestimmte Angaben über den Widerstand der gebräuchlichen Ketten zu machen. Übrigens wird, um die jeweilige Klemmenspannung der Ketten zu erfahren, von einer Bestimmung des Produktes $i w_i$ in den meisten Fällen abgesehen; man schließt vielmehr

---

[1] Denn ist der äußere Widerstand w_a, so ist der Spannungsabfall für die Widerstandseinheit des ganzen Stromkreises $\pi/(w_i + w_a)$, also für den Weg durch die Kette $\pi \cdot w_i/(w_i + w_a)$. Demnach restiert als Klemmenspannung.

$$k = \pi - \frac{\pi \cdot w_i}{w_i + w_a} = \frac{\pi \cdot w_a}{w_i + w_a},$$

und da $\pi = i(w_i + w_a)$ ist, so ist

$$k = \pi - i w_i.$$

an die Pole der arbeitenden Kette direkt ein genügend empfindliches Voltmeter, mit ausreichend großem Eigenwiderstand an. Liefert die Kette einen stärkeren Strom auf längere Zeit, so verringert sich auch der Wert von π, da sich die Konzentration der Lösung an der Anode beträchtlich erhöht, und die an der Kathode wesentlich vermindert. Von allen galvanischen Ketten haben die Akkumulatoren den kleinsten inneren Widerstand, und ihre Klemmenspannung weicht selbst bei stärkerer Stromentnahme (s. III. Abschnitt, 9. Kapitel) nur wenig von ihrer elektromotorischen Kraft ab.

§ 4. Prüfung der NERNSTschen Formeln 4) und 5) (S. 150.)

In diesen Formeln findet sich kein Ausdruck für die Anionen der Elektrolyte. Es muß daher der Theorie nach die elektromotorische Kraft einer DANIELLschen Kette von der Natur der Anionen unabhängig sein. Die Erfahrung bestätigt diese Folgerung. So fand JAHN für die Ketten

$$Zn/ZnSO_4/CuSO_4/Cu$$

und

$$Zn/Zn(C_2H_3O_2)_2/Cu(C_2H_3O_2)_2/Cu$$

für π die Werte 1,096 bezw. 1,104 Volt. Die Dissoziationstheorie macht diese Erscheinung verständlich. Nur dann kommt das Anion in gewissem Grade zur Geltung, wenn es die Löslichkeit der Metallsalze sehr herabdrückt.

Nach der Theorie muß ferner die elektromotorische Kraft der DANIELLschen Ketten unverändert bleiben, wenn nur der Bruch p_1/p_2 immer denselben Wert behält, d. h. die Konzentrationen der Lösungen stets in gleichem Verhältnis stehen. Dagegen muß sie zunehmen, wenn die Konzentration der Zinksulfatlösung geringer wird. Im umgekehrten Fall muß sie abnehmen. Diese Folgerungen sind von STREINTZ[1]) aufs beste bestätigt und ohne weiteres begreiflich, denn das Zink, dessen Lösungstension diejenige des Kupfers bedeutend übertrifft, soll in Lösung gehen, was um so leichter geschieht, je weniger Zinkionen im Elektrolyten bereits vorhanden sind, und die Kupferionen sollen sich ausscheiden, was aus einer konzentrierten Kupfersalzlösung leichter vonstatten geht, als aus einer

---

[1]) Wiener Ber. **103**, 98—104, (1894).

verdünnten. Die Abweichungen von dem Normalwert 1,1 Volt
sind immerhin nicht sehr groß. Denn wenn selbst die Konzentration der einen Lösung die der anderen um das Tausend-
fache übertrifft, so beläuft sich bei 18^0 C. $= 291^0$ abs. der
Unterschied nur auf

$$\pm \frac{0{,}0001983}{2}\, 291 \log 1000 = \pm\, 0{,}086 \text{ Volt.}$$

Immerhin läßt sich der Einfluß dieser Konzentrationsunter-
schiede leicht durch den Versuch dartun. Man stelle sich
zwei kleine DANIELLsche Elemente von gleichen Dimensionen
zusammen, und zwar aus einem 8 mm dicken Kupferstab,
den man mittels eines Korkes in einer 75 mm hohen und
23 mm weiten Tonzelle befestigt, und einem zylindrisch gebogenen, amalgamierten,[1]) 9 cm langen und $6^1/_2$ cm breiten
Zinkblech. Die eine Zelle wird mit Normal-Zinksulfat- und
$^1/_{1000}$ n. Kupfersulfatlösung gefüllt. Sie erzeugt am großen
Nadelgalvanoskop (S. 144 Anmerkung) nur einen schwachen
Ausschlag, während die andere Zelle, welche eine $^1/_{1000}$ n. Zink-
sulfat- und eine Normal-Kupfersulfatlösung enthält, die Nadel
ganz aus der Skala treibt.

Setzt man

$$1{,}1 = \frac{0{,}0002}{2} \cdot 291 \log \mathrm{x},$$

so ist $\mathrm{x} = 10^{38}$, d. h. jene Kette hätte die elektromotorische
Kraft Null, wenn man die Elektrolyte so herstellen könnte,
daß die Konzentration der Zinkionen das 10^{38}-fache derjenigen
der Kupferionen betrüge.

Der Fall einer Kette mit mäßig konzentrierter Zinkionen-
lösung, aber unendlich verdünnter Kupferionenlösung, läßt sich
in folgender Weise verwirklichen. In den beiden Schenkeln
des **H** förmigen Rohres Fig. 41 sind die aus Zink bezw. Kupfer

---

[1]) Zur Amalgamierung löse man 20 g Quecksilber in der Hitze in
einem Gemisch von 25 g Salpetersäure und 75 g Chlorwasserstoffsäure
auf, füge der Lösung noch 100 g Chlorwasserstoffsäure zu, tauche in diese
Flüssigkeit die Zinkelektrode 10 bis 20 Sekunden ein, spüle sie mit Wasser
ab und reibe sie mit einem Lappen trocken.

bestehenden Elektroden K und A befestigt. Der Schenkel S_1 ist bis m mit gesättigter Zinksulfatlösung gefüllt. In den Schenkel S_2 wird langsam verdünnte Kaliumsulfatlösung gegossen, bis das Niveau derselben die Linie op erreicht. Nötigenfalls schiebt man, um eine Mischung der Inhalte beider Schenkel zu verhindern, in das Verbindungsstück einen Wattepfropfen ein. Beim Anlegen des kleinen Galvanoskops erweist sich das Zink anodisch, aber die Nadel kehrt bald auf Null zurück. Nun senke man in S_2 eine Stange Cyankalium von der Länge ein, daß sie den Punkt n noch nicht erreicht. Die Nadel schlägt jetzt sofort nach der entgegengesetz-Seite aus, und der Ausschlag wächst, sowie sich das Cyankalium löst. Bei Kurzschluß erheben sich von A aus kleine Wasserstoffblasen, und am oberen Ende von K hat sich nach 24 Stunden ein Zinkbaum gebildet. Die Vorgänge sind des näheren folgende. Das Kupfer treibt in die von Kupferionen freie Kaliumcyanidlösung Atome als Ionen hinein, wobei es sich negativ ladet. Es entsteht Cuprocyanid $Cu(CN)$, während die disponiblen K-ionen an die Anionen SO_4'' des Kaliumsulfats, und die $K^·$ des letzteren an das Anion SO_4'' des Zinksulfats wandern, dessen Zinkion seine Ladung an die zur Kathode werdende Zinkelektrode abzugeben gezwungen wird. Das gebildete $Cu(CN)$ aber reagiert mit den Cyanionen $(CN)'$ des Cyankaliums nach der Gleichung

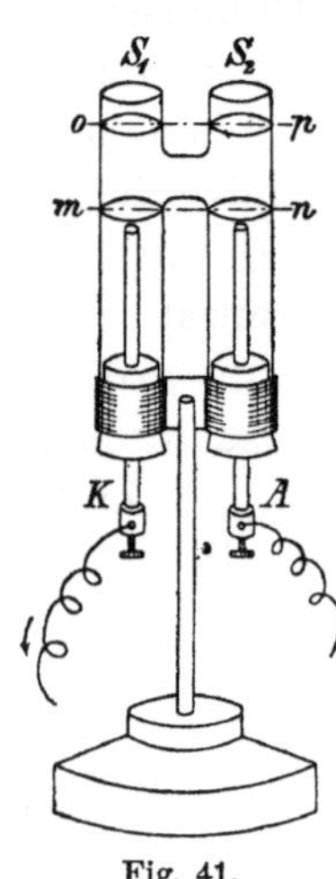

Fig. 41.

$$(CN)' + Cu(CN) = Cu(CN)_2'.$$

Es geht das Kupfer also in das komplexe Anion $Cu(CN)_2'$ über, und so kommt es, daß der Elektrolyt der Kupferanode frei von Kupferionen, p_2 also ganz außerordentlich klein bleibt. Demnach wird $\log P_2/p_2$ größer als $\log P_1/p_1$; das Vorzeichen von π kehrt sich um, so daß das Kupfer Anode und das Zink Kathode wird, folglich der Gleichung 4) S. 150 vollkommen entsprochen ist.

Bei gleich konzentrierten nicht komplexen Lösungen der DANIELLschen Elemente kann man, ohne einen erheblichen

Fehler zu begehen, $\log p_1/p_2 = 0$ setzen. Die Formel 4) geht dann über in

$$\pi = \frac{0{,}0002}{n}\, T \log \frac{P_1}{P_2}\ \text{Volt} \ \ .\ \ .\ \ .\ \ .\ \ .\ \ .\ \ 6)$$

Folglich wird unter jener Voraussetzung die elektromotorische Kraft einer der DANIELLschen Ketten wesentlich nur durch das Verhältnis der Lösungstensionen der Metalle bestimmt; und der Vorgang in der geschlossenen Kette besteht hauptsächlich darin, daß das Metall mit höherer Lösungstension seine Atome als Ionen in den angrenzenden Elektrolyten befördert, während die Kationen des zweiten Elektrolyten sich am zweiten Metall entladen. Demnach wird das erste, sich lösende Metall, zu welchem die Anionen seines Elektrolyten herantreten, Anode, das zweite, an welchem sich die Kationen des ihm zugehörigen Elektrolyten neutral abscheiden, Kathode. Da der NERNSTsche Begriff der elektrolytischen Lösungstension der Metalle analog dem eines Druckes ist, insofern die bisherigen Versuche die auf Grund jener Analogie angestellten Rechnungen als richtig dargetan haben, so hat die treibende Kraft einer VOLTASchen Kette, durch welche Elektrizitätsmengen in Bewegung gesetzt werden, den Charakter einer Druckkraft. In diesem Sinne kann man eine VOLTASche Kette mit Recht als eine Maschine, die vom osmotischen Druck (resp. elektrolytischen Lösungsdruck) betrieben wird, bezeichnen.

Diese Anschauungsweise wird noch besonders durch die Amalgamketten von G. MEYER[1]) verständlich gemacht. Da die Amalgame Lösungen der Metalle in Quecksilber sind, so ist anzunehmen, daß das Bestreben der Metalle, ihre Atome zu ionisieren, in verdünnten Amalgamen proportional der Konzentration wächst, ausgenommen in Fällen, wo Bildung einer Verbindung zwischen Metall und Quecksilber stattfindet. Letztere müssen daher in Kombination mit der Lösung eines Salzes des betreffenden Metalles einen Strom geben, dessen elektromotorische Kraft, da in diesem Fall $p_1 = p_2$ ist, der Gleichung 6) völlig genügt. In der Tat stimmen die Messungen von G. MEYER

---

[1]) Zeitschr. für physikal. Chem. **7,** 447, (1891).

mit der Theorie recht gut überein. Die Wirkungsweise einer Amalgamkette läßt sich leicht mittels der Zelle Fig. 42 demonstrieren. Dieselbe besteht aus zwei Bechern B_1 und B_2 (5 cm hoch und 3 cm weit), die durch ein nur 1 cm langes und 2 cm weites Verbindungsrohr r kommunizieren. Sie sind von Hartgummideckeln mit übergreifendem Rand geschlossen. Die Platindrähte a und k sind in Glasröhren eingeschmolzen und ragen bis auf den Boden der Becher. Werden nun in B_1 100 g Amalgam mit 1 g Zink und in B_2 100 g Amalgam mit 0,01 g Zink gebracht, und die Gefäße über r hinaus mit

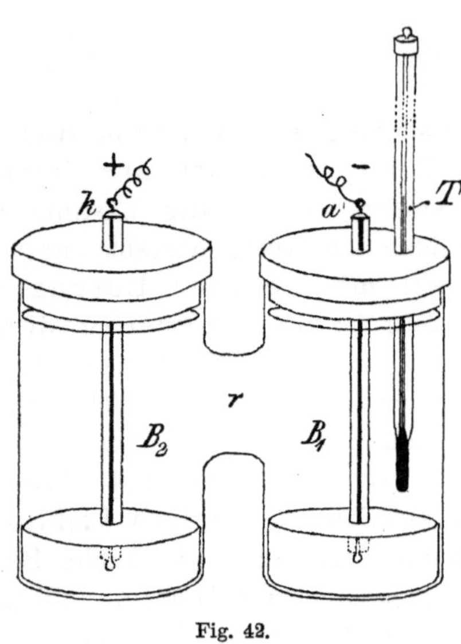

Fig. 42.

einer etwa 10-prozentigen Zinksulfatlösung, die durch Kochen mit Zinkcarbonat neutral zu machen ist, gefüllt, so zeigt das angeschlossene kleine Galvanoskop einen Strom an, welcher der Theorie gemäß von dem verdünnten Amalgam durch den Schließungsbogen zum konzentrierten verläuft. Seine elektromotorische Kraft ist bei 15⁰

$$\pi = \frac{0{,}0001983}{2} \cdot 288 \cdot \log \frac{1}{0{,}01} = 0{,}0571 \text{ Volt.}$$

Die Nadel des Galvanoskops schlägt dementsprechend um 2,5 Teilstriche der Skala aus. Auch der Einfluß der Temperaturerhöhung läßt sich mit obigem Apparate ohne Mühe feststellen. Man braucht letzteren nur in eine mit warmem Wasser gefüllte Schale zu setzen. Steigt die Temperatur des Zellinhaltes, wie am Thermometer T zu erkennen ist, auf 60⁰, so nimmt der Nadelausschlag deutlich zu. Nach der Formel 6) (S. 157) beträgt die elektromotorische Kraft bei 60⁰

$$\pi = \frac{0{,}0001983}{2} \cdot 333 \cdot \log \frac{1}{0{,}01} = 0{,}066 \text{ Volt.}$$

§ 5. Analogie zwischen dem galvanischen Strom und einer Wasserleitung.

Man hat schon sehr frühzeitig versucht, die elektrischen Vorgänge in Leitern durch hydraulische Analogien zu veranschaulichen. Ein galvanisches Element und sein Schließungskreis läßt sich z. B. derartig an dem Modell einer Wasserleitung, wie es Fig. 43 zeigt, erläutern. Wenn auch diese Analogie nicht in allen Punkten sachgemäß ist, so ist sie doch geeignet, die Grundbegriffe und die gegenseitige Beziehung der in Be-

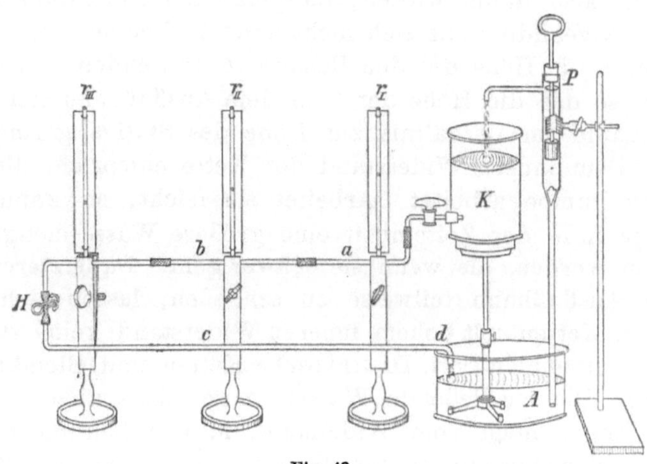

Fig. 43.

tracht kommenden Größen anschaulich zu machen. Die Wasserbehälter A und K repräsentieren die elektrische Potentialdifferenz, die Pumpe P die Vorrichtung (etwa die Dynamomaschine oder in unserem Falle das galvanische Element), welche die Potentialdifferenz erzeugt, die Rohrleitung $a\,b\,c\,d$ den äußeren Schließungsbogen. Ist die Leitung bei H mittels eines Quetschhahnes unterbrochen, und steht die Pumpe still, so erreicht in den kommunizierenden Röhren r_I, r_II und r_III das Wasser dieselbe Höhe wie in K, gerade so wie die Spannung im offenen Leitungsdraht gleich derjenigen der Elektrode ist. Wird aber der Quetschhahn bei H geöffnet, so fällt der Wasserstand in den Steigröhren mehr und mehr ab, entsprechend dem Spannungsabfall im Leitungsdraht einer geschlossenen

Kette. Bei d fließt das Wasser in den der Anode vergleichbaren Behälter A ab, und zwar mit um so größerer Kraft, je größer die Niveaudifferenz in den Behältern K und A ist. Die mechanische Energie, nämlich das Produkt der ausfließenden Wassermenge und der durch die Fallhöhe bestimmten treibenden Kraft, entspricht, von Nebenumständen abgesehen, der gewinnbaren elektrischen Energie. Soll nun die in der Zeiteinheit abfließende, der Stromintensität vergleichbare Wassermenge konstant bleiben, so muß die Pumpe P die gleiche Wassermenge in der Zeiteinheit in den Behälter K hinaufschaffen, also dahin wirken, daß jene der Potentialdifferenz analoge Niveaudifferenz sich nicht ändert. Letztere ist wesentlich durch die Höhe des den Behälter K tragenden Stativs bestimmt, so daß die Höhe der über dem Ausflußhahn stehenden Wassersäule im Verhältnis zur Höhe des Stativs gering sein möge. Dem innern Widerstand der Kette entspricht die Art, wie die Pumpe arbeitet. Arbeitet sie leicht, so kann dem Behälter K in der Zeiteinheit eine größere Wassermenge entnommen werden, als wenn sie schwer geht. Im letzteren Fall ist der Ausflußhahn teilweise zu schließen, lassen sich doch auch aus Ketten mit hohem inneren Widerstand keine starken Ströme entnehmen (vgl. Daniellsche Ketten und Bleiakkumulatoren). Die ausfließende Wassermenge hängt aber, wie die Strommenge, noch vom Widerstand in der Leitung ab. Je geringer der Querschnitt derselben ist, um so weniger Wasser fließt aus, denn um so schneller fallen die Niveaus in den Steigröhren r_I, r_II und r_III ab, und um so mehr Energie geht infolge der Reibung an der Wandung der Leitungsröhren verloren; aber die Pumpe hat auch um so langsamer zu arbeiten, ebenso wie innerhalb eines Elementes bei engem Leitungsdraht geringere Stoffmengen chemisch umgesetzt werden. Bei großem Querschnitt der Rohrleitung muß die Pumpe schneller arbeiten, um die großen, in A ausströmenden Wassermassen in K zu ersetzen, und in gleicher Weise finden im Element quantitativ größere chemische Umsetzungen der Substanzen statt. Mit der Länge der Leitungsröhren wächst ebenfalls der Reibungswiderstand, und die ausfließende Wassermasse wird geringer. Bringt man statt Wasser andere Flüssigkeiten in den Apparat Fig. 43, so zeigt sich unter sonst gleichen

Verhältnissen die Ausflußmenge von der Natur der Flüssigkeit, insbesondere von der Konsistenz derselben abhängig, sowie ja auch der spezifische Widerstand der einzelnen Metalle verschieden ist.

Ferner kann man die Analogie zwischen Strom- und Wasserleitung benutzen, um die Stromverzweigungen zu charakterisieren. Schaltet man mittels zweier Gabelstücke zu einer weiteren Leitung eine engere parallel, so zeigen die Niveaus der Steigröhren in beiden Leitungen den nämlichen Abfall, der aber geringer ist, als wenn das Wasser in der weiteren Leitung allein fließt. Dem entspricht die Tatsache, daß der Widerstand zweier parallel geschalteter Stromzweige kleiner ist, als jeder einzelne derselben. Die ausfließende Wassermasse ist größer, als bei einer der beiden Leitungen allein. Wird nun eine der Leitungen mittels eines Quetschhahnes ausgeschaltet, so erreicht die Flüssigkeit in den Steigröhren derselben nahezu dieselbe Höhe wie sie einem Steigrohre im Verzweigungspunkte entsprechen würde, während die Steigröhren der aktiven Leitung diejenigen Niveaus angeben, wie wenn diese Leitung allein vorhanden wäre. Auch dieser Erscheinung verhält sich der galvanische Strom analog.

Beachtet man, daß für metallische Leiter zurzeit nur ein Strömen negativer Elektrizität in Frage kommt, so ist die metallische Leitung durch das hydraulische Analogon in ihren wesentlichsten Punkten veranschaulicht. In Elektrolyten dagegen haben wir stets zwei gegeneinander gerichtete Strömungen, die wir hydraulisch nachzuahmen nicht in der Lage sind.

---

4. Kapitel.
Die Reduktions- und Oxydationsketten.

§ 1. Die chemischen Vorgänge in den DANIELLschen Ketten.

Nach den Erörterungen des vorigen Kapitels könnte man meinen, daß die Entstehung des galvanischen Stromes der DANIELLschen Ketten rein physikalischen Kräften zuzuschreiben wäre. Indessen hat jedes Metall, wie im 5. Kapitel näher ausgeführt werden wird, eine besondere, von seiner substantiellen Natur abhängige Lösungstension, die zur chemischen Affinität des Metalles in innigster Beziehung stehen muß. Die Quelle der elektrischen Energie, die den VOLTAschen Ketten entnommen wird, ist in letzter Linie die chemische Energie. Diese erfährt in den hierzu geeigneten Apparaten, den VOLTAschen Ketten, die Überführung in elektrische Energie. Da es aber dabei wesentlich auf eine Lösung des Anodenmetalles, welche die Verdrängung von Kationen aus dem die Kathode umgebenden Elektrolyten zur Folge hat, also der Hauptsache nach auf eine Expansion jenes Metalles ankommt, so entspricht eben die Art, wie sich die chemische Affinität bei jener Energieverwandlung äußert, der Wirkungsweise einer Druckkraft.

In den DANIELLschen Ketten gehen nun auch tatsächlich chemische Prozesse vor sich. In der Kette $Zn|ZnSO_4|CuSO_4|Cu$ geht das Zink als Zinksulfat in Lösung, und aus dem Kupfersulfat wird eine äquivalente Menge von Kupfer gefällt. Die materiellen Umsetzungen kommen somit darauf hinaus, daß das Zink aus dem Kupfersulfat das Kupfer ausscheidet und in äquivalenter Menge selbst in Lösung geht. Während bei diesem Prozeß, wenn er sich nach Eintauchen eines Zinkstabes in eine Kupfersulfatlösung direkt abspielt, die chemische Energie in Wärme übergeführt wird (S. 82), geht sie in der VOLTAschen Kette mehr oder weniger vollständig in elektrische Energie über. Nur ist hier der Vorgang ein indirekter, insofern er an den beiden Elektroden unter Aufnahme und Abgabe elektrischer Ladungen in zwei Phasen verläuft, nämlich

$$\text{an der Anode: } Zn - 2\,\ominus = Zn^{\cdot\cdot}$$
$$\text{an der Kathode: } Cu^{\cdot\cdot} + 2\,\ominus = Cu.$$

Der Prozeß an der Anode besteht in einer Oxydation des Zinks durch das Anion SO_4''. Das Zink selbst wirkt somit als Reduktionsmittel. Reduziert wird der Elektrolyt der Kathode, denn es wird hier Kupfer niedergeschlagen. Er wirkt daher, indem er das Anion SO_4'' disponibel macht, als Oxydationsmittel. Die Kupferkathode bleibt chemisch unverändert. Aber diese Vorgänge der Oxydation und Reduktion erfolgen nicht, wie beim Einbringen von Zink in Kupfersulfatlösung an derselben Stelle, sondern an verschiedenen Orten.

§ 2. Die Reduktions- und Oxydationsketten.

Ostwald hat zuerst darauf hingewiesen, daß überhaupt bei jedem zwischen einem elektrolytischen Reduktions- und Oxydationsmittel stattfindenden chemischen Prozeß Änderungen von Ionenladungen eintreten, und zwar infolge einer verschiedenen Tendenz der Ionen, noch mehr Elektrizitätsmengen aufzunehmen oder solche abzugeben. Er hat ferner gezeigt, daß man einen derartigen Prozeß elektromotorisch wirken lassen kann, wenn die Elektrolyte in besondere, durch einen indifferenten Elektrolyten zu verbindende Gefäße gebracht werden, und wenn in ihnen Elektroden vorhanden sind, an denen jene Ladungsänderungen erfolgen können. Als Elektroden dienen hier Platin oder Kohle, weil sie nur die metallische Leitung der Elektrizitäten zu vermitteln haben, selbst aber mit den Elektrolyten keinerlei Reaktionen eingehen. Immer wird diejenige Elektrode Anode, an welcher sich das Reduktionsmittel befindet, die andere wird Kathode. An der Anode müssen sich Anionen entladen, oder es müssen neutrale Atome zu Kationen geladen werden, oder auch die positiven Ladungen vorhandener Kationen müssen vermehrt werden, wie ja stets bei der Oxydation eines Metallsalzes die Valenz des Metallatoms erhöht wird. An der Kathode aber müssen Kationen sich entladen, oder neutrale Atome müssen zu Anionen geladen werden.

Derartige Ketten zeigen also eine große Mannigfaltigkeit. Man bezeichnet sie als Reduktions- und Oxydationsketten. Da in ihnen die Verwandelbarkeit der chemischen Energie in elektrische noch deutlicher, als in den Daniellschen Ketten (im engeren Sinne), zutage tritt, so mögen hier einige derselben vorgeführt werden. Sie lassen sich sämtlich mittels des Apparates Fig. 44, dessen Konstruktion bereits S. 147 näher auseinandergesetzt ist, erläutern.

I. In Z_1 gieße man bis nahe an den Rand eine schwach angesäuerte Lösung von Zinnchlorür (112:1000) als Reduktionsmittel (besser noch wirkt eine alkalische Zinnchlorürlösung), in Z_2 eine angesäuerte Normal-Kochsalzlösung (58,5:1000) und bringe beide Flüssigkeiten mittels des Hebers H, der auch mit der Kochsalzlösung zu füllen ist, in Verbindung.

Die Nadel des Galvanoskops ist noch in Ruhe, schlägt aber, sobald man mittels einer Pipette einige Tropfen Chlorwasser (oder besser Bromwasser) auf die Platinplatte der Elektrode K fließen läßt, kräftig in dem Sinne aus, daß der Strom von K durch den äußeren Schließungskreis nach A geht. Das $Sn\,Cl_2$ hat nämlich die Tendenz, in die höhere Chlorierungsstufe $Sn\,Cl_4$ überzugehen. Dazu aber sind einerseits zwei Chlorionen erforderlich, andererseits sind zwei positive Ladungen nötig, welche aus den zweiwertigen $Sn^{..}$ das vierwertige $Sn^{....}$ machen. Die Elektrode A wird daher negativ geladen. In Z_2 werden aus je einer der hinzugefügten Chlormolekeln zwei Chlorionen gebildet, wodurch die Elektrode K positiv geladen wird. Die Chlorionen wandern von Z_2 nach Z_1. Der Vorgang wiederholt sich so lange, als noch Chlormolekeln an K vorhanden sind. Er läßt sich durch die folgenden Gleichungen

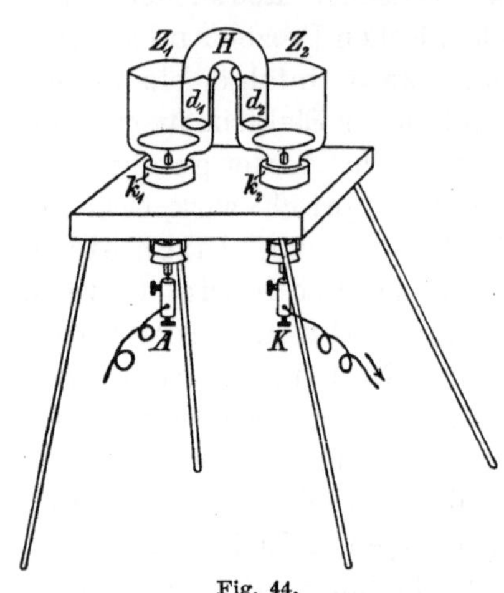

Fig. 44.

$$\text{an der Anode: } Sn^{..} - 2\ominus = Sn^{....}$$
$$\text{an der Kathode: } Cl_2 + 2\ominus = 2\,Cl'$$

ausdrücken, aus welcher sich ergibt, daß das Reduktionsmittel zwei negative Ladungen abgibt, die das Oxydationsmittel erhält. Die Elektrode des ersteren muß also Anode, die des letzteren Kathode werden, und der Strom muß von der Elektrode des Oxydationsmittels durch den Schließungsbogen nach derjenigen des Reduktionsmittels fließen. Die beschriebene Kette hat nach BANCROFT[1]) die elektromotorische Kraft von 1,171 Volt.

Ähnlich wie Chlorwasser wirken auch die Lösungen von Gold- und Quecksilberchlorid. Sie stellen dem Zinnchlorür

---

[1]) Zeitschr. für physik. Chem. Bd. **10**, 387, (1892).

direkt Chlorionen zur Verfügung, während sich ihre Metallionen an der Kathode zu entladen streben. Das Gold bildet auf der letzteren einen glänzenden Fleck. Die Elektrodenvorgänge sind

$$\text{an der Anode: } 3\,Sn^{\cdot\cdot} - 6\,\ominus = 3\,Sn^{\cdot\cdot\cdot\cdot}$$
$$\text{an der Kathode: } 2\,Au^{\cdot\cdot\cdot} + 6\,\ominus = 2\,Au.$$

Auch kann man in diesen Fällen als Reduktionsmittel statt der Zinnchlorürlösung eine Schwefeldioxydlösung, und als indifferenten Elektrolyten verdünnte Schwefelsäure verwenden. Das Schwefeldioxyd oxydiert sich auf Kosten des Sauerstoffs des Wassers, dessen beiden Wasserstoffatome ionisiert werden, um für die aus Z_2 ankommenden, disponiblen Chlorionen die Rolle der Kationen zu spielen. Die Platte A wird hierdurch wiederum negativ geladen. Bringt man nun Quecksilberchlorid an die Platte K, so werden aus den zweiwertigen Merkuriionen die einwertigen Merkuroionen, indem sie eine positive Ladung verlieren. Man beobachtet auch sehr bald einen an der Platte K sich ansammelnden weißen Niederschlag von Quecksilberchlorür, der bekanntlich die erste Phase der Reduktion des Quecksilberchlorids darstellt. Derselbe kann nicht durch etwa von Z_1 nach Z_2 diffundiertes Schwefeldioxyd entstanden sein, da Quecksilberchlorid nur durch konzentriertes Schwefeldioxyd, und zwar erst in der Hitze, reduziert wird. Diese Prozesse sind also

$$\text{an der Anode: } SO_3{}'' + H_2O - 2\,\ominus = SO_4{}'' + 2\,H^{\cdot}$$
$$\text{an der Kathode: } 2\,Hg^{\cdot\cdot} + 2\,\ominus = Hg_2{}^{\cdot\cdot}.$$

II. Sehr lehrreich sind die folgenden Versuche, bei welchen sich an der nämlichen Elektrode das eine Mal Jodionen entladen, das andere Mal letztere neubilden. Es muß demnach ein Wechsel der Stromrichtung eintreten. Man fülle beide Zellen Z_1 und Z_2 (Fig. 44) sowie den Heber H mit verdünnter Natriumchloridlösung (die gesättigte Lösung ist mit dem vierfachen Volumen Wasser zu versetzen.) Alsdann bringe man auf die Platinscheibe A einen Jodkaliumkrystall und berühre die Platinscheibe K mit einem Glasstab, der zuvor in rauchende Salpetersäure getaucht war. Sofort schlägt die Nadel des kleinen Galvanoskops bis zum Teilstrich 15 in dem Sinne aus, daß A Anode und K Kathode ist. Die sich abspielenden Elektrodenvorgänge sind

$$\text{an der Anode: } 6\,J' - 6\ominus = 3\,J_2.$$

An der Kathode überwiegend Reduktion von Nitrition- zu Ammoniumion:

$$NO_2' + 8\,H\cdot + 6\ominus = NH_4' + 2\,H_2O;$$

die Jodionen geben ihre Ladungen an A ab. A bedeckt sich mit einer braunen Schicht neutralen Jods. Das Jodkalium fungiert also als Reduktionsmittel, die salpetrige Säure als Oxydationsmittel.

Legt man nunmehr auf die Platte K einige Krystalle von Natriumhyposulfit, so geht die Nadel des Galvanoskops zurück und bewegt sich bis auf den Teilstrich 5 nach der entgegengesetzten Seite, denn jetzt ist das Jod Oxydationsmittel, das Thiosulfat Reduktionsmittel

$$\text{Kathodenvorgang: } J_2 + 2\ominus = 2\,J'$$
$$\text{Anodenvorgang: } 2\,S_2O_3'' - 2\ominus = S_4O_6''.$$

An der Kathode geht also Jod in Jodion, an der Anode Thiosulfation in Tetrathionation über.

Die treibende Kraft ist in beiden Versuchen die chemische Affinität, welche die auf der linken Seite obiger Gleichungen stehenden Faktoren in die rechts stehenden Produkte überzuführen bestrebt ist. Offenbar spielt hierbei der Grad, mit welchem die verschiedenartigen Anionen ihre Ladungen festzuhalten vermögen, eine Rolle.

III. Komplizierter ist die Kette, welche man erhält, wenn man die Zelle Z_1 mit einer Lösung von Eisenvitriol (167 g Vitriol $+$ 1000 g Wasser $+$ 10 cm^3 konzentrierte Schwefelsäure), die Zelle Z_2 und den Heber H mit einer äquimolekularen Lösung von Kaliumsulfat (87 g Sulfat $+$ 1000 g Wasser $+$ 10 cm^3 konzentrierte Schwefelsäure) füllt und das Platinblech der Elektrode K mit einem mittels Siegellack an einen Glasstab befestigten Krystall von Kaliumpermanganat berührt. Im Moment der Berührung schlägt die Nadel kräftig aus.

$$\text{Anodenvorgang: } 10\,Fe\cdot\cdot - 10\ominus = 10\,Fe\cdot\cdot\cdot$$

Kathodenvorgang: $2\,MnO_4{}' + 16\,H^{\cdot} + 10\ominus = 2\,Mn^{\cdot\cdot} + 8\,H_2O$
Die $4\,O_2$ der beiden $HMnO_4$ geben mit dem H_2 der letzteren und den $7\,H_2$ der $7\,H_2SO_4$ acht Molekeln Wasser. Hierbei werden 16 positive Ladungen disponibel. Davon werden 10 durch den Schließungsdraht an die $10\,Fe^{\cdot\cdot}$ befördert, die in Ferriionen $Fe^{\cdot\cdot\cdot}$ übergehen, und die anderen 6 werden von den $2\,MnO_4{}'$ verbraucht, aus denen unter Neutralisation je zweier positiver uud negativer Ladungen zwei $Mn^{\cdot\cdot}$ entstehen.

IV. Um die nach der Gleichung

$$Na^{\cdot}Cl' + Ag^{\cdot}NO_3{}' = Ag\,Cl + Na^{\cdot}NO_3{}'$$

stattfindende Fällung des Silberchlorids elektromotorisch wirksam zu machen, lege man auf die Platinbleche der Elektroden A und K polierte Silberbleche, fülle die Zelle Z_1 mit einer Kochsalzlösung und die Zelle Z_2 nebst dem Heber H mit einer äquimolekularen Natriumnitratlösung. Die Kette läßt in diesem Zustand am Galvanoskop noch keinen Strom erkennen. Aber die Nadel schlägt sofort aus, wenn man auf das Silberblech der Elektrode K einen Silbernitratkrystall bringt. Der Vorgang besteht darin, daß vom Silberblech der Zelle Z_1 Silberionen in Lösung gehen und als $AgCl$ ausgefällt werden, während auf dem Silberblech in Z_2 sich Krystalle von metallischem Silber ausscheiden. Da nun in der Kochsalzlösung nur eine geringe Zahl von Silberionen existieren kann, so wird das Silberblech in Z_1 sehr bald mit einer Schicht von Chlorsilber bedeckt, das sich am Licht schwärzt. Jene Kette schließt sich somit den Reduktions- und Oxydationsketten an,

$$\text{Anodenvorgang: } Ag + Cl' - \ominus = Ag\,Cl$$
$$\text{Kathodenvorgang: } Ag' + \ominus = Ag;$$

sie läßt sich aber auch als eine Konzentrationskette ansehen, da die Silberionen in Z_1 und Z_2 in sehr abweichender Konzentration vorhanden sind.

§ 3. Die Gasketten.

Den Reduktions- und Oxydationsketten lassen sich auch die Gasketten anreihen, über deren Theorie viel gestritten ist. In Kürze können wir uns auf folgende Weise eine sehr einfache Vorstellung von der Entstehung des Stromes derselben verschaffen.

Gase können auf verschiedenerlei Weise Anlaß zu elektromotorischen Kräften geben. Edelmetallelektroden vermögen Gase zu absorbieren und teilweise (eventuell auch unter Bildung von Verbindungen) zu lösen. Aus diesem gelösten Zustande heraus vermögen die Gase als Ionen in Lösung zu gehen. In diesen Fällen vermag die Edelmetallelektrode das wahre Potential des umgebenden Gases anzunehmen. Die Lösungstension P des ν-atomigen Gases hängt im Gebiete der Gültigkeit der Gasgleichung vom Gasdruck p derart ab, daß

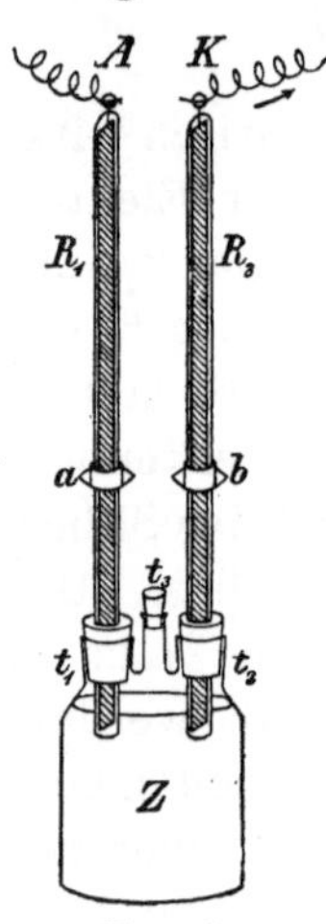

$$P = K \sqrt[\nu]{p}.$$

Meist ist $\nu = 2$, also die Lösungstension

$$P = K \sqrt{p}$$

der Quadratwurzel des Gasdrucks proportional.[1])

K ist eine für das betreffende Gas charakteristische, aber von dem vermittelnden Edelmetall unabhängige Konstante. Haben wir z. B. das Gaselement

$$\mathrm{Pt.}/\mathrm{H_2}/\mathrm{HCl}\text{-Lösung}/\mathrm{Cl_2}/\mathrm{Pt}$$

so ist dessen elektromotorische Kraft:

$$\pi = \frac{\mathrm{RT}}{2}\left(\ln\frac{\mathrm{P_H}}{\mathrm{p_H}} + \ln\frac{\mathrm{P_{Cl}}}{\mathrm{p_{Cl}}}\right).$$

Fig. 45.

Hierin bedeuten $\mathrm{p_H}$ und $\mathrm{p_{Cl}}$ jetzt die osmotischen Drucke der Wasserstoffionen und Chlorionen.

Die etwa 200 cm³ große Zelle Z (Fig. 45) ist mit den 3 Tuben t_1, t_2 und t_3 versehen. Der mittlere Tubus muß eng sein, damit die Entfernung der beiden seitlichen gering ist. t_1 und t_2 enthalten die 20 cm langen und 1 cm weiten Röhren R_1 und R_2. An den oberen Enden derselben sind die Ableitungsdrähte der platinierten Platinblechstreifen A und K eingeschmolzen. Der ganze Apparat wird mit nicht zu verdünnter Salzsäure gefüllt. Dann entwickelt man im R_1 bis a Wasserstoff, indem man A kathodisch und ein durch t_3 gestecktes Platinblech anodisch mit einer Stromquelle verbindet. In das Rohr R_2 führt man bis b Chlor ein. Mit normaler Salzsäure beschickt, hat ein solches Element bei 25° und Atmosphärendruck die elektromotorische Kraft von 1,366 Volt. Ein

[1]) Bose, Zeitschr. f. physik. Chem. 34, 701, (1900).

einziges solches Gaselement genügt, um einen empfindlichen Wecker in Tätigkeit zu setzen.

Die Elektrodenvorgänge sind in der Wasserstoff-Chlorkette:

$$\text{An der Kathode: } Cl_2 + 2 \ominus = 2\,Cl'$$
$$\text{An der Anode: } H_2 - 2 \ominus = 2\,H\cdot$$

Die Elektrode A nimmt folglich eine negative Ladung an. Während die Kette Strom liefert, verschwinden gleiche Volumina Wasserstoff und Chlor, wie es das FARADAYsche Gesetz verlangt. Bei Kurzschluß steigt die Flüssigkeit in den Röhren R_1 und R_2 in einer Stunde um je 3 cm empor.

Um den Apparat Fig. 45 zur Wasserstoff-Sauerstoffkette zu verwenden, füllt man ihn mit verdünnter Schwefelsäure und läßt in R_1 Wasserstoff, in R_2 Sauerstoff aufsteigen. Die Gase kann man auch elektrolytisch entstehen lassen. Diese Kette hat anfangs eine elektromotorische Kraft von 1,08 Volt, nach langem Warten 1,124 Volt. Für die Sauerstoffelektrode gilt nach neueren Erfahrungen die oben für okkludierte Gase angedeutete Theorie wahrscheinlich nicht. Hier findet jedenfalls die Potentialvermittlung am Platin durch intermediäre Bildung einer Oxydstufe des Platins statt und es kommt überhaupt nicht zur Einstellung des eigentlichen Sauerstoffpotentiales. Es müsste nämlich sonst die Wasserstoff-Sauerstoffkette eine E. M. K.[1]) von nahe 1,232 Volt haben. Am einfachsten fassen wir heutzutage die Wasserstoff-Sauerstoffkette wohl mit BODLÄNDER[2]) als eine Wasserstoffkonzentrationskette auf, indem zwischen dem platinierten mit Oxyd bedeckten Platin der Sauerstoffelektrode und dem Wasser des Elektrolyten sich ein Gleichgewicht herstellt, dem eine bestimmte, aber außerordentlich kleine Wasserstoffkonzentration entspricht. Die Kette arbeitet indirekt unter Wasserbildung aus den freien Gasen, direkt unter Reduktion des betr. Platinoxydes mittels Wasserstoff zu Wasser und Platin, wobei das Oxyd aus dem im Gasraum vorhandenen Sauerstoff nachgebildet wird. In jedem Fall fordert die Theorie Verbrauch der Gase im Verhältnis von 2 Vol. Wasserstoff zu 1 Vol. Sauerstoff. Wohldefiniert ist

---

[1]) NERNST und WARTENBERG, Zeitschr. f. physik. Chem. **56,** 534, (1906).

[2]) Über langsame Verbrennung, Samml. chem. u. chem.-techn. Vortr. **3,** 385, (1898).

die E. M. K. Wasserstoff-Sauerstoffkette nur mit einer ver-
dünnten Säure oder Base als Elektrolyt, weil nur dann die
Wasserstoffionenkonzentration an den Elektroden wohldefinierte
Werte besitzt. Setzt man die Kette mit einer Neutralsalz-
lösung an, so wird beim Arbeiten an der Sauerstoffelektrode
Base, an der Wasserstoffelektrode Säure gebildet gemäß der
Elektrodenvorgänge:

$$2\,H_2 - 4\,\ominus = 4\,H^{\cdot}$$
$$O_2 + 2\,H_2O + 4\,\ominus = 4\,OH'$$

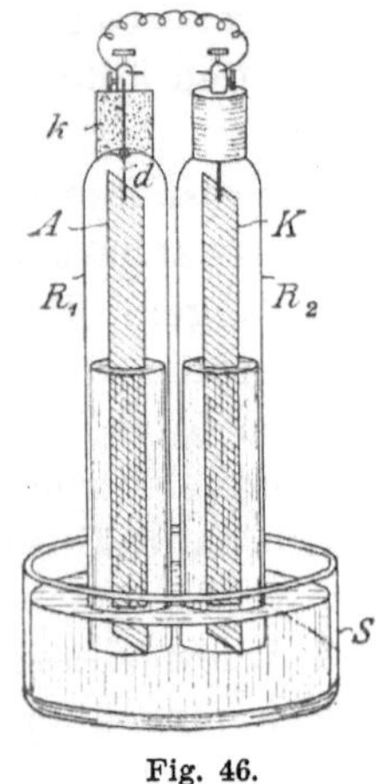

Fig. 46.

Dies kann durch folgende Anordnung
demonstriert werden. Die 25 cm langen
und 3 cm weiten Röhren R_1 und R_2
(Fig. 46) schließen die ebenso großen, gut
platinierten Platinbleche A und K ein, an
welche je ein 0,8 mm dicker Platindraht
d angeschweißt ist. Letzterer ist in dem
oberen Ende der Röhre eingeschmolzen.
Zum Schutz des Schmelzglases wird er
durch einen aufzukittenden Kork gesteckt,
aus welchem er so weit herausragt, daß
eine Klemmschraube angebracht werden
kann. Die Röhren R_1 und R_2 fülle man
mit Kaliumsulfatlösung (1 : 30), welche mit blauer Lackmuslösung bezw. Phenolphtaleïnlösung versetzt ist, und befestige
sie in umgekehrter Stellung dicht nebeneinander in der gesättigte Kaliumlösung enthaltenden Schale S in der Weise,
daß die Bleche parallel stehen. Nachdem man gereinigten
Wasserstoff bezw. Sauerstoff zur Hälfte eingeleitet hat, verbinde
mann die Klemmschrauben durch einen kurzen Draht. Die
Elektrode A umgibt sich bald auf beiden Flächen mit einem
roten Saum. Nach einer Stunde wird die ganze Lösung rot,
falls man die Röhre R_1 etwas schüttelt. In der Röhre R_2
beobachtet man nach dieser Zeit unterhalb des Flüssigkeitsniveaus eine 5 cm breite rote Zone. Folglich ist an K freie
Base, an A freie Säure entstanden.

Da mit zunehmendem Druck die Lösungstension der Gase
steigt, wird die elektromotorische Kraft der Gasketten mit
wachsendem Druck größer. Zugleich wächst in erheblichem

Maße die Kapazität der Elektroden. Auf dieser Erscheinung beruht das Prinzip der Gasakkumulatoren, die aber (da sie bisher nur mit sehr teuren Edel-Metallelektroden erhalten werden können) eine praktische Bedeutung noch nicht erlangt haben. Nach den Versuchen von CAILLETET und COLARDEAU[1]) besaß eine derartige Zelle, wenn die Gase mit einem Druck von 580 Atm. komprimiert, und die Elektroden mit 1 kg Platinschwamm behaftet waren, einen Wirkungsgrad von 95 bis 98$^0/_0$, da der Entladungsstrom 56 Amp.-St. ergab. Betrug der Druck 600 Atm., und diente Palladiumschwamm als Adsorptionsmittel, so belief sich die Ausbeute für je 1 kg des letzteren sogar auf 176 Amp.-St.

Kräftigere Wirkungen, als mit einer einzelnen Gaszelle von der Form Fig. 45, erzielt man mittels der folgenden

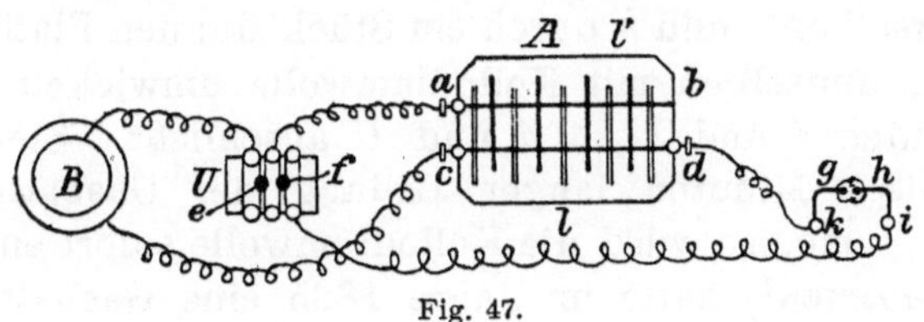

Fig. 47.

Batterie (Fig. 47). An der Längsseite l eines rechteckigen Brettes A bringe man in einem Abstand von 15 mm fünf, an der andern l' vier mit jenen abwechselnde enge Durchbohrungen an, stecke durch dieselben die Platindrähte, die an dünne, 43×47 mm große, platinierte Platinbleche angenietet sind, und lege die Drahtenden fest um die beiden dicken Kupferstäbe ab und cd, welche mittels Drahtösen in rinnenartigen Vertiefungen des Brettes befestigt sind. Damit sich die parallel gerichteten Bleche nicht verschieben, wird zwischen dieselben auf der Unterseite des Brettes Paraffin gegossen. Die ganze Vorrichtung wird in ein trogförmiges, mit verdünnter Schwefelsäure (1:12) gefülltes Glasgefäß eingesenkt. Wie aus der Figur zu ersehen ist, wird das Ende a desjenigen Kupferstabes, an welchem die vier Platinbleche hängen, mittels des Umschalters U (Stöpsel in e) mit dem posi-

---

[1]) Compt. rend. **119**, 830—834, (1895).

tiven Pol einer aus zwei Akkumulatoren bestehenden Batterie B, das Ende c des mit den fünf Platinblechen befestigten Kupferstabes direkt mit dem negativen Pol der Batterie verbunden. Der ladende Strom bewirkt in der Gasbatterie eine deutliche Gasentwicklung. Nach 5 Minuten der Ladung zeigt der Strom der Gasbatterie anfangs eine Spannung von 1,5 Volt die bei Einschaltung eines Widerstandes von ca 1000 Ohm nach 50 Minuten noch 0,7 Volt beträgt. Es spricht dies für eine verhältnismäßig große Kapazität des Apparates, welche durch die von den Platinblechen okkludierten größeren Gasmengen bedingt ist. Der Entladungsstrom ist stark genug, einen dünnen, 10 mm langen Platindraht durchzuschmelzen. Die thermische Wirkung des Stromes läßt sich noch besser dadurch veranschaulichen, daß man auf einem Brettchen zwei isolierte Kupferdrähte in einer Entfernung von 10 mm vertikal befestigt, die oberen Enden derselben g und h durch ein Stück dünnen Platindrahtes verbindet, denselben mit Kollodiumwolle umwickelt und die untern Enden i und k an d und U anschließt. Steckt man nach 1 bis 2 Minuten langer Ladung der Gasbatterie den Stöpsel in f ein, so wird die Kollodiumwolle sofort entzündet.

J. Thomsen[1]) hatte im Jahre 1865 eine Gasbatterie von 50 Zellen aus je zwei Platinplatten konstruiert. Mittels eines auf einem kreisförmigen Schaltbrett in der Minute 20 bis 25 mal rotierenden Radius wurde je eine dieser Zellen momentan durch den Strom eines Groveschen Elementes geladen, während immer die übrigen 49 Zellen hintereinandergeschaltet einen konstanten Entladungsstrom von rund 50 Volt Spannung ergaben. Es ist von historischem Interesse, daß dieser sinnreiche Apparat, der schon das Prinzip der heute gebräuchlichen Akkumulatoren zeigt, im Telegraphendienst zu Kopenhagen seinerzeit Verwendung gefunden hat.

§ 4. Gewinnung der elektrischen Energie direkt aus Kohle.

Es sei an dieser Stelle des von Ostwald[2]) angeregten Problems gedacht, die chemische Energie des Kohlenstoffs

---

[1]) Pogg. Ann. **124,** 498.
[2]) ETZ. **15,** 329, (1894).

direkt in elektrische überzuführen. Es leuchtet ein, daß die Technik, würde sie diese ihr von der Wissenschaft gegebene Idee in einfacher rationeller Weise verwirklichen, einen Erfolg erringen würde, gegen welchen selbst die Erfindung der Dampfmaschine zurückstehen müßte. Denn einerseits ist gerade die elektrische Energie diejenige Energieform, welche sich am leichtesten und vollkommensten in die anderen Energieformen verwandeln läßt, andererseits würden die enormen Energieverluste vermieden, welche die heutige Erzeugung von Elektrizität in den mittels Dampfkraft[1]) betriebenen Dynamomaschinen mit sich bringt. Prinzipiell ist die Sache sogar verhältnismäßig einfach. Generatorgas, wie es durch „Vergasung" der Kohle entsteht, würde man der Anode, Luft der Kathode zuzuführen haben. Jenes würde als Reduktions-, diese dagegen als Oxydationsmittel fungieren. Nur handelt es sich um den geeigneten Elektrolyten, der die Elektroden nicht angreifen und selbst nur eine vermittelnde Rolle spielen darf, ohne dabei verbraucht zu werden.

Praktische Erfolge fehlen aber leider bisher gänzlich, denn soviel Mühe man sich auch gegeben hat, dieses Problem zu lösen, so ist man doch über die ersten Vorversuche noch nicht hinausgekommen.[2])

---

5. Kapitel.

Die Lösungstension der chemischen Elemente.

§ 1. Berechnung der Lösungstension der Metalle.

Die elektromotorische Kraft einer DANIELLschen Kette mit äquimolekularen Elektrolyten ergibt sich nach der NERNSTschen Theorie der Strombildung durch die Gleichung 6) (S. 157), sodaß man mit jeder Messung einer solchen Kette das Verhältnis zweier Lösungstensionen erhält. Demnach macht es keine große Mühe, die hauptsächlichsten Metalle nach den Lösungs-

---

[1]) In den besseren Dampfmaschinen werden nur ca. 15% der chemischen Energie der Kohle ausgenutzt.

[2]) Einen Überblick über die betreffenden Arbeiten findet man in der Zeitschr. für Elektrochem. **4,** 129—136, 165—171, (1897).

tensionen annähernd in eine Reihe zu ordnen. Man hat nur nötig festzustellen, ob ein Metall das andere aus der Lösung eines seiner Salze zu fällen, also auf Grund einer höheren Lösungstension den Kationen des letzteren die elektrischen Ladungen zu entziehen vermag. Für die bekannteren Metalle würde sich somit die Reihenfolge: Zn, Cd, Fe, Pb, Cu, Hg, Ag ergeben. Die Verhältniszahlen der Lösungstensionen sind somit ziemlich annähernd bekannt, aber da es bisher noch in keinem Falle gelungen ist, einen Wert von P direkt zu messen, so muß noch eine der Lösungstensionen willkürlich gleich eins gesetzt werden.

Wäre es mit Sicherheit möglich, die Potentialdifferenz $\mathfrak{p}$ zwischen einem Metall und der Lösung eines seiner Salze durch das Experiment zu bestimmen, so könnte man mit Hilfe der

Gleichung $\mathfrak{p} = \dfrac{0,0002}{n} \, T \log \dfrac{P}{p}$ die Lösungstension P des Metalls

nach der Formel:

$$P = p \cdot 10^{\frac{n \cdot \mathfrak{p}}{0,0002 \cdot T}}$$

in zahlreichen Fällen berechnen, da die Werte von p, der Ionenkonzentration und n, der Wertigkeit des Metalles, sowie die absolute Temperatur T unmittelbar gegeben sind.

§ 2. Versuche zur experimentellen Ermittlung der Einzel-Potentialdifferenz: Metall|Elektrolyt.

Einen annäherungsweisen Weg zur Ermittelung von Einzelpotentialdifferenzen ergab das elektrokapillare Verhalten des Quecksilbers. Nach HELMHOLTZ ist jeder Potentialsprung an der Grenze zweier Medien durch das Vorhandensein einer elektrischen Doppelschicht charakterisiert, indem die eine Substanz an der Grenzfläche positiv, die andere negativ geladen ist. Befindet sich nun eine solche Doppelschicht an der Grenzfläche zweier Flüssigkeiten, so wirken die in tangentialer Richtung einander benachbarten gleichnamigen Ladungen dehnend auf die Grenzfläche und damit der Oberflächenspannung entgegen, welche ja bekanntlich die Oberfläche stets zu einem Minimum zu machen bestrebt ist. Diese der Oberflächenspannung entgegenwirkende Kraft ist bei gleich starker Ladung unabhängig davon, welche der beiden Flüssigkeiten $+$, welche $-$ geladen ist.

In jedem Falle wird aber die Oberflächenspannung durch die Anwesenheit einer Doppelschicht verkleinert und ein Maximum im Verlaufe der Oberflächenspannung bei verschiedener Elektrisierung der Grenzschicht deutet demnach mit ziemlicher Wahrscheinlichkeit darauf hin, daß die Doppelschicht dann gerade fehlt. Hat man also z. B. Quecksilber in Berührung mit einem Elektrolyten und erreicht man auf chemischem oder elektrischem Wege, daß die Ionenkonzentration des Quecksilbers gerade die Lösungstension des Quecksilbers kompensiert, so ist die Potential-differenz Null und dieser Fall sollte nach obigen Über-legungen durch ein Maxi-mum der Oberflächenspan-nung des Quecksilbers ge-kennzeichnet sein.

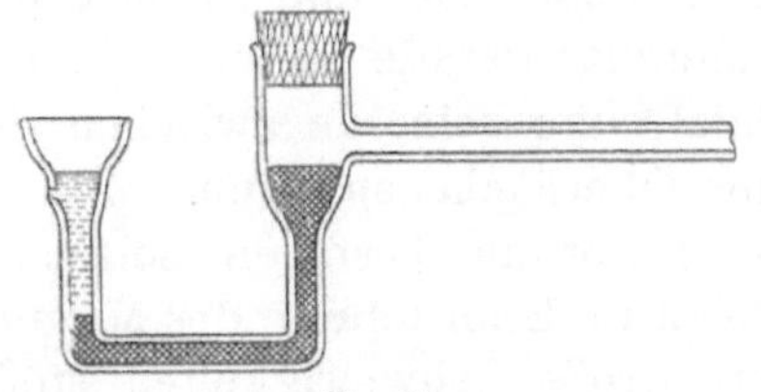

Fig. 48.

In der Tat erhält man ein solches Maximum der Oberflächenspannung des Quecksilbers lediglich durch Verändern der Ionenkonzentration desselben auf chemischem Wege. Dazu dient mit Vorteil der kleine in Fig. 48 dargestellte Apparat.

Bringt man über Quecksilber, das in dem engen linken Zweig natürlich niedriger steht als im Reservoir rechts, zunächst eine verdünnte $HgNO_3$-Lösung (am besten 0,1 KNO_3 $+$ 0,002 $HgNO_3$), so bekommt man eine bestimmte Einstellung des Hg-Meniskus. Fällt man nun die Merkuroionen mittels Chlorkalium aus (das seitliche Loch des linken Rohres sowie mehrfaches Bewegen des kleinen Quecksilbermeniskus ermög-lichen eine leichte und gründliche Erneuerung der Flüssigkeit), so zeigt sich, daß die Oberflächenspannung des Quecksilbers gewachsen ist, der Stand des Quecksilbers im engen Rohr ist niedriger als vorher. Zusatz von 0,1 norm. Cyankalium-lösung verkleinert die Merkuroionenkonzentration noch weiter, die Oberflächenspannung steigt (das Niveau sinkt) nochmals. Jetzt ist man aber in der Nähe des Maximums der Grenz-flächenspannung, denn auf Zusatz einer sehr konzentrierten

Cyankaliumlösung erfolgt nunmehr ein Steigen des kleinen Meniskus, ein Zeichen dafür, daß das Maximum der Oberflächenspannung überschritten ist und dieselbe wieder abnimmt.

Auch durch wachsende anodische Polarisation des Quecksilbers (d. h. durch Anlegen einer Potentialdifferenz, welche Quecksilberionen in die Lösung treibt, d. h. das Quecksilber negativ zu laden strebt) kann man das Wachsen bis zu einem Maximum und darauf folgende Abnahme der Oberflächenspannung des Quecksilbers auf elektrischem Wege erzielen. Hat man eine Anordnung

$$\text{Me}|\text{Me-Salzlösung}|\text{Hg}$$

beim Maximum der Oberflächenspannung, so sollte die zwischen dem Metall Me und dem Quecksilber bestehende Potentialdifferenz gerade gleich dem Einzelpotentialsprung Me|Me-Salzlösung sein, da zwischen dem Quecksilber beim Maximum der Oberflächenspannung und dem Elektrolyten ja kein Potentialsprung bestehen sollte. Da nun aber einerseits die genaue Ermittelung des Maximums der Oberflächenspannung auf große Schwierigkeiten stößt, andererseits das Maximum für verschiedene Elektrolyte merklich verschieden ausfällt,[1]) so ist die Festlegung von Einzelpotentialdifferenzen nur ungenau und mit ziemlicher Willkür möglich. Die sämtlichen Zahlwerte der Einzelpotentialdifferenzen würden dauernd abhängig sein von der Genauigkeit, mit welcher die Festlegung des Nullpotentiales den experimentellen Hilfsmitteln möglich ist, und mit jeder guten Neubestimmung geändert werden müssen.

In solchen Fällen nur ungenau bestimmbarer oder ungenügend definierter Grundlagen pflegt man, im Interesse der zeitlichen Beständigkeit der Zahlwerte, die theoretische Definition oder Grundlage beiseite zu schieben und statt dessen eine zwar willkürliche, aber dafür wohldefinierte und jederzeit genau reproduzierbare Grundlage zu wählen.

Beispiele für ein derartiges Verfahren liegen in den gesetzlichen Definitionen der Grundeinheiten der Länge und der Masse, sowie der elektrischen Einheiten vor.

---

[1]) Vergl. hierzu die vorzüglichen Arbeiten von T. Krüger, Zeitschr. f. physik. Chem. **45**, 1, (1903) und W. Palmaer, ebenda **59**, 129, (1907).

Als praktische Grundlage hat sich, da weitaus die meisten für die Praxis wichtigen Elektrolyte nicht neutral, sondern sauer oder alkalisch sind, eine Wasserstoffelektrode in zweifach normal schwefelsaurer Lösung eingebürgert. Das Potential einer solchen pflegt man daher in neuerer Zeit willkürlich gleich Null zu setzen, die Konzentration der Wasserstoffionen in dieser Säure ist nahe einfach normal. Die praktische Ausführung einer solchen Wasserstoffnormalelektrode ist in Fig. 49 wieder gegeben. Das Potential einer solchen Elektrode darf bei sachgemäßer Behandlung als bis auf 1/10000 Volt definiert gelten. Der aus Zink und Schwefelsäure entwickelte mit Wasser und Kalium-Permanganatlössung gewaschene Wasserstoff nimmt in der Waschvorlage der Elektrode die Wasserdampfspannung der zweifach normalen Schwefelsäure an und perlt dann von unten langsam durch das eigentliche Elektrodengefäß, in welchem eine etwa bis zur Mitte eintauchende gut platinierte Platinelektrode sich bald auf das Potential des

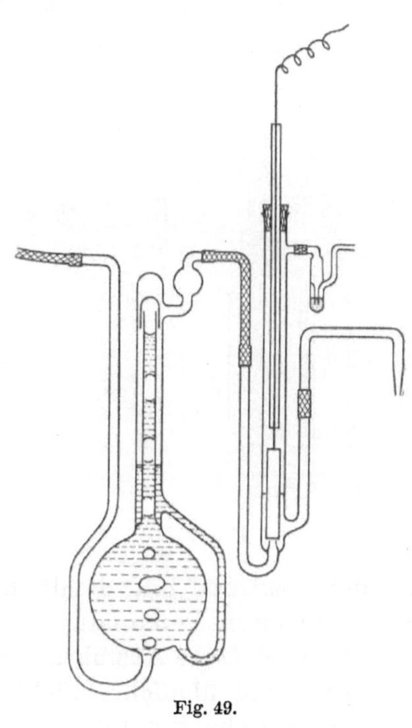

Fig. 49.

Wasserstoffs einstellt. Wendet man statt der Elektrolyten mit der Wasserstoffionenkonzentration 1 einen solchen mit der Wasserstoffkonzentration $\frac{1}{x}$ an, so ist das Potential der resultierenden Elektrode

$$\varepsilon_h = + \, 0{,}0001\,983 \; T \log x\,^1)$$

---

¹) Mit ε_h soll durch den Index $_h$ stets ausgedrückt sein, daß die betreffende Potentialdifferenz auf die Wasserstoffnormalelektrode als Nullpunkt bezogen ist.

gegenüber der Wasserstoffelektrode in an Wasserstoffionen normaler Lösung.

Hat man eine Wasserstoffelektrode in normaler Alkalilösung, so ist deren Potential gegenüber der Normal-Wasserstoffelektrode bei Zimmertemperatur $+ 0,81$ Volt, da die Wasserstoffionenkonzentration der Alkalilösung einen enorm niedrigen Wert besitzt.

Für viele Zwecke, namentlich falls es sich um neutrale Elektrolyte handelt, ist zur bequemen Vermittelung die Verwendung der durch ihre Handlichkeit ausgezeichnete Kalomelelektrode oder eine andere aus Quecksilber, einem schwer löslichen Salze desselben und einem Elektrolyten mit gleichem Anion bestehende Elektrode vorteilhaft. Die Verwendung schwer löslicher Salze unter einem indifferenten Elektrolyten bewirkt die Einstellung eines der Sättigungskonzentration entsprechenden Ionengehalts

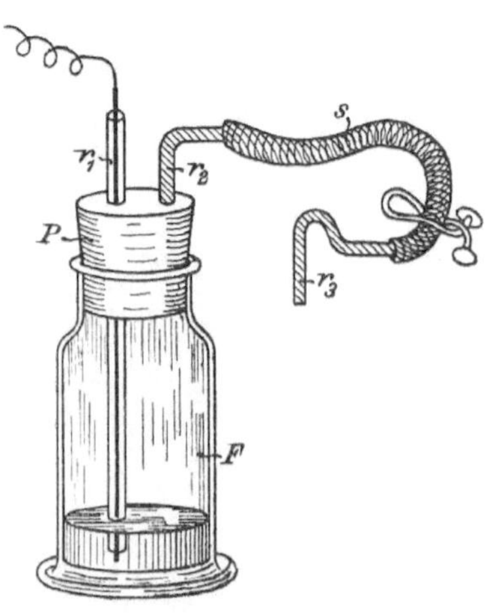

Fig. 50.

an der Elektrode und damit die Ausbildung eines konstanten wohldefinierten Potentials.

Eine einfache Ausführungsart der OstwaLDschen Kalomelelektrode und ähnlicher Elektroden ist in Fig. 50 gegeben.

Die Flasche F enthält auf dem Boden eine Schicht Quecksilber, das mit Kalomel ($Hg_2 Cl_2$) bedeckt ist. Der ganze Hohlraum von Flasche F ist mit normaler oder $^1/_{10}$-normaler Chlorkaliumlösung gefüllt. Der Pfropfen P trägt das Glasrohr r_1, an dessen unterem Ende ein eingeschmolzener Platindraht den Anschluß des Quecksilbers an die Meßvorrichtung herstellt, und das rechtwinklig gebogene Rohr r_2, welches mittels des Gummischlauches s und des Rohres r_3 mit dem das fragliche Metall M enthaltenden Elektrolyten MS in Verbindung zu setzen ist. Das Ganze bildet dann ein galvanisches Element. Man ermittelt die elektromotorische Kraft π desselben nach der

Kompensationsmethode (siehe S. 151) mit Hilfe eines Normalelementes. Die Umrechnung auf die Wasserstoffnormalelektrode erfolgt dann mit Hilfe der bekannten Potentialdifferenz zwischen dieser und der gebrauchten Kalomelelektrode.

Für die beiden Kalomelelektroden ist:

$$\varepsilon_h \,(1{,}0 \text{ norm. KCl}) = -\,0{,}283 - 0{,}0006\,(t - 18^0)\text{ Volt}$$
$$\varepsilon_h \,(0{,}1 \text{ norm. KCl}) = -\,0{,}335 - 0{,}0008\,(t - 18^0)\text{ Volt.}$$

Von ganz besonderer Wichtigkeit ist es nun, zu wissen, welchen Wert das Potential eines Metalls gegenüber einer an Ionen des betreffenden Metalls normalen Lösung besitzt (wiederum gegen unsern Potentialnullpunkt, die Wasserstoffnormalelektrode gemessen). Dieser Potentialwert, der das Verhalten des Metalls eindeutig kennzeichnet, nennen wir das elektrolytische Potential des Metalles und bezeichnen es mit EP. Ist dieses EP bekannt, so können wir das Potential gegenüber einer Lösung mit der Ionenkonzentration c (n-fach normal) sofort angeben. Falls nämlich das Metall die Wertigkeit n besitzt, ist

$$\varepsilon_h = EP - \frac{0{,}0001\,983}{n}\,T \log c.$$

Dieselbe Gleichung dient andererseits zur Bestimmung der EP-Werte, da man nur in den seltensten Fällen Lösungen mit normaler Ionenkonzentration direkt untersuchen kann. Man bestimmt dann für eine beliebige aber bekannte Konzentration c experimentell den Wert e_h und findet mittels der Formel das EP des untersuchten Metalles. Mit Hilfe einer Tabelle der elektrolytischen Potentiale ist man in der Lage, die elektromotorischen Kräfte der verschiedensten Ketten zu berechnen. Für eine Reihe von Metallen sind in der folgenden Tabelle XVII die „elektrolytischen Potentiale" angegeben.

In welchem Grade die elektromotorischen Kräfte galvanischer Kombinationen mittels dieser Tabelle richtig erhalten werden können, zeigt Tabelle XVIII. In dieser sind unter A die betreffenden, mit Normallösungen konstruierten DANIELLschen Ketten, unter B die elektromotorischen Kräfte derselben, welche von den unter C namhaft gemachten Autoren bei 18° gemessen sind, und unter D die aus den elektro-

Tab. XVII.

Elektrolytische Potentiale einiger Kationenbildner.

Elektrode	Elektrolytisches Potential	
$Mg|1,0$ n. $Mg^{\cdot}$	$+ 1,491$	Volt.
$Zn|1,0$ n. $Zn^{\cdot\cdot}$	$+ 0,770 \pm 0,003$	„
$Cd|1,0$ n. $Cd^{\cdot\cdot}$	$+ 0,421 \pm 0,005$	„
$Tl|1,0$ n. $Tl^{\cdot}$	$+ 0,322 \pm 0,002$	„
$Pb|1,0$ n. $Pb^{\cdot\cdot}$	$+ 0,148$	„
$Cu|1,0$ n. $Cu^{\cdot\cdot}$	$- 0,329$	„
$Ag|1,0$ n. $Ag^{\cdot}$	$- 0,771$	„

Tab. XVIII.

A.	B.	C.	D.
$\overrightarrow{Zn|Zn\,SO_4|Mg\,SO_4|Mg}$	$- 0,725$ Volt	Wright u. Thompson	$- 0,721$ Volt
$Zn|Zn\,SO_4|Cd\,SO_4|Cd$	$+ 0,360$ „	F. Braun	$+ 0,349$ „
$Zn|Zn\,SO_4|(CH_3COO)_2|Pb$	$+ 0,607$ „	Wright u. Thompson	$+ 0,622$ „
$Zn|Zn\,SO_4|Cu\,SO_4|Cu$	$+ 1,100$ „	F. Braun	$+ 1,099$ „
$Zn|Zn\,SO_4|Ag_2\,SO_4|Ag$	$+ 1,539$ „	Wright u. Thompson	$+ 1,541$ „
$Cd|Cd\,SO_4|Cu\,SO_4|Cu$	$+ 0,743$ „	Streintz	$+ 0,750$ „

lytischen Potentialen sich ergebenden Potentialdifferenzen zum Vergleiche angegeben.[1])

Die Natur der Anionen ist in erster Annäherung gleichgültig, sofern sie nämlich nur für den Wert der zwischen den verschiedenen Elektrolyten bestehenden Flüssigkeitskette eingeht. Diese ist aber stets sehr klein, doch zeigt schon die Tabelle, daß im Falle der Zink-Bleikette, wo Zinksulfat und Bleiacetat, also Salze verschiedener Anionen in dieselbe Kette

---

[1]) Zur Demonstration derartiger verallgemeinerter DANIELLscher Ketten eignet sich gut die Schaltung Fig. 51, die ohne weiteres verständlich ist.

eingehen, die Übereinstimmung von Beobachtung und Berechnung am meisten zu wünschen übrig läßt, was eben auf die Nichtberücksichtigung der Flüssigkeitspotentialdifferenz zurückzuführen ist.

Auch für Elemente mit beliebigen Konzentrationen der Elektrolyte kann man die elektromotorischen Kräfte in dieser Weise berechnen, nur hat man dabei in jedem Falle erst die ε_h für die betreffenden Konzentrationen auszurechnen und eventuell die Flüssigkeitskette zu berücksichtigen.

§ 3. Die relativen Werte der Lösungstensionen der Metalle.

Die elektrolytischen Potentiale ermöglichen uns nun, über die Zahlwerte der sogenannten elektrolytischen Lösungstensionen der verschiedenen Metalle uns eine Vorstellung zu verschaffen. Wir nehmen im Einklang mit der Wahl einer Wasserstoffelektrode als Potentialnullpunkt am besten willkürlich an, daß dem Wasserstoffgas bei Atmosphärendruck die Lösungstension 1 zukommt, dann ergibt sich folgende Reihe der relativen Lösungstensionen. Siehe Tabelle XIX auf nächster Seite. Da diese Zahlwerte keine praktische Bedeutung besitzen, so sind die Angaben aus den relativen Lösungstensionen nur bis etwa auf die nächste ganze Zehnerpotenz gemacht.

Die Zahlen für die relativen Lösungstensionen der Metalle zeigen somit, daß die Tendenz der Metalle, in den Ionen-

---

Bei Verwendung eines Vorlesungsvoltmeters von genügend hohem Widerstande sind die Ausschläge direkt den E. MK. K. proportionell.

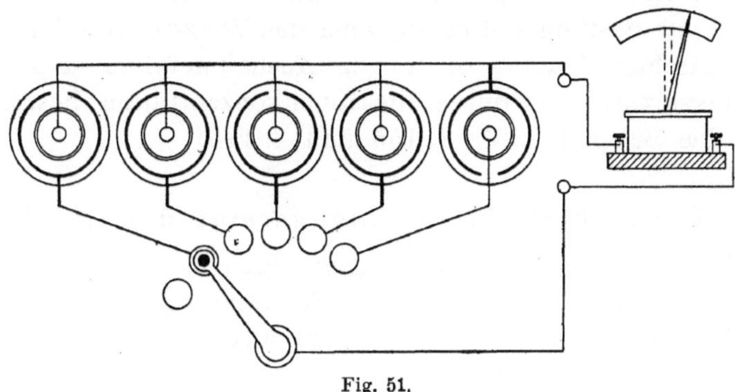

Fig. 51.

Tab. XIX.

Metall	relative Lösungstension (Wasserstoff $= 1$)
Magnesium	10^{+51}
Zink	$10^{+26,5}$
Cadmium	$10^{+14,5}$
Thallium	$10^{+5,5}$
Blei	10^{+5}
Kupfer	10^{-11}
Silber	10^{-13}

zustand überzugehen, ganz ungeheure Verschiedenheiten aufweist. Bedenken wir, daß in der Tabelle weder die allerpositivsten Metalle, die Alkalimetalle, noch die alleredelsten, die Platinmetalle und das Gold, deren Lösungstensionen wohl noch viele Zehnerpotenzen größer bezw. kleiner sind als die extremsten Zahlen obiger Tabelle, Aufnahme gefunden haben, so sehen wir, daß das Ionisierungsbestreben, verglichen mit Wasserstoff, sowohl unvorstellbar große als unfaßbar kleine Werte zu erreichen vermag.

Die Zahlen der Tabelle XIX lehren, daß z. B. die ε_h-Werte für die Metalle Mg, Zn, Cd stets positiv, und die der Metalle Cu und Ag stets negativ sein müssen, selbst wenn die Konzentrationen der Elektrolyte innerhalb der tatsächlich möglichen Grenzen schwanken. Zwar tritt die Konzentration der Metallionen neben dem elektrolytischen Potentialwert der einzelnen Elektroden als für den Zahlwert der elektromotorischen Kraft bestimmend hinzu, aber das Vorzeichen der elektormotorischen Kraft wird nur in Ausnahmefällen (z. B. bei Komplexsalzbildung) durch die Ionenkonzentration bestimmt, vergl. das Beispiel dafür S. 156 und S. 186.

§ 4. Die elektrische Spannungsreihe der Metalle.

Die vorstehenden Erörterungen legen es nahe, die nach den Werten des elektrolytischen Potentials geordnete Reihe der Metalle als die wahre elektrische Spannungsreihe zu betrachten.

Die rationelle Spannungsreihe ordnet demnach die Metalle nach bestimmten chemischen Konstanten, nämlich der ihnen zukommenden elektrolytischen Potentialen. Solange man dagegen nicht genau definiert, auf Grund welcher Beziehung man die Spannungsreihe aufbauen will, ist dieselbe mit einer gewissen Willkür behaftet. Sobald man z. B. an Stelle einer an Kupferionen normalen Lösung eine zwar an Kupfer, aber nicht an Kupferion normale Kupricyankaliumlösung setzt, deren Gehalt an Kupferionen ganz ungeheuer klein ist, so ist Kupfer, wie wir oben gesehen haben, plötzlich unedler als Zink, hat also seinen Platz in der Spannungsreihe an ganz anderer Stelle. Im allgemeinen ergibt sich allerdings auch auf andere Weise, z. B. durch Ordnen nach der Oxydationsfähigkeit der Metalle, fast dieselbe Reihenfolge.

Die in früheren Jahrzehnten aufgestellten Spannungsreihen sollten sich auf die Potentialdifferenzen der Metalle bei gegenseitiger Berührung beziehen, wie man sie mittels des Kondensators durch Messungen in freier Luft glaubte ermittelt zu haben, und man war der Ansicht, daß jene Potentialdifferenzen fast ausschließlich bei der Entstehung der elektromotorischen Kräfte Voltascher Ketten maßgebend wären. Indessen übersah man, daß die Isolierfähigkeit der Isolierschicht des Kondensators keine absolute ist, da der Feuchtigkeits- und Salzgehalt der Luft bei den Meßversuchen wie ein Elektrolyt wirkt. Tatsächlich müssen nach Edlunds Untersuchungen über die Peltierwärmen, und im Einklange mit der Nernstschen Theorie, welche die Potentialsprünge hauptsächlich an die Stellen der Übergänge von Metall zu Elektrolyt verlegt, die Potentialdifferenzen der Metalle untereinander sehr kleine Größen sein, die die elektromotorischen Kräfte der Voltaschen Ketten nur wenig beeinflussen. Daß die direkte Berührung der Metalle für das Zustandekommen der elektromotorischen Kraft ganz unwesentlich ist, letztere vielmehr ihre Entstehung der Reaktion zwischen Metallen und Elektrolyten verdankt, geht schon aus folgendem einfachen Versuch hervor. An je ein kleines ebenes Kupferblech und Zinkblech löte man Kupferdrähte und lege diese an das kleine Galvanoskop an. Die Nadel bleibt völlig in Ruhe, wenn man die gut gereinigten Bleche aufeinander drückt. Aber die Zwischenschaltung einer Scheibe aus nur ein wenig feuchtem Fließpapier genügt schon, einen wenn auch kleinen Ausschlag hervorzurufen, und die Nadel schlägt sogar sehr kräftig aus, falls man das Fließpapier mit einem Tropfen einer Kochsalzlösung benetzt. Infolge der Polarisation kehrt sie freilich innerhalb einer Minute fast auf Null zurück (s. III. Abschnitt, 6. Kapitel).

Man muß daher von den früheren Spannungsreihen absehen, um so mehr, als es dem Gesetz der Erhaltung der Energie völlig widerspricht, daß durch die bloße Berührung zweier Körper elektrische Energie gewonnen werden könnte. Außerdem ist nach der alten Kontakttheorie nicht einzusehen, welche Rolle die Elektrolyte bei der Stromerzeugung spielen, und welche Bedeutung die chemischen Prozesse in den Ketten haben.

Zu den wichtigsten Aufgaben der Elektrochemie aber gehört es, die Reihe der elektrolytischen Potentiale weiter zu vervollständigen. Da aber nicht nur die Übergänge der Metalle in den Ionenzustand, sondern, wie wir bei den Oxydations- und Reduktionsketten gesehen haben, die verschiedenartigsten chemischen Vorgänge elektromotorisch wirksam sein können, so wird es sich überhaupt um die Aufstellung eines möglichst umfassenden Potentialverzeichnisses handeln.

Ein solches Werk ist nun in der Tat im Werden begriffen und wird demnächst unter den Auspizien der Deutschen Bunsengesellschaft für angewandte physikalische Chemie zum ersten Male der Öffentlichkeit übergeben werden. Der weiteren Entwicklung dieses für die gesamte Elektrochemie nicht nur, sondern für alle Zweige der wissenschaftlichen Chemie überhaupt, insbesondere aber der anorganischen Chemie eminent wichtigen Unternehmens wird es nach und nach gelingen, eine wohldefinierte und gegenüber den althergebrachten Vorstellungen in ungeahnter Weise vervollständigte Spannungsreihe zu schaffen.

§ 5. Stellung des Wasserstoffs in der Spannungsreihe.

Der Wasserstoff, der rein chemisch betrachtet, den Metalloiden näher steht als den Metallen, ist elektrochemisch wegen seiner Funktion als Kationenbildner den Metallen an

die Seite zu stellen, zumal da er von gewissen Metallen, insbesondere von Palladium, in großer Menge aufgenommen
wird[1]) und mit diesem Produkte liefert, welche metallisches
Leitvermögen besitzen und sich wie Legierungen verhalten.
Sättigt man auf elektrolytischem Wege eine kleine Platte aus
Palladium mit Wasserstoff und senkt sie in eine Kupfersulfatlösung, so bedeckt sie sich sehr bald mit einer glänzenden
Schicht von Kupfer. Ebenso werden Au, Pt, Ag, Hg gefällt,
nicht aber Pb, Fe, Cd, Zn, Mg. Im Einklang hiermit steht
die Tatsache, daß die Metalle der letzten
Art sich in Säuren unter Wasserstoffentwicklung lösen, während die Metalle der ersten
Art, falls sekundäre Reaktionen, wie bei der
Salpetersäure, ausgeschlossen sind, aus den
Säuren keinen Wasserstoff entwickeln. Blei
als Wasserstoff entwickelndes Metall zu betrachten sind wir zwar nicht gewohnt, doch
läßt sich leicht durch folgenden einfachen
Versuch der Nachweis erbringen, daß Blei
ein größeres Ionisierungsbestreben als Wasserstoff besitzt und demnach aus verdünnten
Säuren Wasserstoff in Freiheit setzt. Man
nimmt ein Stück einer negativen Akkumulator-
elektrode, die bekanntlich als wirksame Masse
schwammiges Blei enthält, und umwickelt
sie fest mit einem Stück Platindraht. Beim

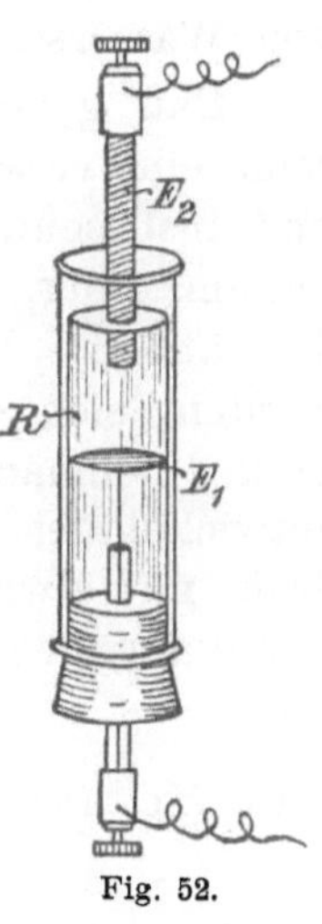

Fig. 52.

Eintauchen in verdünnte Salzsäure geht nun Blei in Lösung
und Wasserstoffbläschen steigen von dem Platindraht em-
por. (Leicht mit dem Projektionsapparat zu demonstrieren.)
Die Lösungstension des vom Palladium absorbierten Wasser-
stoffs muß also einen Wert haben, der zwischen der-
jenigen des Kupfers und derjenigen des Bleis liegt. Diese
Folgerung wird auch durch den folgenden Versuch bestätigt.
Der das untere Ende einer Glasröhre R (Fig. 52) verschließende
Pfropfen trägt die mit Palladiummohr (S. 147) überzogene
Platinelektrode E_1, welche, nachdem das Rohr mit verdünnter

---

[1]) Palladium nimmt an Wasserstoff bis zum 1000 fachen seines eig-
nen Volumens auf.

Schwefelsäure gefüllt ist, elektrolytisch mit Wasserstoff zu sättigen ist. Alsdann senkt man als Elektrode E_2 das eine Mal einen mit frischangefeilten Flächen versehenen Bleistab, das andere Mal einen Kupferstab kurze Zeit in die Säure ein. Waren die Elektroden E_1 und E_2 an das kleine Nadelgalvanoskop angeschlossen, so erfolgen kräftige Ausschläge nach entgegengesetzten Seiten, und zwar erweist sich die Elektrode E_1 im ersten Fall als Kathode, im zweiten als Anode. Stellt man zwischen E_1 und dem Kupferstab Kurzschluß her, so überzieht sich das Kupfer mit einem Überzug von Wasserstoffbläschen.

Daß gegenüber verschiedenen Agentien die Spannungsreihe eine verschiedene sein kann, haben wir schon besprochen und insbesondere darauf hingewiesen, daß Kupfer in Cyankaliumlösung, wo alle entstehenden Kupferionen unter Bildung des äußerst komplexen Kaliumkupfercyanids weggefangen werden, sich elektropositiver und somit unedler verhält als Zink. Demnach muß Kupfer in Cyankalium ein Wasserstoff entwickelndes Metall sein. Umwickeln wir ein Stück Kupferdraht mit etwas Platindraht, so bekommen wir in der Tat in Cyankaliumlösung eine gleichmäßige Wasserstoffentwicklung.

§ 6. Verhalten der dem Wetter ausgesetzten Metallkombinationen.

Die genauere Kenntnis der Spannungsreihe der Metalle in Elektrolyten hat auch ein praktisches Interesse. Überall, wo Gebilde aus verschiedenen Metallen, seien es Legierungen, seien es Kombinationen verschiedener, sich berührender Metalle, seien es endlich Metalle mit mechanisch oder galvanostegisch hergestellten Metallüberzügen, dem Einfluß der atmosphärischen Niederschläge unterworfen sind, ist die Disposition zur Entstehung kurz geschlossener Ketten gegeben. In denselben fungiert das eine Metall als Ableitungs-, das andere als Lösungselektrode. Das letztere ist daher der Zerstörung am meisten preisgegeben, während das erstere in gewissem Grade geschützt ist. Ein verzinkter Eisendraht wird also an den Stellen, wo die Zinkschicht verletzt ist, nicht so stark rosten, wie wenn er des Zinküberzugs gänzlich entbehrte.

Ohne daß näher auf die Einzelheiten eingegangen werden soll, mögen hier nur noch einige Bemerkungen über das Verhalten des Eisens zum Zinn Platz finden. Ein DANIELLsches, mit einer Tonzelle versehenes Element aus einem Eisenblechzylinder, einem gegossenen Zinnstab und den äquimolekularen, möglichst säuerfreien Lösungen der Chlorüre beider Metalle gibt am Galvanoskop einen mehrere Stunden konstanten Ausschlag in dem Sinne, daß das Eisen Lösungselektrode (Anode) ist, und wie zu erwarten ist, bedeckt sich der Zinnstab mit einer Schicht schwammigen Zinns. Aber die elektromotorische Kraft des Elementes nimmt sogleich ab, wenn man die Zinnchlorürlösung mit Chlorwasserstoffsäure versetzt. Kommen auf 16 Vol. dieser Lösung 2 Vol. Chlorwasserstoffsäure vom spezifischen Gewicht 1,124, so ist die Kette stromlos, und wird noch ein Volum der Säure zugefügt, so kehrt sich die Polarität der Kette sogar um, indem jetzt das Zinn zur Anode wird.

Iener Wechsel der Polarität ist ferner zu beobachten, wenn man zwei gleich große, mit nassem Quarzsand polierte Stäbe von ausgeglühtem Schmiedeeisen und reinem Zinn (7 mm dick und 90 mm lang) nach Fig. 54 in Säuren oder Salzlösungen eintaucht, deren Konzentrationen sich innerhalb gewisser Grenzen bewegen. In $^1/_{1000}$- bis $^1/_{100}$-normaler Schwefelsäure und Chlorwasserstoffsäure (0,049 bis 0,49 g H_2SO_4 bezw. 0,0365 bis 0,365 g HCl pro Liter) verhält sich das Eisen im Moment des Eintauchens der Stäbe kathodisch, wird aber anodisch, nachdem die Kette 10 bis 20 Minuten offen gestanden hat. In den Normalsäuren bleibt das Eisen, selbst wenn die Kette 24 Stunden kurz geschlossen ist, Ableitungselektrode, und nun ist mittels des Quecksilberchlorids Zinn in der Lösung nachweisbar. Am auffälligsten ist der Polwechsel in einer halbnormalen Ammoniumnitratlösung (40 : 1000), denn schon innerhalb einer Minute schlägt die Nadel des Galvanoskops nach der entgegengesetzten Seite aus. Das Eisen ist hier nur momentan Kathode und fungiert bald darauf als Anode. Trocknet man die Elektroden sorgfältig ab, so tritt beim Eintauchen derselben die Erscheinung wiederum ein. Das Eisen bleibt aber Kathode, falls jene Salzlösung bedeutend verdünnter oder konzentrierter ist. Ähnliche Resultate ergibt auch eine Lösung von Natriumchlorid. Dieselbe muß normal bis dreifach normal sein (58,5 bis 175,5 g : 1000), wenn sich die Polarität des Eisens umkehren soll.

Aus diesen Versuchen geht offenbar hervor, daß Eisen und Zinn in der Spannungsreihe einander sehr nahe stehen.

Auf galvanische Vorgänge ist auch die bekannte Tatsache zurückzuführen, daß verzinntes, der atmosphärischen Luft ausgesetztes Eisen dem Rosten mehr unterliegt, als das bloße Eisen. Soll diese Annahme richtig sein, so müßten die atmosphärischen Niederschläge als Elektrolyte auf die Kombination Eisen-Zinn derartig wirken, daß das Eisen zur Lösungselektrode wird. Es müßten sich infolgedessen Eisensalze bilden, die unter Abspaltung der Säuren leicht in Rost übergehen.

Folgende Versuche dürften zur Bestätigung jener Ansicht beitragen. Der Apparat Fig. 54 wird mit destilliertem Wasser gefüllt. Nach dem Eintauchen des Eisen- und des Zinnstabes, die mit dem Galvanoskop verbunden sind, bleibt die Nadel des letzteren in Ruhe. Hierauf werden Sauerstoff und gut gewaschenes Kohlendioxyd eingeleitet. Die Nadel zeigt noch auf Null. Wenn aber nur geringe Mengen von Salzen, wie sie auch im Luftstaube enthalten sind, und zwar ca. 1 cm^3 zehntelnormaler Natriumchloridlösung (0,006 g Na Cl) und 1 cm^3 halbnormaler Ammoniumnitralösung (0,04 g NH_4NO_3) zum Wasser zugesetzt werden, so schlägt die Nadel aus. Das Eisen erweist sich tatsächlich als Anode, und schon nach einer Stunde, in welcher Zeit die Kette mit dem Galvanoskop verbunden bleibt, ist auf dem Eisen eine dünne, gelbe Rostschicht zu bemerken.

Läßt man ferner eine mit normaler Natriumchloridlösung gefüllte Eisen-Zinnkette 13 Stunden kurz geschlossen stehen, so bilden sich flockige Rostmassen mit einem Eisengehalt von 0,003 g. Dagegen ergibt die Analyse in dem Rost, der sich während derselben Zeit absetzt, wenn sich der Eisenstab allein in der Lösung befindet, nur 0,0018 g Eisen.

Eisenblech wird bekanntlich, um es vor dem Rosten zu schützen, verzinnt und dient unter der Bezeichnung „Weißblech“ zur Herstellung der verschiedensten Geräte des Haushaltes. Wird aber der Zinnüberzug verletzt, und das Eisen bloßgelegt, so tritt an diesen Stellen das Rosten sehr bald ein und greift schneller um sich, als wenn das Blech überhaupt nicht verzinnt wäre. Man braucht ein Weißblech, auf welchen mittels eines Messers die Zinkschicht strichweise entfernt ist, im Sommer nur zwei Tage der feuchten Luft auszusetzen, um die roten Roststriche zu beobachten. Dagegen zeigt ein ebenso behandeltes verzinktes Eisenblech keine Spur von Rost. (Verzinkung[1]) des für telegraphische Leitungen dienenden Eisendrahtes.)

Ganz analog erklärt es sich, daß Vernicklung von Eisenteilen nur so lange einen Rostschutz darstellt, als die Nickelschicht unverletzt ist. An beschädigten Stellen, wo neben Nickel Eisen frei zu Tage tritt, rostet es schneller als reines Eisen oder Stahl derselben Qualität tun würde, da wiederum elektrolytische Lokalaktion stattfindet, bei der das Nickel das edlere Metall ist.

§ 7. Lösungstension der Nichtmetalle.

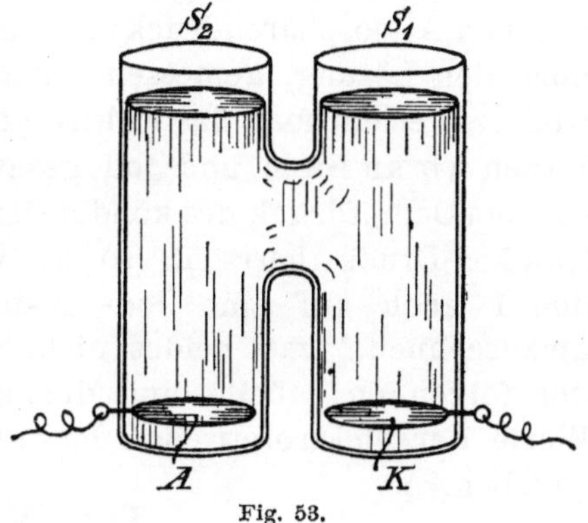

Fig. 53.

Bei denjenigen Nichtmetallen, deren Atome als Anionen fungieren können, läßt sich ebenfalls eine Verschiedenheit der Lösungstension feststellen. Der Wert der letzteren steht wie bei den Metallen mit der chemischen Affinität im Zusammenhang. Am leichtesten läßt sich diese Erscheinung bei den Halogenen konstatieren. Folgender Versuch nach Küster[2]) beweist, daß Brom eine größere Ionisierungstentenz besitzt als Jod. In der **H** förmigen Zelle (Fig. 53) sind die horizon-

---

[1]) Das mit einer Zinkschicht überzogene Eisen wird galvanisiertes Eisen genannt.

[2]) Zeitschr. f. Elektrochem. 4, 108, (1897). Zur Ausführung dieses und zahlreicher anderer Demonstrationsversuche eignet sich auch vorzüglich die Küstersche Anordnung von zwei kleinen flachen Krystallisierschalen, die auf dem Boden einer größeren stehen. Die Platinelektroden mit den zu untersuchenden Elektrodenflüssigkeiten kommen in die kleinen Schälchen, während die große Schale bis über die Ränder der kleinen mit dem indifferenten Elektrolyten gefüllt wird.

tal liegenden Platinelektroden K und A nahe am Boden eingeschmolzen. Mittels einer Pipette bringe man in den Schenkel S_1 einen Kubikzentimeter Brom und fülle die ganze Zelle von S_2 aus mit einer 10-prozentigen Lösung von Kaliumchlorid. Nachdem die Elektroden an das kleine Galvanoskop angeschlossen sind, werfe man auf A einen Jodkaliumkristall. Es erfolgt ein kräftiger Ausschlag. Das Brom treibt Ionen in den Elektrolyten, und an A scheidet sich Jod aus. K wird also positiv, A negativ geladen. Die elektromotorische Kraft der Kette beträgt ca. 0,42 Volt.

Bestimmt man die Potentiale von Halogenen (z. B. Chlorgas von Atmosphärendruck) gegenüber einer an Halogenionen normalen Lösung, gemessen gegen die Wasserstoffnormal-Elektrode, so erhält man das elektrolytische Potential des Halogens. Haben wir an Brom und Jod gesättigte Lösungen, über denen ein dem Dampfdruck des kondensierten Halogens entsprechender Halogen-Druck herrscht, so ist wie auf die Ionenkonzentration 1 auch auf eine Jod- resp. Bromtension von 760 mm umzurechnen, was beides nicht sehr genau möglich ist. In der folgenden Tabelle sind die zurzeit am besten begründeten Werte der elektrolytischen Potentiale der drei Halogene angegeben.

Tab. XX.

	E. P. bei 25⁰ Celsius
Chlor	—1,390
Brom	—1,098
Jod	—0,663

6. Kapitel.

Polarisation und Haftintensität.

§ 1.   Zersetzung der Salze der Schwermetalle zwischen löslichen Elektroden.

Man stelle nach Fig. 54 eine elektrolytische Zelle zusammen. Die Kupferstäbe A und K sind in Normal-Kupfersulfatlösung eingesenkt. An beiden besteht gegenüber dem Elek-

trolyten die gleiche Potentialdifferenz, da die Kupferionen
das Bestreben haben, sich abzuscheiden. Man konstruiere
ferner, und zwar ebenfalls nach Fig. 54, aus Zink, verdünnter Schwefelsäure (1 : 20) und Eisen ein galvanisches Element.
Seine elektromotorische Kraft ist an sich schon gering. Aber
man schwäche den Strom des Elementes noch dadurch, daß
man einen hohen Widerstand von 1000 Ohm anschließt. Nun
lege man an diese Stromquelle jene Zelle an, indem man A
mit dem Eisenpol verbindet, und schalte mittels eines Morsetasters das kleine Galvanoskop derartig hinter die
Zelle, daß das Zink-Eisen-Element aus dem Stromkreis beliebig ausgeschlossen werden kann.[1] Trotz
des minimalen, an A und K hervorgebrachten
Potentialdifferenz passiert der Strom die Zersetzungszelle, und zwar ist der Nadelausschlag
für längere Zeit konstant. An A verstärkt er das
an sich schon positive Potential. Es werden infolgedessen die Kupferionen von A nach K dirigiert. Die SO_4-ionen veranlassen an A das Kupfer,
neue Kupferionen in den Elektrolyten zu schicken,
nämlich in dem Maße, als die Kupferionen an K,
wo durch den Strom das positive Potential verringert ist, ihre Ladungen verlieren. Die Gesamtmenge des gelösten Elektrolyten bleibt also konstant, und die Elektroden verändern sich bis auf
ihr Gewicht nicht. Der Strom hat nur zur Folge, daß Kupfer von
A nach K transportiert wird.[2] Da hierzu aber eine sehr geringe
Potentialdifferenz ausreicht, liegt daran, daß die zur Ionenbildung an der Elektrolyte A erforderliche Energie bei
der Entionisierung an der Elektrode K disponibel wird. Als
hydraulisches Analogon zu den beiden gegeneinander geschalteten gleichen Potentialdifferenzen können wir etwa ein U-Rohr,
Fig. 55, mit Zu- und Ausfluß auf gleicher Höhe betrachten.
Trotzdem das am Abfluß ausfließende Wasser von der unteren

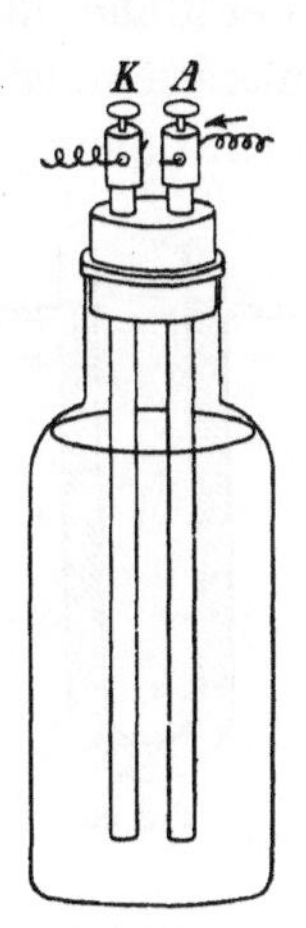

Fig. 54.

<hr>

[1] Die Schaltungsweise würde der von Fig. 56 entsprechen.

[2] Wenn freilich der eingeleitete Strom stärker und von längerer
Dauer wäre, so würde an den Elektroden eine Verschiedenheit der Konzentrationen eintreten, die einem dem Primärstrom entgegengerichteten
Konzentrationsstrom zur Folge hätte. Vergl. S. 53.

Biegung des U-Rohres bis zur Höhe des Abflusses gehoben werden muß, kann doch die kleinste Niveaudifferenz in zwei mit Zu- und Abfluß verbundenen Reservoiren das Durchströmen bewirken, denn die rechts zum Heben des Wassers erforderliche Energie wird durch das Sinken einer gleichen Wassermenge links gewonnen.

Ersetzt man die Kupferstäbe A und K durch Zinkstäbe und die Lösung von Kupfersulfat durch eine solche von Zinksulfat, so ist der Erfolg ganz entsprechend. Ganz analoge Versuche lassen sich auch mit zwei Silberelektroden in Silbernitratlösung oder zwei Quecksilberelektroden in Mercuronitratlösung anstellen. Stets wird an der einen Elektrode ebensoviel Energie verbraucht, als an der anderen gewonnen wird, obgleich in den einzelnen Fällen diese einander gleichen Werte sehr verschiedene Beträge annehmen werden.

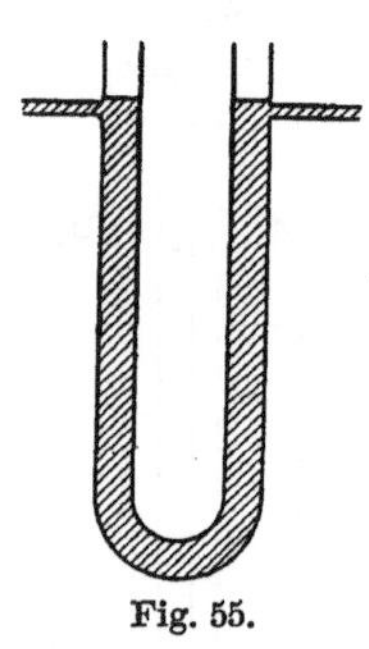

Fig. 55.

In allen diesen Fällen zeigt das Galvanoskop keinen erheblichen Sekundärstrom an, denn die Nadel kehrt nach Ausschaltung des Primärstromes auf Null zurück. Diese Erscheinung war zu erwarten, da nur bei längerem Stromdurchgang durch die Überführungserscheinungen merkliche Konzentrationsänderungen auftreten, die durch die gebildete Konzentrationskette eine elektromotorische Gegenkraft bilden, welche ihrerseits nachher einen Sekundärstrom zu treiben vermag. Die Elektroden erweisen sich als unpolarisierbar (bez. richtiger, als in nur sehr geringem Grade polarisierbar), was immer dann zutrifft, wenn ein Primärstrom in der Zersetzungszelle keine substantiellen Veränderungen hervorruft, es also gleichgiltig ist, in welcher Richtung er durch die Zelle geht.

Dieselben Verhältnisse walten auch in den Daniellschen Ketten ob, und deshalb ist die elektromotorische Kraft derselben konstant, falls nicht infolge zu langen Gebrauchs erhebliche Änderungen der Konzentration der Elektrolyte eintreten.

Für sehr kleine Ströme besitzen in besonders hohem Grade die Eigenschaft der Unpolarisierbarkeit Elektroden, die von festen (leicht oder schwer löslichem) Salz desselben Metalls umgeben sind. Durch die Anwesenheit des festen Salzes wird die Lösung dauernd gesättigt erhalten und damit der Ausbildung von Konzentrationsunterschieden entgegengewirkt. Elektrolytische Widerstände mit zwei gleichen unpolarisierbaren Elektroden verhalten sich trotz der an den beiden Elektroden vorhandenen entgegengesetzt gleichen Potentialsprünge wie reine OHMsche Widerstände.

§ 2. Zersetzung der Salze der Schwermetalle zwischen unlöslichen Elektroden.

Sind die Elektroden, zwischen denen die elektrolytische Zersetzung des Salzes eines Schwermetalles stattfindet, unlöslich, so wird der bei Abscheidung der Metallionen an der Kathode eintretende Gewinn bezw. Verlust an Energie an der Anode nicht ausgeglichen. Anstatt daß die letztere neue Kationen liefert, sind an ihr ebenfalls Ionen zu entbinden, und zwar Anionen. Die an beiden Elektroden eintretende Abspaltung der Ionen bedingt insgesamt stets einen Arbeitsaufwand, infolgedessen der Primärstrom in der Zersetzungzelle einen größeren Spannungsabfall erleidet, als der OHMsche Widerstand des Elektrolyten allein erfordern würde. Diese Schwächung des Primärstromes ist einer elektromotorischen Gegenkraft zu verdanken, die man Polarisation genannt hat. Sie ist darauf zurückzuführen, daß die an den Elektroden auftretenden Zersetzungsprodukte das mehr oder weniger große Bestreben innewohnt, in den Ionenzustand zurückzukehren. Daher vermag eine Zersetzungszelle mit unlöslichen Elektroden, nachdem sie auch nur kurze Zeit vom Primärstrom durchflossen ist, immer einen Sekundär- oder Polarisationsstrom zu liefern, der, wie sich am Galvanoskop leicht nachweisen läßt, die entgegengesetzte Richtung des Primärstromes hat.

Es ist nun ohne weiteres auf Grund des Gesetzes von der Erhaltung der Energie einzusehen, daß, wenn der Strom in einem elektrolytischen Troge chemische Arbeit leistet, d. h. eine Substanz zersetzt, dazu selbst unter den günstigsten Umständen mindestens eben so viel Arbeit aufzuwenden ist, als derselbe Prozeß zu leisten imstande sein würde, wenn er elektromotorisch wirksam wäre. Daraus folgt, daß die zur

Zersetzung eines Elektrolyten erforderliche Spannung mindestens eben so groß sein muß, wie die elektromotorische Kraft eines Elementes, welches von dem gleichen, aber in entgegengesetzter Richtung verlaufenden Vorgange getrieben wird. In vielen Fällen aber, insbesondere wenn es sich um gasförmige Zersetzungsprodukte handelt, sind ganz erheblich höhere Kräfte zur Zersetzung aufzuwenden.

Durch sorgfältige kalorimetrische Messungen hat JAHN[1]) jenen zur elektrolytischen Zersetzung der Salze der Schwermetalle nötigen Arbeitsaufwand ermittelt. Die Stromquelle (WARREN DE LA RUESCHE Elemente) befand sich im Eiskalorimeter, mittels dessen die während des Stromschlusses von ihr abgegebene Wärme c in cal. direkt festgestellt wurde. Ein Galvanometer und die Zersetzungszelle nebst einem großen Widerstande w, gegen welchen derjenige der Zersetzungszelle zu vernachlässigen war, bildeten den äußeren Teil des Stromkreises. Die Joulewärme des letzteren c_1 wurde aus der Stromintensität i, der Größe w und der Dauer t der Versuche (immer 3600 Sekunden) nach der Formel

$$c_1 = \alpha \, i^2 \, w \, t \text{ cal.}$$

berechnet, worin das Wärmeäquivalent einer Volt-Ampère-Sekunde $\alpha = 0{,}2362$ cal. bestimmt war. Die von der Stromquelle gelieferte Gesamtwärme C wurde stets auf die nämliche Stromintensität von 0,01 Amp., also auf die äquivalenten Mengen zersetzten Salzes bezogen, so daß

$$C = 0{,}01 \, \frac{c + c_1}{i} \text{ cal.}$$

war. Die Versuche wurden nun einerseits mit unpolarisierbaren, andrerseits mit polarisierbaren Elektroden (platinierten Platinelektroden) ausgeführt. Für eine halbnormale Kupfersulfatlösung ergab sich bei 0^0 für die Differenz der beiden Größen C die Wärme von 13,33 cal. Da diese Wärme das zur Zersetzungsarbeit aufgewendete Äquivalent der Stromenergie sein muß, so ist nach der Gleichung

$$13{,}33 = 0{,}01 \cdot 0{,}2362 \cdot \mathfrak{P}_o \cdot 3600$$

---

[1]) Zeitschr. für physik. Chem. **26**, 385—429, (1898).

die Polarisation bei $0°$

$$\mathfrak{P}_0 = 1{,}57 \text{ Volt.}$$

Bei 40^0 wurde $\mathfrak{P}_{40} = 1{,}42$ Volt gefunden, sodaß $\mathfrak{P}_{20}$ für eine normale Kupfersulfatlösung 1,48 Volt betragen würde.

Die JAHNschen Zahlen sind nun einerseits wegen der Verwendung eines zu niedrigen Faktors zwischen Volt-Ampère-Sekunde und Kalorie (0,2362 statt 0,239) insbesondere aber wegen der bei der Abscheidung des Sauerstoffs auftretenden Komplikationen sämtlich zu hoch.

Diejenige Potentialdifferenz, welche den unlöslichen Elektroden einer Zersetzungszelle in minimo erteilt werden muß, um beiderlei Ionen zu entladen, hat man die Zersetzungsspannung des Salzes genannt. Sie ist für jeden Elektrolyten eine bestimmte Größe und möge im folgenden mit $\mathfrak{P}$ bezeichnet werden. So lange jener Wert $\mathfrak{P}$ noch nicht erreicht ist, kann eine Abscheidung der betreffenden Ionen nicht stattfinden, und daher bleibt der Zeiger eines in dem Stromkreis eingeschalteten Galvanometers nahezu in der Nulllage. Steigert man aber die Spannung allmählig, was mit Hilfe der bei der Kompensationsmethode (S. 151) beschriebenen Anordnung des Meßdrahtes und Gleitkontaktes geschehen kann, so gibt sich schließlich der Wert $\mathfrak{P}$ dadurch kund, daß die Galvanometernadel ausschlägt.

§ 3. Das Le Blancsche Gesetz.

Um den Charakter der Größen $\mathfrak{P}$ näher zu erforschen, hat Le Blanc die Einzelwerte der an beiden Elektroden auftretenden Polarisation gemessen, indem er sofort nach Ausschaltung des Primärstromes die betreffende Elektrode mit einer Normalelektrode kombinierte und die Potentialdifferenz beider feststellte. Für die Kationen der Schwermetalle ergab sich, daß die (kathodischen) Polarisationen $\mathfrak{p}_k$ mit den ε_h-Werten identisch waren. Es muß also den einzelnen Metallionen ein bestimmtes Bestreben zugeschrieben werden, im Ionenzustand zu verharren, d. h. die ihrer Valenz entsprechenden elektrischen Ladungen festzuhalten. Diese häufig als Haftintensität bezeichnete Kraft ist einfach als eine Wirkung der elektrolytischen Lösungstension zu betrachten, welche

das abgeschiedene Ion in den Ionenzustand zurückzuführen bestrebt ist.

Wie den Kationen, so kommen demnach auch den Anionen
bestimmte Haftintensitäten zu, die sich ihrerseits wiederum
mit den ε_h-Werten der Anionen als identisch erweisen. Somit
ist die Zersetzungsspannung eines Elektrolyten eine
additive Eigenschaft der Ionen, nämlich gleich der
Summe ihrer Haftintensitäten. Die Formel dieses von
LE BLANC ermittelten Gesetzes lautet daher, wofern $\mathfrak{p}_k$ und $\mathfrak{p}_a$
die Haftintensitäten der Kationen bezw. Anionen bezeichnen,

$$\mathfrak{P} = \mathfrak{p}_k + \mathfrak{p}_a.$$

Wenn nun auch zufolge des FARADAYschen Gesetzes die
Elektrizitätsmengen gleich sind, welche die verschiedenen
Ionen in den ihren Valenzen entsprechenden Mengen abscheiden,
so werden doch hierzu verschiedene Energiemengen verbraucht, da ja der zersetzende Strom verschiedene Spannungs-
unterschiede zu überwinden hat.

Aus der Identität der Zersetzungswerte $\mathfrak{p}_a$ und $\mathfrak{p}_k$ mit
den ε_h-Werten bei gleichen Bedingungen folgt nun ohne
weiteres, daß die NERNSTsche Theorie der galvanischen
Stromerzeugung auch die Polarisationserscheinungen und
die gesamte Elektrolyte beherrschen muß. Die zielbewußte
Übertragung der NERNSTschen Theorie auf die Polarisations-
vorgänge ist somit LE BLANC zu verdanken. Die Abhängigkeit der Werte für $\mathfrak{p}$ von Temperatur und osmotischen Druck
resp. Konzentration muß durch die NERNSTsche Formel

$$\mathfrak{p} = \frac{0{,}0001983}{n} \cdot T \cdot \log \frac{P}{p}$$

gegeben sein. Diese Forderung wird in bezug auf die Kon-
zentrationsabhängigkeit nach Untersuchungen von BOSE[1]) vollkommen genügt. Unter gewissen Versuchsbedingungen fand
BOSE bei 20^0 für $^1/_{10000}$- und $^1/_{100}$- normale Silbernitratlösungen
die Zersetzungsspannungen von 0,4845 bez. 0,3682 Volt. Die
Differenz dieser Zahlen ist 0,1163. Die Anordnung der Experimente war nun derartig, daß die Werte $\mathfrak{p}_a$ bei beiden
Konzentrationen keine wesentliche Änderung erfahren konnten.

---

[1]) Zeitschr. f. Elektrochem. 5, 153—177, (1898).

Der Unterschied jener $\mathfrak{P}$-Werte war also nur durch die Verschiedenheit der Größen $\mathfrak{p}_k$ bedingt. Der Theorie nach aber ist

$$\mathfrak{p}_{k\,^{1}/_{10000}\,\mathrm{n.}} - \mathfrak{p}_{k\,^{1}/_{100}\,\mathrm{n.}} = 0,0001983\cdot 293\cdot(\log 10\,000 - \log 100)$$
$$= 0,0001983\cdot 293\cdot 2$$
$$= 0,1162\ \text{Volt},$$

mithin einen Wert, mit dem der empirisch ermittelte zufällig außerordentlich gut übereinstimmt.

In Wirklichkeit ist die Übereinstimmung wohl nicht ganz so gut, als es hier den Anschein hat, da das Verhältnis der Silberionenkonzentrationen sicherlich nicht genau gleich $1:100$ gewesen sein wird.

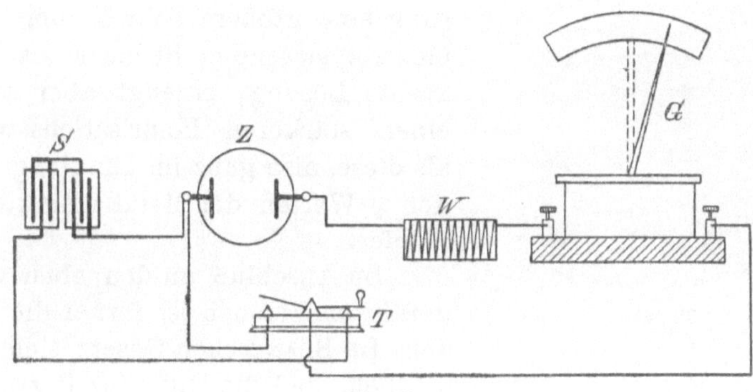

Fig. 56.

Aus diesem Beispiel ist also zu erkennen, daß die Zersetzungsspannung mit der Zunahme der Verdünnung nicht unbeträchtlich wächst, eine Erscheinung, mit der man in der Praxis wohl zu rechnen hat.

Polarisiert man zwei Zellen, von denen die eine eine hohe, die andere eine erheblich niedrigere Zersetzungsspannung besitzt, mit der gleichen Stromquelle und läßt sie dann sekundär Strom liefern, so ist der primäre Strom im ersten Falle schwächer als im zweiten, weil eine höhere Gegenkraft zu überwinden ist. Bei der Entladung durch den gleichen Widerstand gibt dagegen die erste Zelle die höhere (wenn auch nicht so anhaltende) Sekundärstromstärke. Dies läßt sich in kurzer Zeit durch folgenden einfachen Vorlesungsversuch erläutern. In Fig. 56 bezeichnet Z eine mit eingeschmolzenen Platinelektroden versehene Zersetzungszelle, wie sie in Fig. 57

in $^1/_2$ nat. Größe widergegeben ist. Hinter derselben befinden sich der Widerstand W von 100 Ohm und das große Galvanoskop G. Als Stromquelle dient eine Batterie S von zwei Akkumulatoren. Sie kann mittels des Morsetasters T ein- und ausgeschaltet werden. Man fülle zunächst Z mit Normal-Zinksulfatlösung. Während der Elektrolyse (Stellung des Tasters wie in der Fig. 56) schlägt die Nadel um 5 Teilstriche aus. Wird aber die Batterie ausgeschaltet, so geht die Nadel nach der andern Seite über bis zum Teilstrich 8. Dagegen zeigt sie bei Anwendung einer Normal-Kupfersulfatlösung beim Laden und Entladen auf Teilstrich 8 bezw. 4.

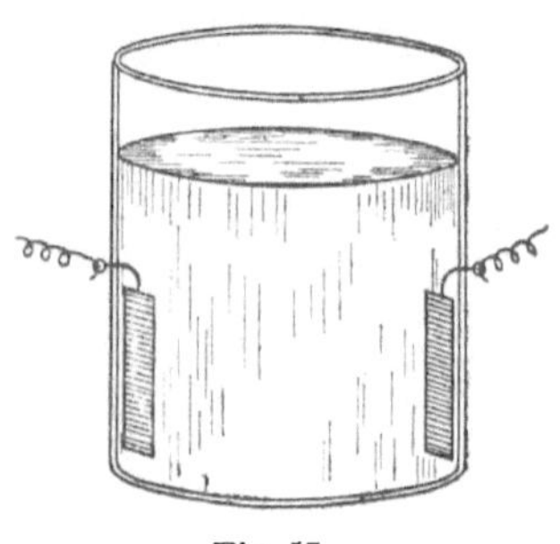

Fig. 57.

Mithin bedingt zwar die erstere Lösung eine größere Schwächung des elektrolysierenden Stromes als die zweite Lösung, erzeugt aber auch einen stärkeren Polarisationsstrom als diese, also ganz im Einklang mit den $\mathfrak{p}$-Werten der Metalle Zink und Kupfer.

Im Anschluß an den eben vorgeführten Versuch ist ferner die aus dem Le Blancschen Gesetz sich ergebende Folgerung hervorzuheben, daß die Differenz je zweier Zersetzungsspannungen annähernd gleich sein muß der elektromotorischen Kraft der aus den betreffenden Salzen und ihren Metallen kombinierten Daniellschen Kette. Denn wenn bei 20^0 2,54 Volt zur Zersetzung einer Normal-Zinksulfatlösung erforderlich sind, so muß dieselbe Spannung unter sonst gleichen Umständen sehr nahe bei der Entstehung von Zinksulfat verfügbar werden. Die Zersetzung der Normal-Kupfersulfatlösung bei 20^0 bedingt einen Aufwand von 1,48 Volt. Demgemäß wäre die elektromotorische Kraft π der Zink-Kupferkette 2,54 — 1,48 = 1,06 Volt, und dieser Wert steht im Einklang mit der Erfahrung. In der Tabelle XXI wird obige Folgerung auf Grund einiger Jahnscher Polarisationswerte durch andere Beispiele bestätigt, und da die Übereinstimmung der berechneten und gefundenen elektromotorischen Kräfte als recht befriedigend angesehen werden kann, so darf dieses Resultat andrerseits auch als Stütze der Le Blancschen Theorie gelten.

Tab. XXI.

Daniellsche Kette	π berechnet	π gefunden
$Zn\|ZnSO_4\|CdSO_4\|Cd$	0,30	0,360
$Zn\|Zn(NO_3)_2\|Pb(NO_3)_2\|Pb$	0,59	0,500
$Zn\|ZnSO_4\|CuSO_4\|Cu$	1,06	1,100
$Zn\|ZnSO_4\|Ag_2SO_4\|Ag$	1,52	1,539
$Cd\|CdSO_4\|CuSO_4\|Cu$	0,76	0,750
$Pb\|Pb(NO_3)_2\|AgNO_3\|Ag$	0,93	0,914
$Cu\|Cu(NO_3)_2\|AgNO_3\|Ag$	0,46	0,450

§ 4. Zersetzung der Säuren zwischen Platinelektroden.

Untersucht man die Elektrolyse der Salze verschiedener Sauerstoffsäuren mit gleichem Kation, so zeigt sich, daß dazu stets nahezu die gleiche Spannung erforderlich ist. Für die Säuren selbst ist bei Verwendung platinierter Platinelektroden stets ca. 1,7 Volt wenigstens erforderlich. Die Frage nach der Ursache dieser Erscheinung wird sich durch die Untersuchungen über die Zersetzungsspannung der Säuren erledigen lassen.

Zur vorläufigen Orientierung diene folgender Versuch. Die Zelle Z (Fig. 58) ist mit verdünnter Schwefelsäure gefüllt

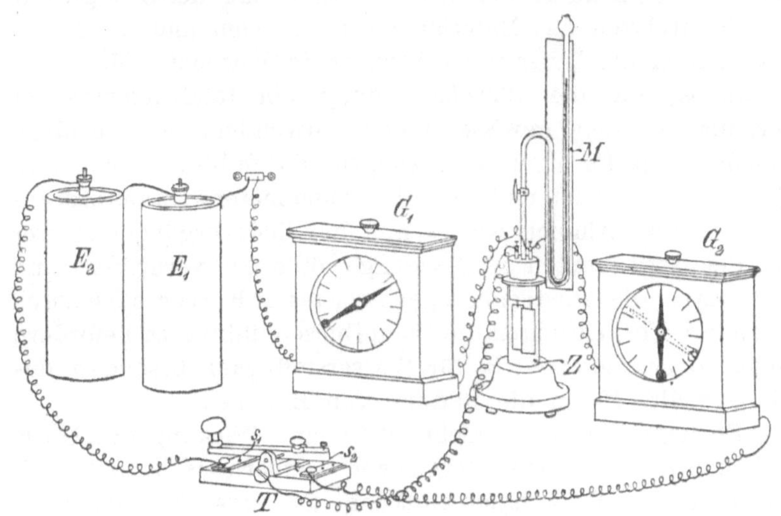

Fig. 58.

und mit zwei blanken Platinelektroden sowie dem Manometer M ausgestattet, dessen Flüssigkeitsfaden mittels eines Dreiweghahnes leicht auf die Nullstellung gebracht werden kann. E_1 und E_2 sind zwei Trockenelemente. In dem primären und sekundären Stromkreis befinden sich die Galvanoskope G_1 bezw. G_2. Die Schaltung wird mittels des Morsetasters T ausgeführt. Ist der Kontakt des Hebels mit s_1 hergestellt, so kommt die elektrolysierende Stromquelle zur Wirkung; bei dem Kontakt mit s_2 entsteht dagegen der Polarisationsstrom. Geht der Primärstrom nur von einem Trockenelement aus, so erfolgt bloß ein kurzer Stromstoß, und die Nadel von G_1 geht bald auf Null zurück. Ebenso ist der Polarisationsstrom nur von geringer Dauer. Gase werden in Z erst entbunden, wenn zwei Trockenelemente angewendet werden. Die Nadel von G_1 zeigt nunmehr einen konstanten Ausschlag; der Entladungsstrom ist kräftiger und hält sehr viel länger an als zuvor. Die zur Elektrolyse wenigstens erforderliche Spannung liegt demnach zwischen dem einfachen und doppelten Werte der Spannung eines Trockenelementes.

Die Angaben über die zur Gasentwicklung bei der Elektrolyse der Säuren erforderliche Spannung weichen vielfach von einander ab. Nach den bisherigen Erfahrungen kommt hierbei außer der Konzentration und der Temperatur des Elektrolyten das Material der Elektroden und die Intensität des elektrolysierenden Stromes in Betracht. Man muß zweifellos, da die Bläschenbildung ein total irreversibler Vorgang ist, eine gewisse Arbeit aufwenden, um die abgeschiedenen gasförmigen Zersetzungsprodukte bis zur sichtbaren Bläschenbildung im und am Elektrodenmaterial zusammenzudrücken. Ähnlich wie es nun bei Siedevorgängen schwer ist, den sogenannten Siedeverzug völlig zu vermeiden und man durch die Anwesenheit gewisser fester Körper oder durch besondere Vorkehrungen die Dampfblasenbildung zu befördern sucht, so erleichtert z. B. für Wasserstoff ganz besonders das fein verteilte Platin die Bildung von Bläschen.

Es liegt hier aber nicht allein eine Wirkung der Oberflächenaufrauhung oder dergl. vor, sondern es handelt sich um spezifische Wirkungen zwischen den verschiedenen Elektrodenmetallen und Gasen. Die sogenannte Überspannung, um deren Erforschung sich insbesondere CASPARI[1]) sowie namentlich COEHN[2]) und seine Mitarbeiter verdient gemacht haben, ist für verschiedene Metalle sehr verschieden groß und außerdem für Wasserstoff und Sauerstoff die Reihenfolge der Metalle völlig verschieden. Tabelle XXII gibt die Werte der Über-

Tab. XXII.

Überspannungen an Metallen für die gasförmige Abscheidung von Wasserstoff und Sauersoff.

Metall	Überspannung für	
	Wasserstoff	Sauerstoff
Platin platiniert	$+$ 0,005 Volt	$-$ 0,24 Volt
Gold	$+$ 0,02 „	$-$ 0,52 „
Eisen (in NaOH-Lsg)	$+$ 0,08 „	$-$ 0,24 „
Platin glatt	$+$ 0,09 „	$-$ 0,44 „
Silber	$+$ 0,15 „	$-$ 0,40 „
Nickel schwammig	$+$ —	$-$ 0,05 „
„ blank	$+$ 0,21 „	$-$ 0,12 „
Kupfer	$+$ 0,23 „	$-$ 0,25 „
Palladium	$+$ 0,46 „	$-$ 0,42 „
Kadmium	$+$ 0,48 „	$-$ 0,42 an oxydierter Oberfläche
Zinn	$+$ 0,53 „	— —
Blei	$+$ 0,64 „	$-$ 0,30 „
Zink (in zinkhaltiger Säure) .	$+$ 0,70 „	— —
Quecksilber	$+$ 0,78 „	— —

spannungen für Wasserstoff und Sauerstoff an verschiedenen Metallen. Die letzteren sind unter Annahme eines Potentials von $-$ 1,23 für die reversible Sauerstoffabscheidung berechnet.

Die Metalle sind in der Tabelle nach der Reihenfolge ihrer Wasserstoffüberspannung geordnet und die unregelmäßige Folge der Zahlen für die Sauerstoffüberspannung lehrt deutlich, daß die Reihenfolge für beide Gase total verschieden ist. Am geringsten erweist sich die Sauerstoffüberspannung am schwammigen Nickel.

---

[1]) Zeitschr. f. physik. Chem. **30**, 88, (1899). Zeitschr. f. Elektrochem. **6**, 37, (1900).
[2]) Zeitschr. f. physik. Chem. **38**, 609; **93**, 353, (1901). Zeitschr. f. anorg. Chem. **34**, 86, (1903).

§ 5. Die Zersetzung des Wassers.

In Anbetracht der Schwierigkeiten, welche der genaueren Ermittlung der Zersetzungsspannungen immer entgegenstehen, falls Gase an den Elektroden erscheinen, ist es erklärlich, daß über das Problem, ob das Wasser primär oder sekundär zersetzt wird, viel gestritten worden ist. Namentlich stand der Le Blancschen Theorie die Tatsache entgegen, daß die elektromotorische Kraft der Wasserstoff-Sauerstoffkette nur 1,08 Volt betrug, während man als minimale Zersetzungsspannung der verdünnten Schwefelsäure bisher keinen geringeren Wert als 1,7 Volt erhalten hatte. Durch die Erkenntnis der vorstehend behandelten Überspannungserscheinungen einerseits, andererseits aber durch den auf indirektem Wege erbrachten Nachweis, daß das Potential einer reversibeln Sauerstoffelektrode von Atmosphärendruck —1,23 gegen die Wasserstoffelektrode betragen muß[1]), ist dieser Widerspruch größtenteils beseitigt. Elektrolysiert man z. B. mit einer platinierten Platinelektrode für die Wasserstoffabscheidung und einer Nickelschwammelektrode für die Sauerstoffabscheidung, so erfolgt z. B. schon mit einer Spannung von 1,29 Volt eine glatte Zerlegung des Wassers in seine gasförmige Bestandteile. Demnach ist eine primäre Zersetzung des Wassers möglich, freilich unter Bedingungen, welche gewöhnlich nicht erfüllt sind, insbesondere bei sehr geringer Stromdichte.

Höhere Stromdichten sind nicht wohl ohne erhebliches Ansteigen der Spannung und damit einsetzende Abscheidung anderer Ionen zu erreichen, wie das aus den Arbeiten von Glaser[2]) und Bose[3]) hervorgeht. In diesen Fällen findet dann sekundäre Wasserzersetzung statt, indem andere abgeschiedene Anionen oder Kationen sekundär auf das Wasser einwirken und Sauerstoff resp. Wasserstoff freimachen, z. B. nach Gleichungen, wie

$$2\,S\,O_4 + 2\,H_2\,O = 4\,H\cdot + 2\,S\,O_4{''} + O_2$$
$$2\,K + 2\,H_2\,O = 2\,K\cdot + 2\,O\,H' + H_2.$$

---

[1]) Nernst und Wartenberg. Zeitschr. f. phys. Chem. **56**, 534, (1906).
[2]) Zeitschr. f. Elektrochem. **4**, 355—359, 373—379, 397—402, 424 bis 428, (1898).
[3]) Zeitschr. f. Elektrochem. **5**, 153—177, (1898).

Daß die Haftintensität der Wasserstoffionen unter gewöhnlichen Druckverhältnissen weit kleiner ist, als die der Kaliumionen, demonstriert der folgende Versuch.

Die Flasche F (Fig. 59) ist etwa zur Hälfte mit verdünnter Kaliumsulfatlösung gefüllt. In dem dicht schließenden Pfropfen k sind die Elektroden A und K, die aus Zink bezw. Platin bestehen, so angebracht, daß die erstere ungefähr 2 cm, die letztere ganz in den Elektrolyten eintaucht. Ferner trägt der Pfropfen k das Manometerrohr M, den Hahntrichter T, dessen spitz ausgezogene Röhre bis zum Boden der Flasche hinabreicht, und das dünne Glasstäbchen s, welches zuletzt in den Pfropfen einzuschieben ist. Wird die Kette unter Einschaltung eines weniger empfindlichen Galvanoskops geschlossen, so schlägt die Nadel im Sinne eines Stromes, der von K ausgeht, schwach aus und kehrt bald auf die Nulllage zurück. Das Zink treibt nämlich einige seiner Atome als Ionen in den Elektrolyten, während an das Platin einige Wasserstoffionen des Wassers ihre positiven Ladungen abgeben. Da die Zahl dieser Ionen sehr beschränkt ist, und die Kaliumionen wegen ihrer sehr bedeutenden Haftintensität den

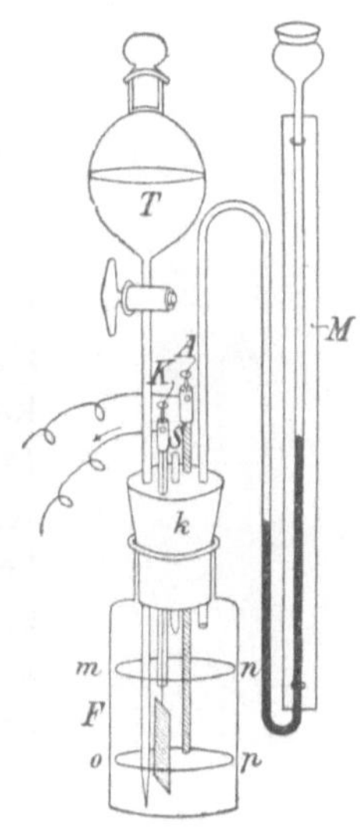

Fig. 59.

Zinkionen nicht weichen, so hört der Strom sehr bald auf. Zieht man aber das Glasstäbchen s aus der Durchbohrung und läßt aus dem Hahntrichter verdünnte (mit Indigo zu färbende) Schwefelsäure von einem spezifischen Gewicht, welches höher ist, als das der Kaliumsulfatlösung, ausfließen, doch nur so viel, daß ihr Niveau das untere Ende des Zinkstabes noch nicht erreicht, so wird der Nadelausschlag weit kräftiger. Gleichzeitig erheben sich, und zwar nur vom Platin aus, Wasserstoffbläschen, die nach Einschieben des Stöpsels s ein schnelles Steigen der Manometerflüssigkeit bewirken. Unter den vorliegenden Umständen löst sich das Zink beim Schluß der Kette dauernd auf, obwohl es von Schwefelsäure gar nicht berührt wird.

§ 6. Das anodische Verhalten von Aluminium-Elektroden.

Ein recht merkwürdiges Verhalten zeigt chemisch reines Aluminium, wenn es bei der Elektrolyse der verdünnten Schwefelsäure oder der Sulfate der Alkalien und des Alauns als Anodenmaterial verwendet wird. Verbindet man eine nach Fig. 60 konstruierte Zersetzungszelle von 7 cm Höhe und 0,6 cm Weite, in welcher die Elektroden Al und Pt aus Aluminium bezw. Platin bestehen, mit einer Stromquelle derartig, daß das Aluminium Anode wird, so vermag der Strom die Zelle erst von dem Moment andauernd zu passieren, wo die Spannung 22 Volt übersteigt, während die elektromotorische Gegenkraft gering ist, wenn man die Stromrichtung umkehrt. Diese ungewöhnlich hohe anodische Polarisation von 22 Volt fällt nach dem Ausschluß des Primärstromes auf etwa 1 Volt herab, kann also nicht elektrolytischer Natur sein. Nach der bisherigen Erfahrung ist die Bildung einer, wenn auch sehr dünnen, unlöslichen Schicht von Oxyd oder basichem Aluminiumsalz, welche als Diëlektricum wirkt und auf diese Weise die Zelle zu einem Kondensator gestaltet, die Ursache der Erscheinungen.

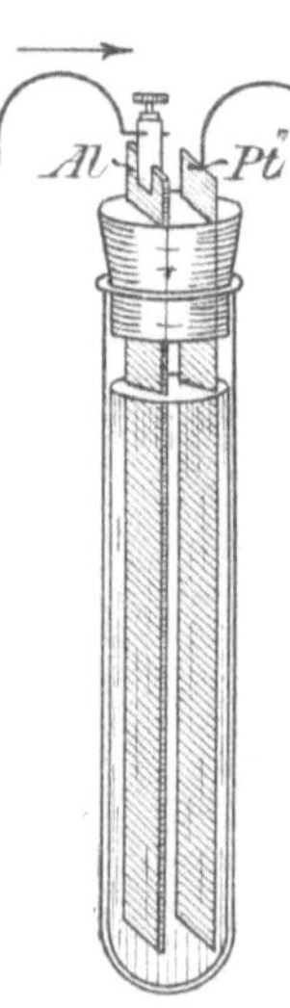

Fig. 60.

Schaltet man sechs solcher Zellen hintereinander zu einer Batterie B (Fig. 61)[1]) und schließt sie sowie die 50-Volt-Glühlampe L mittels des Kommutators C in den Stromkreis von 30 Akkumulatoren S ein, so leuchtet die Lampe, falls der Strom die Richtung des Pfeiles hat. Bei der entgegengesetzten Stromrichtung kommt, da eine Zersetzung gar nicht erfolgt, überhaupt kein Strom zustande, wie auch mittels eines Galvanoskops leicht festzustellen ist.

Auf Grund dieser Erscheinung hat GRÄTZ[2]) ein Verfahren zur Verwandlung von Wechselstrom in Gleichstrom ausge-

---

[1]) Die Elektroden ‖ bedeuten Aluminium, die Elektroden | Platin.
[2]) Wied. Ann. **62,** 323—237, (1897).

arbeitet. Da dasselbe bisweilen auch in der Praxis verwendet worden ist, z. B. um einen Gleichstrommotor mit Wechselstrom zu betreiben, oder mit einer Wechselstromquelle Akkumulatoren zu laden, so möge es durch folgende Versuche demonstriert werden. In Fig. 62 bedeutet J ein kleineres Induktorium, welches nach dem Anschluß der beiden Akkumulatoren S Wechselstrom liefert. Wird dieser mittels des Kurbelumschalters U direkt

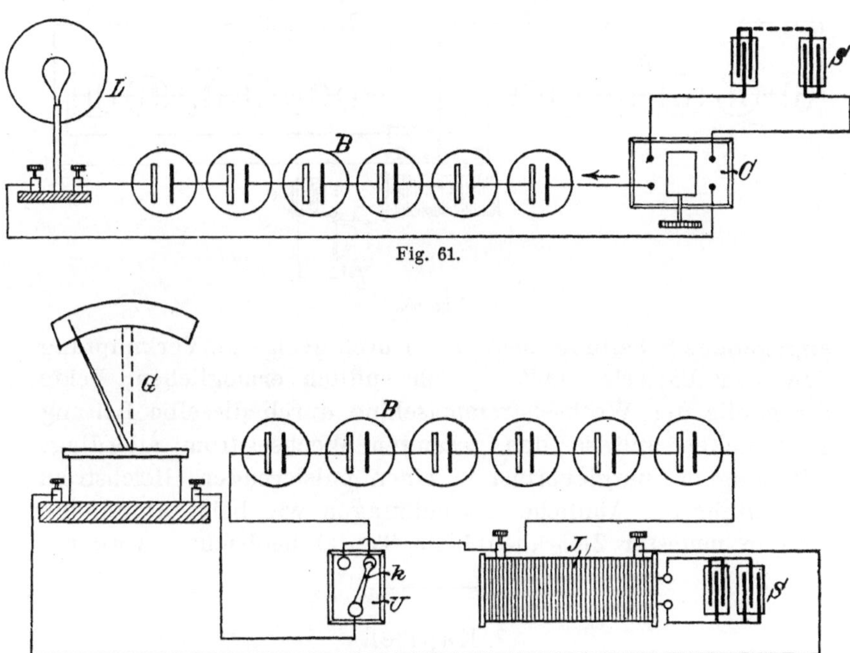

Fig. 61.

Fig. 62.

durch das kleine Galvanoskop gesendet, so bleibt es in Ruhe. Dagegen schlägt die Nadel dauernd aus, falls nach Umlegung der Kurbel k die zum vorigen Versuch benutzte Batterie B eingeschaltet wird. Von einem Wechselstrom, dessen Spannung nur $22 \times n$ Volt beträgt, wenn n die Zahl der Zellen der Batterie ist, gehen also bei der nach der Fig. 62 getroffenen Anordnung nur die negativen Stromteile durch die Leitung; die positiven entstehen gar nicht, so daß der erhaltene zerhackte Gleichstrom ohne erheblichen Energieverlust entsteht. Andererseits würde man die positiven Stromteile zu Gleichstrom kombinieren und

die Entstehung der negativen verhindern können, indem man an
der Batterie nur die Pole wechselt. Beide Stromteile kommen,
freilich in zwei verschiedenen Leitungen, zur Geltung, wenn
man noch eine zweite Batterie B_1 benutzt und die in Fig. 63

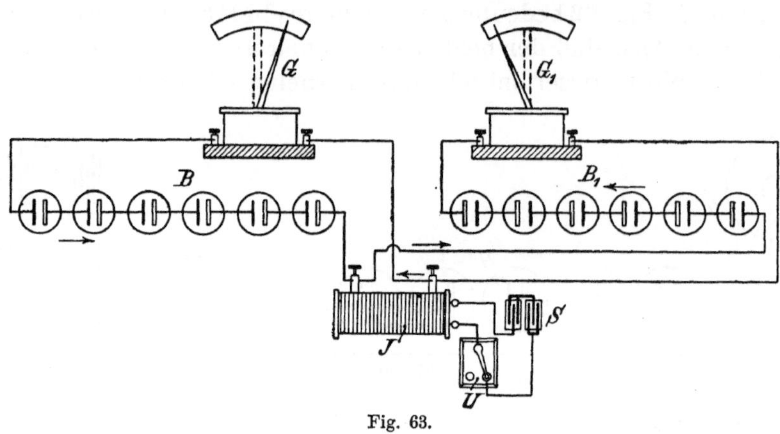

Fig. 63.

angegebene Schaltung ausführt. Durch geeignete Verknüpfung
von vier Batterien läßt es sich endlich ermöglichen, beide
Stromteile der Wechselstrommaschine durch dieselbe Leitung
zu schicken und so den gesamten Wechselstrom allerdings
mit einigem Energieverlust in einen pulsierenden Gleichstrom
überzuführen. Ähnliche Erscheinungen wie beim Aluminium
sind in neuester Zeit auch beim Tantal beobachtet worden.

<hr>

7. Kapitel.

Die Elektrolyse gemischter Elektrolyte.

§ 1.   Allgemeine Gesichtspunkte.

Aus der Le Blancschen Theorie folgt, daß sich aus
einem Gemisch mehrerer Elektrolyte die Kationen der Schwermetalle nacheinander in umgekehrter Reihenfolge ihrer
Haftintensitäten an der Kathode abscheiden lassen müssen,
falls man dafür sorgt, daß die Potentialdifferenz an den
Elektroden der Zelle die betreffenden Werte innehält. Letzteres
erreicht man entweder dadurch, daß man eine solche Stromquelle benutzt, deren elektromotorische Kraft die Zersetzungsspannung des zu zersetzenden Elektrolyten überhaupt nur

um höchstens soviel übertrifft, daß noch keine unerwünschte Ionengattung zur Abscheidung gelangen kann,[1]) oder dadurch, daß man die von einer stärkeren Stromquelle erregte Klemmenspannung der Zelle mittels eines Regulierwiderstandes soweit abschwächt, bis das den Elektroden angeschlossene Voltmeter die beabsichtigte Spannung anzeigt. Indessen darf die Klemmenspannung das betreffende Minimum in gewissen Grenzen überschreiten, wofern die abzuscheidende Kationenart k in reichlicher Konzentration vorhanden ist, und es nicht darauf ankommt, sie vollständig aus dem Elektrolyten zu entfernen. Denn der elektrische Strom leistet zunächst immer diejenige Arbeit, die den kleinsten Aufwand erfordert. Erst wenn die Menge dieser Kationen unter ein bestimmtes Maß sinkt, erstreckt sich die Zersetzung auch auf die Kationen k_1 der nächst höheren Haftintensität. In diesem Falle steigt die Klemmenspannung, während die Stromintensität, da ja die Stromquelle einen größeren Spannungsabfall erleidet, abnimmt. Wollte man die Abscheidung der Kationen k noch weiter treiben, so hätte man den Widerstand des äußeren Stromkreises entsprechend zu vergrößern, wobei freilich die Stromintensität noch mehr verringert werden würde.

Da in den wässrigen Lösungen der Elektrolyte stets Wasserstoffionen vorhanden sind, welche sich in bezug auf die Haftintensität zwischen den Kupfer- und Nickelionen einordnen, so erscheinen, wenn das Kupfer nahezu gefällt ist, an der Kathode Wasserstoffblasen, und zwar um so mehr, falls die Anode unlöslich ist, und dadurch die Menge der freien Säure während der Elektrolyse wächst. Die Anwesenheit freier Säure im Gemisch der Elektrolyte ist demnach ein vorzügliches Mittel, selbst bei stärker schwankender Klemmenspannung die Abscheidung der Ionen des Zinks, Kadmiums, Eisens und Nickels zu verhindern, so daß Kupfer und Silber von diesen Metallen vollständig rein erhalten werden können.

---

[1]) Man erreicht das für wissenschaftliche Zwecke, wo es auf eine kleine Stromvergeudung nicht ankommt, durch Abzweigen der gewünschten Spannung von einem sogenannten Gefällsdraht, analog der zur Gegenschaltung bei der Kompensationsmethode dienenden elektromotorischen Kraft, also mit einer Schaltung, entsprechend Figur 40.

Eine wesentliche Größe bei der elektrolytischen Trennung der Schwermetalle ist ferner die Stromdichte D, die in wissenschaftlichen Untersuchungen (D_1) in der Regel auf 100 cm², in der Praxis (D_2) auf 1 m² Elektrodenfläche bezogen wird. Sie ist außer durch die angelegte Spannung, den Widerstand der Zelle und die Konzentration des die zur Abscheidung gelangenden Ionen liefernden Salzes noch durch die Dimensionen der Elektroden bedingt. Hat also eine von Anoden beiderseits umgebene Kathode die Größe von 25×10 cm, mithin die Gesamtoberfläche von 500 cm², so ist für dieselbe, wenn bei einem Versuch die Stromintensität 2 Amp. beträgt, $D_1 = 0{,}4$ und $D_2 = 40$ Amp. Würde diese Kathode durch eine andere von 20×8 cm ersetzt, so wäre bei der nämlichen Stromintensität $D_1 = 0{,}625$ und $D_2 = 62{,}5$ Amp. Sollte endlich bei der Stromintensität von 2 Amp. $D_1 = 1{,}3$ sein, so müßte die Kathode nach der Gleichung $2 \cdot 100/x = 1{,}3$ eine Oberfläche von 154 cm² haben, also bei beiderseitiger Beanspruchung etwa $12 \times 6{,}4$ cm groß sein. Je größer nun die Kathode ist, um so reicher wird sich das Metall der geringeren Haftintensität niederschlagen, um so leichter wird demnach eine Abscheidung der Metalle nacheinander erfolgen. Dagegen werden an einer kleineren Kathode die Ionen des einen Metalls bald erschöpft sein. Das Elektrodenpotential wächst dann, falls die Stromquelle dies zuläßt, und es werden nunmehr auch die Metalle mit höherer Haftintensität gefällt werden, andernfalls hört der Stromdurchgang praktisch auf. Andererseits geht an einer großen Anode, welche einige lösliche Metalle enthält, am leichtesten das Metall mit größerer Lösungstension in Lösung; während an einer kleineren Anode gleichzeitig mehrere Metalle gelöst werden. Handelt es sich also darum, aus einem Gemisch von Elektrolyten die Ionen von geringerer Haftintensität möglichst rein und vollständig zu gewinnen, so hat man entsprechend große Kathoden zu wählen und durch fortgesetzte Bewegung der Lösung dahin zu wirken, daß die betreffenden Kationen an der Kathode immer in genügender Anzahl vertreten sind. Wenn schließlich von einer zusammengesetzten Anode in die Lösung bereits zu viele von denjenigen Kationen, deren Abscheidung nicht gewünscht wird, eingeführt sind, so ist die Lösung durch eine neue zu ersetzen.

Der Einfluß der Stromdichte erstreckt sich nicht bloß auf die Reinheit der an der Kathode gefällten Metalle, sondern auch auf die Kohäsionsverhältnisse derselben. Zu einer sicheren Trennung der Metalle ist es notwendig, daß der Niederschlag an der Kathode eine feste, zusammenhängende Schicht bildet; pulvrige oder schwammige Metallmassen fallen leicht in den Elektrolyten zurück und lösen sich ev. wieder. Dieser Übelstand wird aber in der Regel durch eine Beschränkung der Stromdichte verringert.

Ob der Niederschlag kohärent ausfällt oder nicht, ist ferner wesentlich noch von der Natur des Elektrolyten abhängig. Je nach der Art des abzuscheidenden Metalles macht man den Elektrolyten sauer oder basisch, wobei sich erfahrungsgemäß bald diese, bald jene Säure oder Base als vorteilhafter erweist. Zuweilen gelangt man zum Ziel, indem man die Kationen durch Anwendung bestimmter Substanzen in komplexe Ionen verwandelt. Auch die Temperatur des Elektrolyten ist zu berücksichtigen.

Wie man sieht, sind bei der elektrolytischen Trennung der Metalle mehrere Momente zu beachten. Die folgenden Versuche mögen dies näher dartun.

§ 2. Erläuternde Versuche.

In die Zelle S (Fig. 64) bringe man ein Gemisch zweier, durch Kochen mit den betreffenden Karbonaten völlig neutral gemachter Sulfate, nämlich 100 cm³ Normal-Zinksulfat und 1 cm³ Normal-Kupfersulfat. Die Platinelektroden A und K sind 5×7 cm groß und 3 cm voneinander entfernt. Zwei Akkumulatoren dienen als Stromquelle. Außer der Zelle befinden sich im Stromkreis ein Regulierwiderstand und das große Galvanoskop. Den Elektroden ist ferner ein Voltmeter angeschlossen. Bei einer Klemmenspannung von 1,6 Volt fällt Kupfer mit glänzender Oberfläche aus. Doch schon nach 5 Minuten steigt die Spannung auf 1,8 Volt, während die Nadel des Galvanoskops etwas zurückgeht. Die Kathode bedeckt sich teilweise mit Wasserstoff-

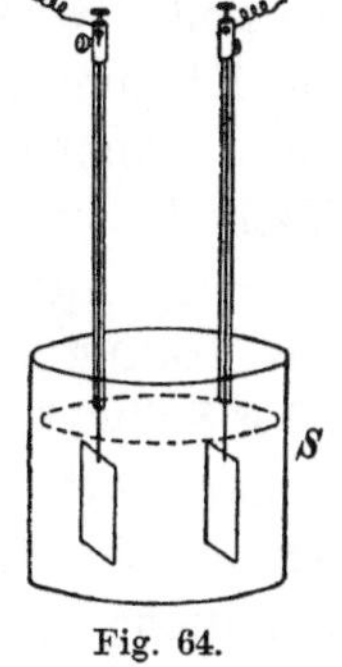
Fig. 64.

bläschen. Wird indessen der Elektrolyt durch Einleiten von Wasserstoffgas in Bewegung erhalten, so nehmen die Nadeln des Voltmeters und Galvanoskops ihre anfängliche Stellung wieder ein und behalten sie $1\,^1/_2$ Stunden inne, bis die Klemmenspannung von neuem steigt. Die Wasserstoffbläschen an der Kathode werden immer zahlreicher. Aber Zink fällt, obwohl nur noch wenig Kupfer in der Lösung ist, selbst bei 2,5 Volt Klemmenspannung nicht aus. Unterbricht man nun das Einleiten des Gases, so zeigt die Nadel 2,6 Volt an. Jetzt tritt auch Zink an der Kathode auf, denn der Überzug derselben nimmt Messingglanz an. Bei 2,8 Volt endlich ist er völlig grau, weil außer Wasserstoff fast nur noch Zink zur Abscheidung gelangt. Auf Zusatz von Methylorange zum farblos gewordenen Elektrolyten tritt eine starke Rötung ein, ein Beweis, daß sich im Elektrolyten viel freie Säure gebildet hat.

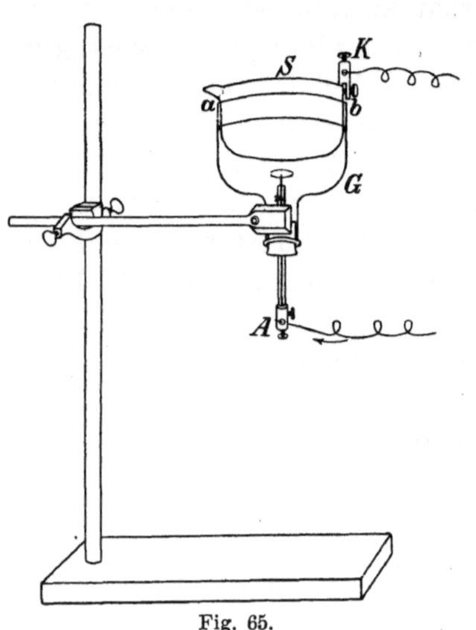

Fig. 65.

Schneller hintereinander machen sich diese Erscheinungen bei folgendem Versuch bemerkbar. In dem Tubus des Gefäßes G (Fig. 65, Flasche, deren Boden abgesprengt ist) ist als Anode A eine 1,5 cm breite Platinscheibe befestigt. Als Kathode wird auf den Rand $a\,b$ eine etwa 8 cm weite, mit der Klemmschraube K versehene Platinschale S gesetzt. Durch diese Anordnung wird bewirkt, daß die Stromdichte der Kathode von der Peripherie nach der der Anode direkt gegenüberliegenden Mitte allmählich zunimmt. Der Elektrolyt besteht aus 1000 g Wasser, 15,5 g Kupfervitriol, 72 g Zinkvitriol und 50 g Schwefelsäure. Geht der Strom von vier Akkumulatoren, denen noch ein Widerstand von 50 bis 60 Ohm angeschlossen ist, durch die Zelle, so bildet sich auf der Schale, soweit sie eintaucht, nach einigen Minuten eine Kupferschicht, die nach der Mitte zu ihren Glanz mehr und mehr einbüßt. Nach Ausschaltung des Widerstandes erscheint gegenüber der Anode ein 3 bis 4 cm breiter mattgrauer Fleck. Wird nun letzterer mit einem Achatpistill unter gelindem Druck bestrichen, so nimmt er ebenfalls metallischen Glanz an, und zwar zeigt sich in der Mitte ein 1 cm breiter, weißer Zinkfleck, der von einem gelben Messingring umgeben ist. Der Anode unmittelbar gegenüber hat sich also fast nur noch Zink ausgeschieden, weil in der nächsten Umgebung derselben der Strom stärker ist, und die geringen Kupfermengen bereits niedergeschlagen waren.

§ 3. Quantitative Analyse durch Elektrolyse.

Auf Grund der Tatsache, daß aus einem Gemisch der Salze der Schwermetalle letztere auf dem Wege der Elektrolyse nacheinander abgeschieden werden können, und zwar, falls nach den oben angegebenen Gesichtspunkten verfahren wird, vollständig und in kohärenter direkt wägbarer Form, hat man für die analytische Chemie eine ganze Reihe brauchbarer Methoden ausgearbeitet, die Schwermetalle elektrolytisch zu trennen. Naturgemäß ist diese Trennung um so schwieriger, je größer die Anzahl der Metalle im Gemisch ist, und je geringer die Differenzen der Haftintensitäten ihrer Ionen, wie z. B. bei den Metallen Eisen, Kobalt und Nickel, sind. In solchen Fällen ist zur Ergänzung der Analyse auf die rein chemischen Trennungsmethoden zurückzugreifen. Blei und Mangan werden elektrolytisch als Superoxyde, wie sie sich an der Anode bilden, bestimmt.[1]

Auch die Anionen Chlor, Brom und Jod gelingt es auf elektroanalytischem Wege quantitativ zu trennen und zu bestimmen.

§ 4. Die Elektrolyse in der Metallurgie.

Von noch größerer Bedeutung ist die elektrolytische Scheidung der Schwermetalle für die Metallurgie geworden. Einerseits liefert die Elektrolyse reinere Produkte, als sie nach den

---

[1] Näheres siehe z. B. A. Classen. Quantitative Analyse durch Elektrolyse. 4. Aufl. Berlin, (1897). J. Springer.

üblichen hüttenmännischen Prozessen erhalten werden konnten, andererseits arbeitet der elektrische Strom rationeller, als die übrigen Energieformen. Zwar ist die Roherzverarbeitung durch geeignete Auslaugung und nachfolgende Elektrolyse nur in ganz seltenen Fällen rationell. Große Bedeutung erhielten aber bald die Verfahren zur Weiterverarbeitung von Rohmetallen, die Raffinationsmethoden, sowie die Schmelzflußelektrolysen zur Gewinnung von Alkali- und Erdalkalimetallen. Hier sind nur, soweit es nicht schon im I. Abschnitt geschehen ist, die bekanntesten und wichtigsten Methoden kurz zu behandeln. Sie beziehen sich teils auf die Raffinerie der hüttenmännischen Rohprodukte, teils gehen sie mehr oder weniger direkt auf die Erze als Ausgangspunkt zurück.

I. Kupfer. Die Elektrotechnik verdankt ihre außerordentlichen Fortschritte zum nicht geringen Teil der Reinheit des elektrolytisch raffinierten Kupfers, und daher ist einstweilen die elektrolytische Kupferraffinerie der wichtigste elektrometallurgische Prozeß. Das von der Hütte kommende Rohkupfer wird in Platten von mehreren Centimetern Dicke gegossen und als Anodenmaterial, abwechselnd mit reinen Kupferblechkathoden, in vierkantige Holztröge gehängt, welche eine konzentrierte, mit Schwefelsäure versetzte Kupfersulfatlösung enthalten. Die Elektrolyse ist so zu regulieren, daß sich an den Kathoden nur Kupfer abscheidet. Die Verunreinigungen des Rohkupfers, welche höchstens einige Prozente erreichen, können einerseits aus Silber, Gold, Platin, Blei, Antimon, Wismut und Schwefel, andrerseits aus Eisen, Nickel, Zink, Kadmium und Arsen bestehen. Die ersteren fallen während der Elektrolyse an der Anode herab und sammeln sich als Anodenschlamm am Boden der Tröge in besonderen Behältern an, und zwar bewahren die Edelmetalle ihre metallische Form, da ihre Lösungstension gegenüber den anderen Bestandteilen der Anode zu gering ist, während das Blei in unlösliches Superoxyd, das Antimon und Wismut in basische Sulfate übergehen, und der Schwefel als Schwefelkupfer unverändert bleibt. Die Metalle jener zweiten Gruppe, die eine höhere Lösungstension besitzen, werden wie das Kupfer gelöst, scheiden sich aber an der Kathode nicht ab, falls die Badspannung 0,5 Volt nicht viel übersteigt, und die Konzentration der Kupferionen in der stets in Bewegung zu erhaltenden Lösung unter ein gewisses Minimum nicht herabgeht. Der Elektrolyt ist daher öfter zu ersetzen, auch deshalb, weil bei schwachem Kupfergehalt desselben das Metall schwammig ausfällt. Bei gehöriger Durchmischung der Laugen ist der Aufwand an elektrischer Energie gering und wird durch die Gewinnung der Edelmetalle, auf welche man früher in der Regel gänzlich verzichtete, vollständig gedeckt.

Hat sich an beiden Seiten der Kathodenbleche eine etwa 1 cm dicke Kupferschicht abgesetzt, so werden die Kathoden aus den Bädern entfernt. Indessen ist dieses Elektrolytkupfer wegen der Wasserstoffokklusion nicht dicht genug und muß daher, ehe es weiter verarbeitet werden kann, umgeschmolzen werden. Dagegen ist das nach dem Elmore-Verfahren (1886) elektrolytisch raffinierte Kupfer, wenn es die Bäder verläßt, von genügender Festigkeit, Zähigkeit und Leitfähigkeit. Dasselbe wird nämlich auf rotierende, zylindrische Eisenkathoden in Form von nahtlosen Röhren niedergeschlagen und während der Abscheidung auf mechanischem Wege gehörig dicht gemacht, indem ein der Kathode fest angedrückter Achatstein parallel deren Axe fortwährend auf und ab bewegt wird. Das so gewonnene Kupfer liefert unter anderem, wenn jene Röhren spiralig in Streifen geschnitten, und diese zu Drähten ausgezogen werden, ein vorzügliches Material für Stromleitungen.

Der Anodenschlamm wird nach Entfernung der unedleren Metalle auf chemischem Wege der elektrolytischen Silberscheidung zugeführt.

Die elektrolytische Raffination des Silbers ist ebenfalls ein äußerst wichtiger Prozeß und kann wegen der sehr verschiedenen Haftintensitäten von Silber und Kupfer auch aus ziemlich kupferreichen Lösungen noch mit recht erheblicher Stromdichte stattfinden, was aus finanziellen Gründen besonders wichtig ist. Auch hier erhält man einen Anodenschlamm, der auf Gold und Platinmetalle weiter verarbeitet wird. (Siehe weiter unten.)

Die direkte Gewinnung des Kupfers aus den Erzen ist nach den Methoden von Siemens und Höpfner gelungen. Beiden liegt das nämliche Prinzip zugrunde und beide haben sich, das darf man wohl sagen, auf die Dauer in der Technik nicht bewährt. Des prinzipiellen Interesses wegen seien beide Prozesse kurz beschrieben. Das Kupfer der gepulverten und gerösteten Erze wird durch ein geeignetes Oxydationsmittel chemisch gelöst. Diese Lösung wird zwischen einer Kupferkathode und einer Kohleanode der Elektrolyse unterworfen.

Im SIEMENSschen Verfahren dient Ferrisulfat $Fe_2(SO_4)_3$ in stark schwefelsaurer Lösung als Lösungsmittel. Dasselbe gibt in den Laugekästen, indem es zu Ferrosalz $FeSO_4$ reduziert wird, eine SO_4-Gruppe ab, mittels deren die Verbindungen des Röstgutes (CuS, Cu_2S, CuO, Cu_2O) in Sulfate verwandelt werden. Im Anodenraum der Bäder nimmt das Ferrosalz nach der Gleichung

$$2\,FeSO_4 + SO_4 = Fe_2(SO_4)_3$$

die SO_4-Gruppe wieder auf, indem an der Anode Ferroionen durch Verlust eines weiteren negativen Elektrons zu Ferriionen aufgeladen werden:

$$Fe^{..} - \ominus = Fe^{...}$$

Folgende Versuche werden die hier in Betracht kommenden Vorgänge näher kennzeichnen. In einem vierkantigen Glastrog, der auf 500 g Wasser 50 g Eisenvitriol und 1 g Kupfervitriol enthält, wird eine Platinkathode (7×5 cm) einer Kohleanode (10×8 cm) gegenübergestellt.[1]) Der Strom eines Akkumulators reicht zur Zersetzung aus. Bei 0,5 Volt Klemmenspannung bildet sich ein glänzender Kupferbeschlag. Eisen fängt erst bei 1,3 Volt an sich abzuscheiden. An der Anode, die stets frei von Sauerstoff bleibt, sieht man deutlich eine gelbbraune Lauge von Ferrisulfat herabfließen. Fügt man nun dem Elektrolyten nach und nach Schwefelsäure hinzu, so ist zur Hervorrufung des Eisenbeschlags eine mehr und mehr gesteigerte Klemmenspannung, also eine stärkere Stromquelle erforderlich. Bei Zusatz von $^1/_2$ oder 2 cm³ konzentrierter Säure beträgt jene Minimalspannung 2,5 bezw. 2,8 Volt. Man sieht daher, daß bei Anwesenheit von Schwefelsäure die Klemmenspannung der Bäder trotz des geringen Kupfergehaltes der Lösung innerhalb weiter Grenzen schwanken kann, ohne

---

[1]) Kohleelektroden der verschiedensten Formen sind zu beziehen von Dr. A. LESSING, Fabrik galvanischer Kohlen und Apparate in Nürnberg.

daß das Eisen niederfällt. Auch bei diesen Versuchen macht sich, wie bei der Elektrolyse eines Gemisches von Zinksulfat und Kupfersulfat, die Erscheinung wohl bemerkbar, daß die Klemmenspannung, je mehr der Kupfergehalt des Elektrolyten sinkt, um so mehr von selbst steigt, und die Stromintensität abnimmt, daß man also Widerstände einschalten muß, wenn man die Klemmspannung konstant halten will.

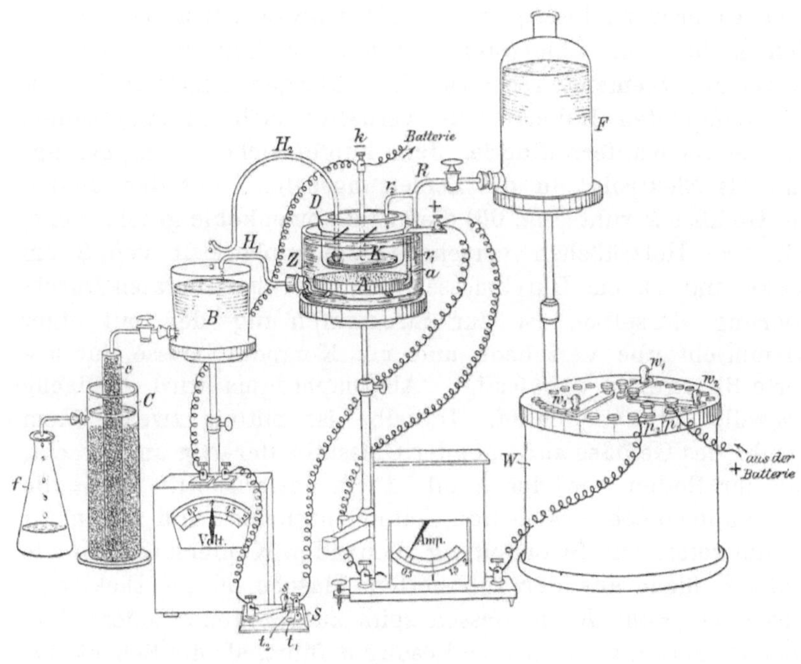

Fig. 66.

Geeigneter zur Demonstration, und zwar wegen eines deutlicheren Farbenwechsels des Elektrolyten, ist das HÖPFNERsche Verfahren, trotzdem auch dieses in der Technik sich auf die Dauer nicht bewährt hat. Fig. 66 zeigt eine Versuchsanordnung, welche in den wesentlichsten Punkten den beabsichtigten Fabrikbetrieb nachahmt. Man bereite sich eine Lösung aus 1500 g Wasser, 450 g Natriumchlorid, 15 g krystallisiertem Kupferchlorid und 15 cm³ Chlorwasserstoffsäure vom spezifischen Gewicht 1,18. Diese Lösung lasse man über Kupfergranalien so lange stehen, bis sie völlig farblos geworden ist. Das grüne Kupferchlorid vermag nämlich, indem es zu farblosem Chlorür reduziert wird, durch Abgabe von Chlor metallisches Kupfer oder auch Schwefelkupfer, wie es im Kupferstein enthalten ist, nach den Gleichungen

$$CuCl_2 + Cu = 2\,CuCl,$$
$$2\,CuCl_2 + Cu_2S = 4\,CuCl + S$$

zu Chlorür zu oxydieren. Das Natriumchlorid hat nur den Zweck, durch Komplexsalzbildung dieses an sich wenig lösliche Chlorür zu lösen; an der Elektrolyse selbst beteiligt es sich nicht. Die Chlorwasserstoffsäure vertritt die Schwefelsäure des Siemens-Prozesses. Die übrigen Bestandteile des auszulaugenden Rohmaterials verhalten sich im allgemeinen wie bei der Kupferraffinerie. Jene kupferreiche Lösung gelangt nun als Elektrolyt in die Zersetzungszelle. Auf dem Boden des Gefäßes Z ruht (Fig. 66) die aus Retortenkohle geschnittene, mit drei Holzfüßchen versehene Anodenplatte A von 2 cm Dicke und 12 cm Durchmesser. In einer horizontalen Durchbohrung derselben ist zur Stromzuführung der mit einer Klemmschraube versehene und mit Kompoundmasse gut isolierte Bleistreifen a befestigt. Als Diaphragma wird die flache Tonzelle D^1) verwendet. Dieselbe ist mittels zweier, dem Rande des Gefäßes aufliegender Glasstäbe derartig angebracht, daß ihr Boden von der Anode 1 cm entfernt ist. K ist die aus Kupferblech bestehende Kathodenscheibe, und k ein ihr angenieteter, zur Stromleitung dienender Kupferstab. In die Zelle Z fließt aus der tubulierten Flasche F der Elektrolyt durch das Rohr R ab, dessen spitz ausgezogener Schenkel r_1 dem Anodenraum ebensoviel Lösung zuführt, als der Schenkel r_2 dem Kathodenraum. Infolge der Elektrolyse wird die Lösung in letzterem entkupfert, aber die des ersteren durch die Chlorionen oxydiert, so daß Kupferchlorid regeneriert wird. Die Flüssigkeit wird aus dem Anodenraum durch den Heber H_1, welcher am Boden des Gefäßes Z in einem Tubus steckt, aus dem Kathodenraum durch den Heber H_2, welcher mittels eines Korkes in einer Öffnung der Platte K befestigt ist, in den Behälter B abgeleitet. Pro Minute bewegen sich circa 20 cm^3 des Elektrolyten durch die Zelle. Von B gelangt die

---

^{1}) Zu beziehen von WARMBRUNN, QUILITZ & Co., Berlin, Rosenthaler Straße 20.

blaugrüne Chloridlösung in den mit Kupfergranalien gefüllten (die Erzlaugerei darstellenden) Apparat C, wo sie von neuem Kupfer lösen soll. Um sie möglichst vollständig damit zu sättigen, wird sie gezwungen, erst das engere beiderseits offene Rohr c zu passieren, ehe sie mit den Granalien des weiteren Zylinders in Berührung kommt. In die Flasche f tropft völlig farblose Chlorürlösung ab. Diese ist der Flasche F zuzuführen, von wo aus sie wiederum durch die Zelle Z strömt und somit an die Kathode diejenige Menge Kupfer abgibt, welche sie in C aufnahm.

Von einer aus 6 Akkumulatoren bestehenden Batterie geht der Strom zunächst an die Klemme p_1 des Regulierwiderstandes W. Derselbe ist nach RAPS so konstruiert, daß mittels der Kurbeln w_1, w_2 und w_3 die drei Dekaden von 0,1 bis 0,9, 1 bis 9, 10 bis 90 Ohm ein- und ausgeschaltet werden können. Von der Klemme p_2 gelangt der Strom durch ein Ampèremeter oder noch besser durch ein als Elektrizitätszähler dienendes Knallgasvoltameter, tritt dann in die Zersetzungszelle Z bei a ein und kehrt von k nach der Batterie zurück. Die Spannung an den Elektroden der Zelle wird in je 15 Minuten an einem Voltmeter abgelesen, welches mittels des Stromschlüssels S an a und k anzuschließen ist. Steht, wie in der Figur, die Kurbel s auf dem Kontakt t_2, so ist das Voltmeter eingeschaltet.

Derartig ausgeführte Laboratoriumsversuche ergeben einen ziemlich guten Nutzeffekt, doch liegen in praxi die Verhältnisse wesentlich komplizierter und die dadurch hervorgerufenen Störungen machen das theoretisch sehr interessante Verfahren technisch unrationell.

II. Zink. Bekanntlich ist die hüttenmännische Gewinnung des Zinks sehr umständlich und teuer, da das Gemisch von Kohle und gerösteten Erzen nur in kleinen Mengen in oft auszuwechselnden Retorten und bei hohen Temperaturen abdestilliert werden muß. Es sind daher sehr viele Versuche zur Auffindung elektrolytischer Methoden gemacht. Die meisten stimmen darin überein, daß die gerösteten Erze mit Säuren ausgelaugt werden, und die Lösung, nachdem sie gehörig konzentriert ist, und die Metalle Eisen, Nickel, Kupfer und Silber besonders gefällt sind (z. B. durch metallisches Zink), unter Benutzung einer Kohleanode und eines Diaphragmas der Elektrolyse unterworfen wird. Die im Anodenraum auftretende freie Säure wird zur Erzlaugerei von neuem verwendet. Besondere Schwierigkeiten macht es gerade bei der Zinkelektrolyse, den Niederschlag an der Kathode in kohärenter Form zu erhalten, da sich die Zinkschwammbildung und Wasserstoffentwicklung nur schwer vermeiden läßt. Es ist nicht ausgeschlossen, daß die zurzeit kaum noch konkurrenzfähige Fabrikation von Elektrolytzink durch weitere Vervollkommnung der Methoden noch wieder erhebliche Bedeutung gewinnen kann.

III. Nickel. In Amerika ist zeitweise 95—96-prozentiges Rohnickel mit gutem Erfolg elektrolytisch raffiniert worden. In den meisten Fällen ist man indessen wieder zu pyrometallurgischen Prozessen zurückgekehrt.

Nur in Deutschland wird noch mit gutem Erfolge Nickel aus warmen Sulfatlösungen elektrolytisch gewonnen. Die Einzelheiten des Verfahrens werden jedoch geheim gehalten.

Elektrolytnickel besitzt die wertvolle Eigenschaft, direkt walzbar zu sein, sodaß die von den Elektroden losgelösten Schichten ohne Umschmelzen weiter verarbeitet werden können.

IV. Blei. Während zur Gewinnung des Bleis aus seinen Erzen die Elektrolyse wohl kaum mit Vorteil verwendbar sein dürfte, kann Rohblei unter nachfolgender Gewinnung des Silbers aus den Anodenrückständen nach einem Verfahren von Betts aus kieselfluorwasserstoffsaurer Lösung elektrolytisch raffiniert werden. Aus solchen Lösungen scheidet sich nämlich das Blei leicht in kohärenter Form ab. Die Zusammensetzung des Elektrolyten kann erheblich variieren. Der Betrieb gestaltet sich im übrigen ähnlich dem bei der Kupferraffinerie. Nebst sonstigen Beimengungen geht das Silber in den Anodenschlamm über, aus welchem es noch gewonnen werden kann, selbst wenn der Silbergehalt einer Tonne Rohblei nur 150 g beträgt.

V. Zinn. Schon seit langer Zeit wird das Zinn der Weißblechabfälle und Konservenbüchsen auf elektrolytischem Wege zurückgewonnen. Die Abfälle werden in Eisendrahtkisten als Anoden in $10\,^0/_0$-ige Natronlauge von 70^0 Celsius gebracht, aus welcher das Zinn nach genügender Anreicherung sich an der Kathode abscheidet. Die Spannung der elektrolytischen Tröge beträgt dabei 1,5 Volt.

VI. Silber. Der zu Rohsilberplatten verarbeitete Anodenschlamm der Kupferraffinerie sowie der beim Parkesieren des Rohbleis gewonnene, Silber und Gold enthaltende Zinkschaum (nach dem Abdestillieren des Zinks zu Anoden gegossen), wird, nachdem die Anode von Segeltuch bespannten Holzrahmen eingehüllt ist, in Bädern von salpetersäurehaltigem Silbernitrat dünnen als Kathoden dienenden Silberblechen gegenübergestellt und so elektrolytisch auf Feinsilber verarbeitet. Gold, unlösliche Wismutverbindungen und Bleisuperoxyd bleiben in den Anodenhüllen. Silber und Kupfer gehen in Lösung. Die Ausscheidung des letzteren wird aber bei gehörig niedriger Klemmenspannung vermieden.

In ähnlicher Weise werden in den Gold- und Silberscheideanstalten die Legierungen des Goldes, Silbers und Kupfers zerlegt. Die elektrolytische Silberraffinerie gehört zu den bewährtesten technischen Anwendungen der Elektrolyse.

VII. Gold. Nach den Berichten von WOHLWILL[1]) wird Feingold aus Rohgoldanoden, die aus den Anodenschlämmen der Silberraffinerie und bei anderen Gelegenheiten erhaltenen Rohgoldprodukten hergestellt sind, gewonnen, wenn Goldchloridlösungen, welche genügende Mengen von Chlorwasserstoffsäure (oder Natriumchlorid) enthalten, elektrolysiert werden. Fehlt dieser Zusatz, so entweicht an der Anode der größte Teil des Chlors in Gasform. Aber bei Anwesenheit von freier Chlorwasserstoffsäure bildet sich Goldchloridchlorwasserstoffsäure, $H \cdot (AuCl_4)'$, und die Elektrolyse der letzteren verläuft ähnlich wie die des Kaliumsilbercyanids bei der galvanischen Versilberung (S. 32). Während die Stromleitung in erster Linie von den Wasserstoffionen bestritten wird, scheiden sich an der Kathode trotz ihrer ungeheuer kleinen Konzentration die Goldionen ab.

An der Anode geht das Gold als Ion in Lösung, doch werden die Goldionen durch Bildung des Komplexions $AuCl_4'$ weggefangen, es vollzieht sich also gerade der umgekehrte

---

[1]) Zeitschr. f. Elektrochem. **4**, 379, 402 und 421, (1897). Siehe auch Zeitschr. f. Elektrochem. **3**, 316 und 389, (1896).

Prozeß wie an der Kathode. Das Silber der Anoden fällt als Silberchlorid in den Anodenschlamm, während Kupfer und Platin in den Elektrolyten übergehen. Nun wird das Kupfer bei genügend niedriger Badspannung nicht ausgeschieden, und das Platin bleibt ebenfalls in der Lösung, solange der Goldgehalt derselben hoch genug ist.

Nach starker Anreicherung der Lösung an Platin wird dieselbe auf Platin verarbeitet, das nach Entfernung des Goldes durch Reduktion mit schwefliger Säure als Platinsalmiak gefällt wird.

Auch bei der Gewinnung von Rohgold spielt heutigentags die Elektrolyse eine wichtige Rolle, indem das Gold dem Erz durch verdünnte Cyankaliumlösung unter Mitwirkung des Luftsauerstoffs entzogen werden kann. Aus der Cyanidlauge wird dann elektrolytisch das Gold abgeschieden.

---

8. Kapitel.

Die irreversiblen Ketten.

§ 1. Irreversible, inkonstante Ketten.

Man konstruiere nach Fig. 54 aus dem amalgamierten Zinkstab A, dem Kupferstab K und 170 cm^3 einer gesättigten Zinksulfatlösung ein galvanisches Element und verbinde dasselbe mit einem Umschalter (siehe Fig. 62) derart, daß es einerseits an das große Nadelgalvanoskop (dessen Widerstand 8 Ohm ist), andererseits kurz geschlossen werden kann. In dem auf der Zelle befindlichen Pfropfen wird noch ein kurzes, rechtwinklig gebogenes Rohr angebracht, welches mittels eines Gummischlauchs mit einem Manometer des Looserschen Doppelthermoskops (siehe Fig. 79) in Verbindung zu setzen ist. Die Klemmenspannung des Elementes ist anfangs 0,5 Volt, geht aber, während es dem Galvanoskop anliegt, schon in einer Minute auf Null zurück. Dementsprechend zeigt auch das Galvanoskop nur einen kurzen Stromstoß an. Das Zink ist zwar vermöge seiner hohen Lösungstension bestrebt, Ionen in die Lösung zu treiben. Aber die Zahl der vorhandenen Wasserstoffionen des Wassers, welche sich in dem Maße, als

Zinkionen entstehen würden, am Kupfer entladen müßten, ist sehr gering. Außerdem stünden dem Zink als Anionen nur die wenigen O''- und $(OH)'$-Ionen des Wassers zur Verfügung. Daher hört der galvanische Strom sehr bald auf. Der Stand des Manometers bleibt unverändert.

Kräftiger aber sind die Wirkungen, wenn dem Elektrolyten 6 cm³ verdünnte Schwefelsäure (1 : 5) zugefügt werden. Die Klemmenspannung fällt, während das Galvanoskop angeschlossen ist, von 0,5 Volt nur auf 0,3 Volt. Die Nadel des Galvanoskops zeigt im ersten Augenblick auf Teilstrich 5 nach einer Minute noch auf Teilstrich 4. In dieser Zeit erscheinen am Kupferstab so viel Wasserstoffbläschen, daß das Manometer um 2 cm steigt. Bei Kurzschluß des Elementes wird die Wasserstoffentwickelung zunächst verstärkt, läßt aber bald wieder etwas nach; die Spannung sinkt innerhalb einer Minute sogar auf 0,1 Volt, und wird jetzt das Galvanoskop wiedereingeschaltet, so bewegt sich die Nadel nur auf Teilstrich 3. Der Kupferstab zeigt sich ziemlich dicht mit Wasserstoffbläschen bedeckt. Er hat sich polarisiert, und hierin liegt die Ursache der Stromschwächung; wenn durch Aufklopfen der Zelle gegen den Tisch die Gasschicht beseitigt wird, so nehmen die Meßinstrumente ihren ursprünglichen Stand wieder ein. Jene Stromschwächung aber ist sowohl durch eine Verringerung der elektromotorischen Kraft als auch durch eine Vermehrung des Widerstandes der Zelle bedingt. Die Abnahme der elektromotorischen Kraft ist einerseits dadurch zu erklären, daß die Zahl der Wasserstoffionen des Elektrolyten verringert, und die der Zinkionen erhöht wird, andererseits dem Umstand zuzuschreiben, daß die nunmehr mit Wasserstoff bedeckte Kupferelektrode nicht mehr das Kupferpotential aufweist, sondern das des sehr viel unedleren Wasserstoffs. Zur Verringerung der Klemmenspannung trägt endlich auch die Zunahme des Widerstandes im Element bei, da die Kathode wegen der entstehenden Gasschicht den ankommenden Wasserstoffionen nicht mehr hinreichend große Metallflächen darbieten kann, um in einem dem Lösungsdrucke des Zinks entsprechenden Grade die Entladung der Wasserstoffionen zu ermöglichen.

Noch ausführlicher und in größerem Maßstabe werden die Erscheinungen der Polarisation galvanischer Elemente durch den Apparat Fig. 67 erläutert. Auf dem Boden des Gefäßes G (6 $\times$ 18 cm) befindet sich ein zylindrischer, aus reinem Zink gegossener und amalgamierter Kolben Z, in welchem der Zinkstab A eingeschraubt ist. C ist eine siebartig durchlöcherte, nach oben gewölbte Kupferplatte. An diese sind nach unten die Kupferstäbchen s_1, s_2, s_3 und s_4, und nach oben der Kupferstab K angenietet. Das Gefäß G ist, nachdem es mit verdünnter Schwefelsäure (1 : 12) gefüllt ist, mit dem Gummipfropfen P dicht zu verschließen. Durch die Durchbohrungen desselben sind die Stäbe A und K sowie die Gasentbindungsröhre R geschoben. Verbindet man nun A und K durch einen Schließungsbogen, in welchen mittels eines Umschalters ein weniger empfindliches Galvanoskop eingeschaltet ist, so erweist sich nach dem Nadelausschlag K als positiver Pol, und während der Elektrolyt zwischen Z und C vollkommen klar bleibt, erscheint er oberhalb C infolge der nur von C aufsteigenden Wasserstoffbläschen deutlich getrübt. Die allmähliche Schwächung des Stromes erkennt man sowohl daran, daß die Nadel, wenn auch langsam, zurückgeht, als auch daran, daß die in je 5 Minuten aus R entweichenden Gasmengen, die man in einem graduierten Zylinder auffängt, abnehmen.

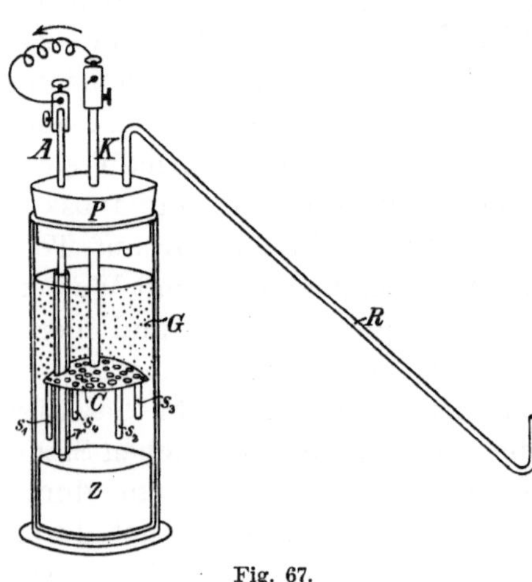

Fig. 67.

Wenn man ferner die Elektrode C wiederholt hebt und senkt, wobei ein Kontakt mit A durch die über A geschobene Glasröhre r vermieden wird, so wird die Polarisation großenteils beseitigt, was sich sogleich an der Nadel des Galvanoskops und der Anzahl der aufgefangenen Gasbläschen zu erkennen gibt. Auch kann man dadurch, daß man die Kathode C höher oder tiefer einstellt, den inneren Widerstand der Kette bedeutend vermehren oder vermindern, und dementsprechend

variieren die Nadelausschläge und die aufgesammelten Gasvolumina (5 bis 15 cm^3 in je 5 Minuten). Man kann auf diese
Weise die durch das Ohmsche Gesetz bestimmte Abhängigkeit
der Stromstärke von dem Widerstand, sowie die auch innerhalb einer Stromquelle bestehende Gültigkeit des Faradayschen
Gesetzes, wenngleich nur annähernd, demonstrieren. Drückt
man endlich den Stab K so weit herab, daß die Stäbchen r
den Zinkkolben berühren, so sind die
entbundenen Wasserstoffmengen am
größten, und die Nadel kehrt infolge des
Kurzschlusses auf Null zurück. Diese
Phase des Versuchs erläutert gleichzeitig
das bei der technischen Verwendung galvanischer Elemente wohl in Betracht
kommende Verhalten des reinen und
unreinen Zinks gegen Säuren, denn es
wird bewiesen, daß das Zink, welches im
reinen Zustand bei gewöhnlicher Temperatur in verdünnter Schwefelsäure, abgesehen von dem ersten Moment des
Eintauchens, unlöslich ist, sich darin
(auch bei offener Kette) fortdauernd
lösen muß, wenn es innerhalb des Elektrolyten mit Spuren eines anderen Metalles in Berührung kommt oder damit
gemengt ist.

Die bei den verschiedenen Stel-
lungen der Kathode C entwickelten
Wasserstoffmengen lassen sich noch
schneller abschätzen, wenn man die

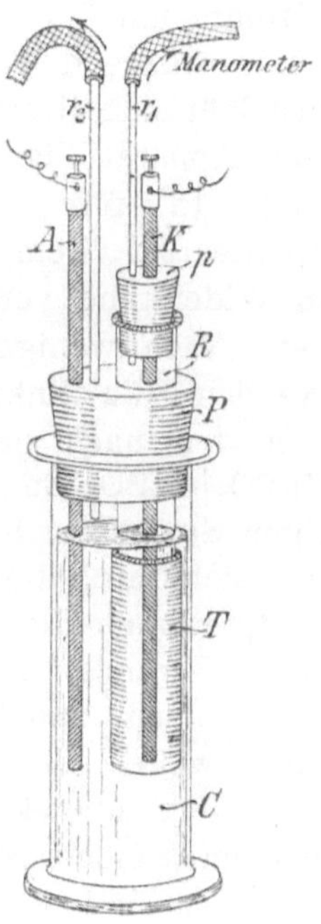

Fig. 68.

Röhre R durch ein rechtwinklig gebogenes Glasrohr ersetzt
und dieses mit dem Manometer verbindet. Es genügt dann,
die Steighöhen derselben nach Verlauf einer halben Minute
abzulesen.

Will man besonders dartun, daß sich der Wasserstoff nur
an der Kathode entwickelt, so schließe man letztere in eine
Tonzelle T (Fig. 68) ein. Dieser ist der Glasaufsatz R auf-
gekittet, dessen Pfropfen p außer K noch das Röhrchen r_1
trägt. Die Zinkanode A ist nebst R und dem Röhrchen r_2

in dem Pfropfen P befestigt, der den Zylinder C verschließt. Der ganze Apparat wird mit verdünnter Schwefelsäure (1 : 100) gefüllt. Wird der Stromkreis mit dem großen Galvanoskop geschlossen, so geht der Nadelausschlag des letzteren bald vom Teilstrich 8 auf 6 herunter. Die beiden Manometer des Thermoskops, die mit den Röhrchen r_1 und r_2 verbunden sind, zeigen, daß der Wasserstoff nur an der Kathode erscheint. Bei Kurzschluß steigt die Flüssigkeit des ersten Manometers pro Minute um 2,5 cm.

Der während des Stromdurchganges eintretende Zinkverlust läßt sich direkt mittels der Wage feststellen, wenn man für den Apparat Fig. 8 die Zelle Z mit verdünnnter Schwefelsäure (1 : 12) füllt, die Platte P_1 durch eine amalgamierte Zinkplatte $(2 \times 7$ cm) ersetzt und die Kupferplatte P_2 durch einen Widerstand von etwa 20 Ohm mit der Schraube S verbindet. Nach wenigen Minuten hebt sich der Wagebalken, an welchem die Zinkplatte hängt.

In den nach dem Typus des DANIELLschen Elementes $Zn\,|\,ZnSO_4\,|\,CuSO_4\,|\,Cu$ zusammengesetzten Ketten treten bei mäßiger Stromentnahme keine weiteren Veränderungen ein, als daß sich durch die Ionisierung des Zinks und Entionisierung der Kupferionen die Konzentrationen der Elektrolyten etwas ändern. Derartige Ketten werden daher als unpolarisierbar bezeichnet, und ihre elektromotorische Kraft ist innerhalb ziemlich weiter Grenzen konstant. Da ferner ein durch dieselben in umgekehrter Richtung geschickter, dem entnommenen gleicher Strom den ursprünglichen Zustand wiederherstellt, so sind die DANIELLschen Ketten auch reversibel.

Anders verhält es sich mit den Ketten nach der Art der oben beschriebenen Kette $Zn\,|\,H_2SO_4\,|\,Cu$. Hier wird infolge der Lösung des Zinks und der Wasserstoffentbindung nicht allein der Elektrolyt, sondern auch die positive Elektrode wesentlich verändert. Die Ketten sind inkonstant und auch irreversibel, und zwar letzteres deshalb, weil ein dieselben in umgekehrter Richtung passierender Strom den ursprünglichen Zustand nicht wiederherstellt. Die NERNSTschen Gleichungen lassen sich zur Ermittlung der elektromotorischen Kraft nicht mehr direkt benutzen. Immerhin finden jedoch die allgemeinen Prinzipien der osmotischen Theorie der galvanischen

Stromerzeugung auch auf diese Ketten Anwendung, wenn es gilt, das Zustandekommen der elektromotorischen Kraft zu erklären.

Es sei daran erinnert, daß die ersten galvanischen Elemente, insbesondere die VOLTAsche Säule, die aus angefeuchteten Pappscheiben, Zink- und Kupferplatten aufgebaut wurde, dieser Klasse der irreversiblen und inkonstanten Ketten angehörten.

§ 2. Irreversible, konstante Ketten mit flüssigen Depolarisatoren.

Die inkonstanten Ketten lassen sich, wenigstens in gewissem Grade, konstant machen, wenn man die von dem Anoden-

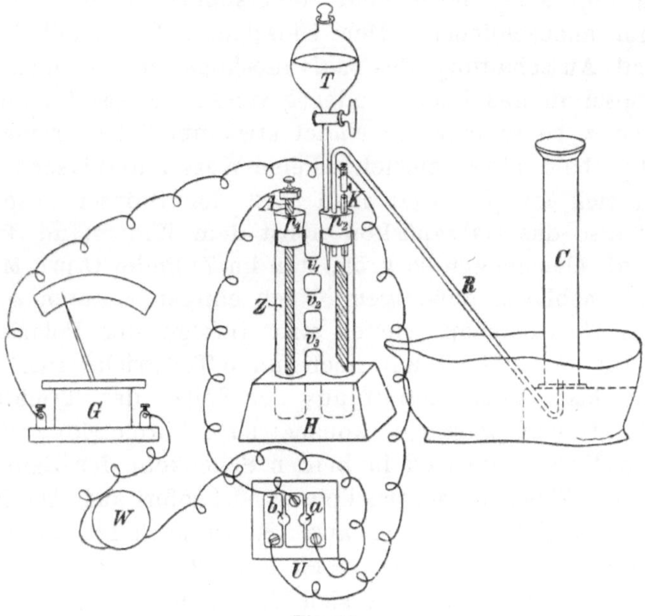

Fig. 69.

metall vertriebenen Wasserstoffionen durch Oxydationsmittel zu Wasser oxydiert. Durch derartige Reaktionen wird aber nicht allein die Polarisation überwunden, sondern die elektromotorische Kraft der Ketten wird auch erheblich erhöht, und zwar um so mehr, je lebhafter jene Reaktionen erfolgen.

Durch die Versuchsanordnung Fig. 69 wird die depolarisatorische Wirkung der Chromsäure näher demonstriert. In

dem Holzklotz H ist die Zelle Z befestigt, deren beide, 2 cm
weite Schenkel durch die Querstücke v_1, v_2 und v_3 kommunizieren. Der eine Schenkel ist mit dem Pfropfen p_1, durch
welchen der Stab A aus reinem, amalgamierten Zink gesteckt
ist, verschlossen. Der Pfropfen p_2 des anderen Schenkels trägt
die Platinelektrode K, den Hahntrichter T und das Gasentbindungsrohr R. Nachdem die Zelle Z mittels des Trichters T
ganz mit verdünnter Schwefelsäure $(1:8)$ gefüllt ist, stellt
man über die äußere Öffnung des Rohres R den mit Wasser
gefüllten, engen Zylinder C und bringt in der durch die Figur
angegebenen Weise die Leitungsdrähte an. Dem kleinen
Galvanoskop G ist noch eine Widerstandsrolle W von etwa
500 Ohm anzuschließen. Der Umschalter U ermöglicht die
Ein- und Ausschaltung des Galvanoskops, je nachdem man
den Stöpsel in das Loch a oder b steckt. Stöpselt man nun
das Loch a, so schlägt die Nadel etwa um 7 Teilstriche aus,
geht aber bald etwas zurück. Feine Wasserstoffbläschen entwickeln sich an K. Setzt man jetzt den Stöpsel in b ein,
schaltet also das Galvanoskop nebst dem Widerstand W aus,
so sind die Gasmengen so groß, daß im Zylinder C pro Minute
zirka 15 Gasblasen aufsteigen. Nach einigen Minuten schalte
man das Galvanoskop wieder ein. Infolge der Polarisation
schlägt die Nadel jetzt nur noch um 5 Teilstriche aus.

Man lasse aber hierauf aus der Spitze des Trichters T
ungefähr 15 cm³ wässrige, konzentrierte Chromtrioxydlösung
$(1:1)$ ausfließen, die sich in beiden Schenkeln der Zelle ver-
breitet. Die Wasserstoffentwickelung hört sofort auf. Die Nadel
schlägt bis auf Teilstrich 12 aus. Selbst nach $1\,^1/_2$-stündigem
Kurzschluß zeigt die Nadel noch auf 12. Erst nach zwei-
stündigem Kurzschluß stellt sich die Nadel infolge des all-
mählichen Verbrauchs des Oxydationsmittel auf Teilstrich 10
ein, und nun sind in dem braunschwarz gewordenen Elektrolyten reichliche Mengen von Chromsulfat vorhanden, denn
nach Zusatz von Ammoniak wird Chromhydroxyd ausgefällt.

Diese Versuche erläutern das Wesen der Chromsäure-
elemente, die in der Regel ohne Tonzelle als „Tauch-
elemente“ gebraucht werden. Sie bestehen aus einem den
Elektrolyten enthaltenen Gefäß, in welches die Elektroden
aus Zink und Retortenkohle erst vor der Benutzung eingetaucht

werden. Am günstigsten wirkt eine Lösung von 12 g Natrium-
dichromat in 100 g Wasser, welches mit 25 g konzentrierter
Schwefelsäure versetzt ist. Als Depolarisator ist das Natrium-
bichromat dem Kaliumsalz vorzuziehen, da ein Auskristalli-
sieren der Chromsalze nicht stattfindet. Die elektromotorische
Kraft dieser Kette ist anfangs 1,9 Volt. Der innere Widerstand schwankt je nach den Dimensionen der Zelle und der
Dauer des Gebrauchs.

Die chemischen Veränderungen an der Kathode der Chrom-
säureelemente bestehen in der Oxydation der ankommenden
Wasserstoffionen auf Kosten des Sauerstoffs der Chromsäure.
Diese wird bis zur Chromoxydstufe reduziert, wobei sich unter
Hinzutritt von Schwefelsäure Chromsulfat bildet. Letzteres
kristallisiert bei genügender Konzentration mit dem Alkali-
sulfat als Chromalaun aus. Die Umsetzungsgleichungen würden
also lauten:

$$\left.\begin{array}{l} Na_2Cr_2O_7 + H_2SO_4 = Na_2SO_4 + H_2O + 2\,CrO_3, \\ 2\,CrO_3 + 3\,H_2SO_4 + 6\,H^{\cdot} + 6\ominus = Cr_2(SO_4)_3 + 3\,H_2O \end{array}\right\} A).$$

(Kathodenvorgang an der Kohleelektrode).

An Stelle der an der Kathode verbrauchten 6 Wasserstoffionen geht an der Zinkelektrode entsprechend Metall in
Lösung:

$$3\,Zn - 6\ominus = 3\,Zn^{\cdot\cdot} \text{ (Anodenvorgang)}.$$

Die hohe elektromotorische Kraft von 1,9 Volt ist
dadurch zu erklären, daß der Depolarisator Chromsäure
gewissermaßen einen Sauerstoffvorrat von außerordentlich hohem
Druck repräsentiert, als welchen wir jedes kräftige Oxydationsmittel auffassen können.

Ähnlich wie die Chromsäure wirkt in den mit Tonzellen
auszustattenden Salpetersäureketten von GROVE und
BUNSEN

$$Zn|H_2SO_4 \text{ verd.}|HNO_3|Pt(C)$$

die Salpetersäure als Depolarisator. Auch hier ist die hohe
elektromotorische Kraft, welche bei einer Salpetersäure von
$52,37^0/_0$ (spez. Gew. 1,33) den Wert von 1,9 Volt hat, durch
das hohe Oxydationspotential der Säure bedingt. Die entstehende salpetrige Säure färbt den Depolarisator grün. Je

länger dieser jedoch benutzt wird, um so mehr sinkt die elektromotorische Kraft, denn um so schwächer wird das Vermögen der Säure, Sauerstoff abzugeben. Unter geeigneten Bedingungen kann die Reduktion der Salpetersäure bis zum Ammoniak gehen. Schließlich erscheinen Wasserstoffbläschen an der Kathode, und nun beträgt die elektromotorische Kraft der Kette tatsächlich nur wenig mehr als 0,5 Volt.[1])

Die an der Kathode dieser Ketten nach und nach eintretende Reduktion der Salpetersäure läßt sich durch die Elektrolyse der letzteren im U-Rohr (Fig. 16) leicht verfolgen, da ja unter diesen Bedingungen der Säure an der Kathode Wasserstoffionen zugeführt werden. Man schalte zwei solcher U-Röhren, welche zur Hälfte mit Salpetersäure von $52,37^0/_0$ (spez. Gew. 1,33) bezw. von $19,45^0/_0$ (spez. Gew. 1,115) gefüllt sind, nebst einer Batterie von 10 Akkumulatoren hintereinander. In beiden Röhren ist im Anodenschenkel naturgemäß ·Sauerstoff nachweisbar. Im Kathodenschenkel der ersten Röhre bleibt die Elektrode gasfrei, aber rote Dämpfe von Stickstoffdioxyd, die von dem aus der Säure entwichenen Stickoxyd herrühren, füllen die Atmosphäre des Rohres an, und nach Verlauf von 30 Minuten zeigt der Elektrolyt die für salpetrige Säure charakteristische grüne Farbe. Dagegen macht sich an der Kathode der zweiten Röhre sehr bald Wasserstoff bemerkbar, und nachdem man die Kathodenflüssigkeit mit Kalilauge alkalisch gemacht hat, tritt auf Zusatz von NESSLERschem Reagens eine kräftige Ammoniumreaktion ein.

§ 3. Irreversible, konstante Ketten mit festen Depolarisatoren.

Der Apparat Fig. 70 gestattet, mehrere Oxydationsmittel in festem Zustand nacheinander behufs der Depolarisation an die Kathode zu bringen. In dem unteren Tubus des in einem Ring befestigten Gefäßes G befindet sich der Pfropfen P, durch welchen der Leitungsdraht A der 6 cm breiten, horizontalen Kupferscheibe C gesteckt ist. Auf C wird das 3,5 cm weite und 1 cm hohe Glasschälchen S gesetzt. Auf dem Boden

---

[1]) Vergl.: IHLE, Zeitschr. f. physik. Chem. **19**, 572—576, (1896).

desselben ruht die Platinscheibe D, deren Leitungsdraht K mittels einer Klemme vertikal gehalten wird. Wird nun das Gefäß G mit verdünnter Schwefelsäure (1 : 20) so weit gefüllt, daß das Niveau $^1/_2$ cm über dem Rand des Schälchens S steht, so zeigt die Nadel des in den Stromkreis eingeschalteten kleinen Galvanoskops anfangs einen Ausschlag von etwa 8 Teilstrichen. Sie geht in kaum zwei Minuten fast auf Null zurück. Dagegen schlägt sie, sobald man kleine Mengen folgender fester Oxydations-mittel, die man mittels Siegel-lack an das eine Ende von Glasstäben befestigt, der Reihe nach mit der Platin-platte D in Berührung bringt, kräftig aus und nimmt sehr bald nach dem Verbrauch bezw. nach der Entfernung dieser Substanzen die Null-lage wieder ein:

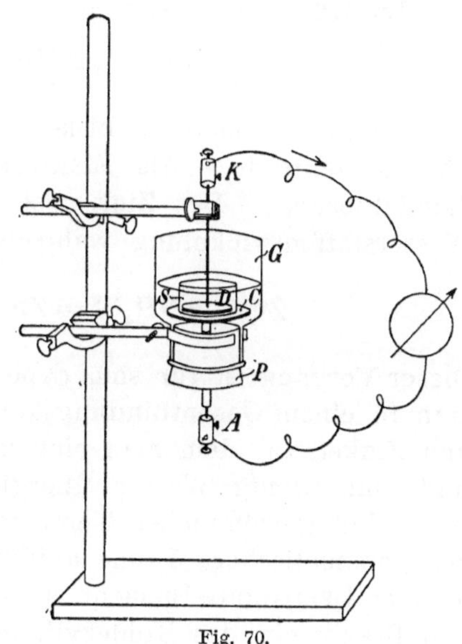

Fig. 70.

1) kleine Mengen von Goldchlorid, Quecksil-berchlorid, Eisenchlorid und Silbernitrat, die nur einen Moment an die Platte D anzu-drücken sind,

2) einen 1 cm³ großen, aus einem Gemisch von Kohle und Braunstein bestehenden Würfel, der nach der jodometrischen Analyse 6,6 $^0/_0$ disponiblen Sauerstoff bezw. 35,7 $^0/_0$ MnO_2 enthielt,

3) Kristalle von Kaliumpermanganat (der Strom ist sogar stark genug, einen Wecker in Tätigkeit zu setzen),

4) einen 1 cm³ großen, aus der Superoxydplatte eines Böseschen Akkumulators geschnittenen Würfel mit einem Gehalt von 3,3 $^0/_0$ disponiblem Sauerstoff bezw. 52 $^0/_0$ PbO_2.

Diese Versuche beweisen wiederum deutlich, daß die den galvanischen Strom erregenden chemischen Vorgänge, welche stets mit Veränderungen der Ionenladungen verknüpft sind, direkt an den Elektroden stattfinden müssen. Die Depolarisatoren der Gruppe 1) wirken in der Weise, daß sich an der Elektrode edle Kationen entladen, und sich die den letzteren zugehörenden Anionen den von der Anode verdrängten Wasserstoffionen zur Verfügung stellen.

Die festen Oxydationsmittel der Superoxyde des Mangans und Bleis finden wichtige praktische Verwendung in den LECLANCHÉ-Elementen bezw. in den Akkumulatoren.

Im LECLANCHÉ-Element

$$\mathrm{Zn|NH_4Cl|\underbrace{Mn\,O_2\,(Kohle)}}$$

ist, wie in den meisten, bisher behandelten Ketten, das Zink Lösungselektrode. Als Elektrolyt dient eine konzentrierte Salmiaklösung. Das Zink löst sich in der letzteren unter Wasserstoffentwickelung wahrscheinlich nach der Gleichung

$$\mathrm{Zn + 2\,NH_4Cl = Zn}\begin{cases}\mathrm{NH_3 \cdot Cl} \\ \mathrm{NH_3 \cdot Cl}\end{cases} + \mathrm{H_2}.$$

Dieser Vorgang ist für sich experimentell nachweisbar, indem man in einem Gasentbindungskolben ein Gemisch von Salmiak und Zinkstaub, dem man eine kleine Menge Eisenpulver zufügt, mit wenig Wasser übergießt und das Gas, das sich schon bei gewöhnlicher Temperatur reichlich bildet, mittels der pneumatischen Wanne auffängt. Jener Wasserstoff wird in dem LECLANCHÉ-Element nicht frei, sondern wird durch den Braunstein des Kohlezylinders oxydiert, indem der Lösung von 2 Grammatomen Zink an der Anode der Kathodenvorgang

$$4\,\mathrm{H^{\cdot} + 3\,Mn\,O_2 + 4\ominus = 2\,H_2O + Mn_3\,O_4},$$

entspricht.

Um die depolarisierende Wirkung des Mangansuperoxyds durch einen besonderen Versuch zu erkennen, befestige man in den Schenkeln eines HOFMANNschen U-Rohres (Fig. 71) ein Platinblech A und ein Kohlebraunsteinprisma K, dessen Zusammensetzung mit derjenigen des obigen Würfels (S. 229) übereinstimmt. Der Apparat ist mit verdünnter Schwefelsäure (1:12) zu füllen. Beim Einleiten des Stromes wird an A Sauerstoff entbunden, während von K aus, falls der Strom genügend schwach ist, kein Wasserstoff aufsteigt. Wie in der

Leclanché-Kette werden hier die Wasserstoffionen von dem Mangansuperoxyd oxydiert. Ist der Strom stärker, so sammelt sich in dem Kathodenschenkel etwas Wasserstoff an. Sein Volumen bleibt aber immer geringer, als das doppelte Volumen des Sauerstoffs im Anodenschenkel.

Das Depolarisationsvermögen einer Kohlebraunsteinmasse ist offenbar um so größer, je stärker der Strom sein darf, der eben zur Bildung von Wasserstoffblasen führt. Um die Leistungsfähigkeit von Kohlebraunsteinstäben mit verschiedenem Mangansuperoxydgehalt[1]) zu prüfen, wurden in den Stromkreis des Apparates Fig. 71 noch ein Knallgasvoltameter von der Gestalt des Hofmannschen mit zwei Platinelektroden versehenen U-Rohres, ein Galvanoskop und ein Regulierwiderstand eingeschaltet. Mittels der beiden letzteren war es möglich, die Stromstärke längere Zeit konstant zu erhalten.

Die Tabelle XXIII gibt eine Übersicht über die Resultate der Messungen, welche das Wesen eines Leclanché-Elementes dartun. Die Gasvolumina sind sämtlich auf Normalvolumina reduziert.

Die Zahlen der Kolumnen 2, 5, 8 und 11 zeigen, daß das Depolarisationsvermögen einer Kohle-Braunsteinkathode mit dem Superoxydgehalt, wenn auch nicht direkt proportional, steigt und bei längerem Gebrauch der Kette nach und nach abnimmt. Ferner wird die Tatsache demonstriert, daß das Leclanché-Element

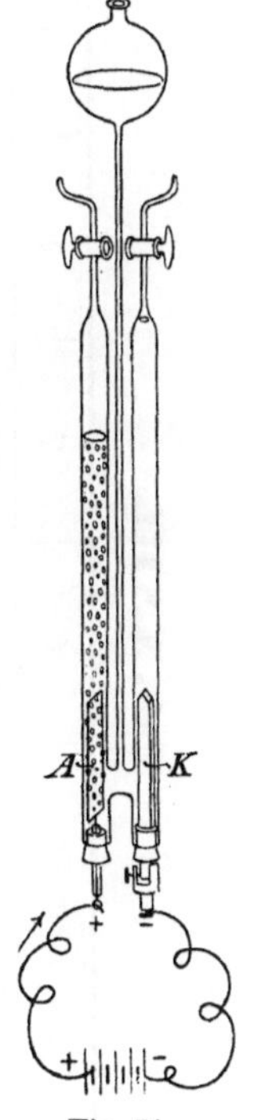

Fig. 71.

nur für kürzere Dauer einen konstanten Strom liefert, sich aber bei längerer Inanspruchnahme um so leichter polarisiert, je weniger Superoxyd es enthält. Da in den Kohle-Braunsteinzylindern der in der Reichstelegraphie verwendeten Elemente durchschnittlich nur $1{,}5\,^0/_0\,MnO_2$ vorhanden ist, so darf der einer solchen Zelle zu entnehmende Strom höchstens

---

[1]) Solche Elektroden werden angefertigt in Dr. A. Lessings Fabrik galvanischer Kohlen und Apparate in Nürnberg.

Tab. XXIII.

1	2	3	4	5	6	7	8	9	10	11
		Bei der nahezu konstanten Stromstärke von 0,072 Amp. wurden entwickelt in						In den nächsten 75 Minuten wurden bis zur beginnenden Polarisation entwickelt		
Gehalt an MnO_2	Anfangs erfolgte die Wasserstoffentbindung eben bei	den ersten 25 Minuten			den folgenden 25 Minuten					
		im Voltameter	im Versuchsapparat	also durch MnO_2 wurden gebunden	im Voltameter	im Versuchsapparat	also durch MnO_2 wurden gebunden	im Voltameter	im Versuchsapparat	bei
$0,03\,^0/_0$	0,056 Amp.	12,66 cm³H 6,33 cm³O	4,59 cm³H 5,96 cm³O	64$^0/_0$H	12,84 cm³H 6,42 cm³O	4,60 cm³H 6,19 cm³O	61$^0/_0$H	9,40 cm³H 4,70 cm³O	0,50 cm³H 4,30 cm³O	0,018 Amp.
$2,60\,^0/_0$	0,090 Amp.	13,04 cm³H 6,52 cm³O	2,92 cm³H 6,39 cm³O	78$^0/_0$H	13,98 cm³H 6,99 cm³O	4,47 cm³H 6,35 cm³O	68$^0/_0$H	12,86 cm³H 6,43 cm³O	0,69 cm³H 5,52 cm³O	0,024 Amp.
$13,00\,^0/_0$	0,120 Amp.	12,60 cm³H 6,30 cm³O	0,00 cm³H 5,30 cm³O	100$^0/_0$H	12,90 cm³H 6,45 cm³O	0,00 cm³H 6,36 cm³O	100$^0/_0$H	18,38 cm³H 9,19 cm³O	0,92 cm³H 8,96 cm³O	0,035 Amp.

0,07 Amp. betragen. Hat man einen stärkeren Strom nötig, so sind mehrere Zellen in Parallelschaltung zu benutzen. Die zuweilen geäußerte Meinung, der Braunsteingehalt der Kohlekathode sei überhaupt überflüssig, ist deshalb unrichtig, da dem Versuch gemäß reine Kohle nicht depolarisiert.

Nach den Kolumnen 4, 7 und 10 der Tabelle XXIII bleibt das Sauerstoffvolumen des Versuchsapparates hinter demjenigen des Voltameters etwas zurück. Dies erklärt sich dadurch, daß die Reduktion des MnO_2 an der Kathode teilweise bis zur Oxydulstufe geht, das so entstehende Mangansulfat in den Anodenschenkel diffundiert und hier wahrscheinlich zu $Mn_2(SO_4)_3$ oder noch höher oxydiert wird, denn tatsächlich nimmt der Elektrolyt an der Anode sehr bald eine rosarote Färbung an.

Die gebräuchlichen LECLANCHÉ-Elemente, deren Kohlekathode in ein Gemenge von Braunsteinkörnern und Retortengraphit eingebettet ist, haben eine elektromotorische Kraft von 1,48 Volt und einen Widerstand von 0,3 bis 0,8 Ohm. Nach dem Typus dieser Elemente sind auch die meisten sogenannten Trockenelemente konstruiert, in denen der Elektrolyt in den Poren einer indifferenten nicht leitenden Substanz kapillar gebunden und vor dem wirklichen Eintrocknen in der Regel noch durch einen besonderen Verschluß aus Pech geschützt ist. In den Fällen, wo das Gefäß des Elementes aus Zinkblech gefertigt ist, dient es gleichzeitig als Anode.

§ 4. Elektrochemische Aktinometer.

Es ist eine ganze Reihe von Fällen bekannt, in welchen das Potential einer Elektrode durch Bestrahlung sich ändert. Es handelt sich in der Regel dabei um Elektroden, die mit dünnen Schichten von Depolarisatoren bedeckt sind. Diese sogenannten elektrochemischen Aktinometer sind insbesondere von RIGOLLOT[1]) eingehend studiert worden, der namentlich die Abhängigkeit des Effekts von der Wellenlänge studiert hat. Ferner hat BOSE eine Elektrode gefunden, deren Potentaländerungen sogar je nach der Farbe des Lichts verschie-

---

[1]) H. RIGOLLOT. Ann. de l'Université de Lyon. (1897).

dene Vorzeichen haben.[1]) Hier möge als Beispiel eines solchen Lichteinflusses das elektrochemische Aktinometer von MARÉCHAL[2]) beschrieben werden. Das Prinzip desselben demonstriert folgender Versuch. In dem Holzkasten K (Fig. 72), welcher durch den Deckel D und den Schieber S lichtdicht

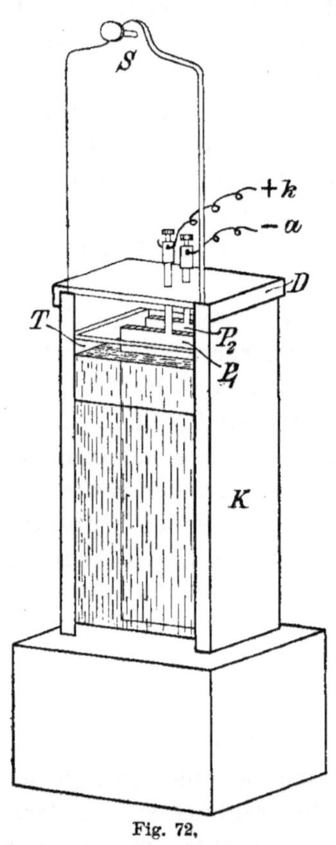

Fig. 72.

geschlossen werden kann, befindet sich der mit einer 8-prozentigen Kaliumjodidlösung gefüllte, rektanguläre Trog T. P_1 und P_2 sind zwei mit den Klemmschrauben k und a versehene Kupferplatten, von denen die erstere auf besondere Art präpariert ist. Nachdem sie poliert ist, wird sie über dem Bunsenbrenner einige Augenblicke vorsichtig erhitzt, bis sich eine festhaftende, orangerote Schicht von Kupferoxydul gebildet hat. Alsdann wird die eine Fläche mit geschmolzenem Paraffin, die andere mit einer dünnen Gelatinelösung bestrichen. Letztere wird nach dem Trocknen mit einer Malachitgrünlösung $(1:1000)$[3]) imprägniert. Auf die Paraffinschicht befestigt man die blanke Platte P_2 mittels seidener Fäden und senkt beide Platten (P_1 nach vorn gewendet) in den Trog T ein, der vor dem Versuch vor Belichtung zu schützen ist. Nach der Verbnidung des so vorbereiteten Apparates mit dem kleinen Galvanoskop gibt sich ein schwacher Ausschlag zu erkennen, der aber bald ver-

[1]) Bose, Zeitschr. f. Elektrochem. 7, 672, (1901). Bose und Kochan, Zeitschr. f. physik. Chem. 38, 18, (1901). Kochan, Inaugural-Dissert., Breslau (1902).
[2]) L'éclairage électrique 6, 445—454, 540—549, 588—590, (1896).
[3]) Diese Lösung dient als Sensibilisator, da sie die wirksamen Lichtstrahlen absorbiert.

schwindet. Stellt man nun $^1/_2$ m weit vor dem Apparat eine
Magnesiumlampe auf oder brennt einfach einen Magnesium-
streifen ab, nachdem man zuvor den Schieber S emporgezogen
hat, so schlägt die Nadel auf Teilstrich 7 in dem Sinne aus,
daß die oxydierte, belichtete Platte Kathode ist. Beim Her-
unterdrücken des Schiebers nimmt sie die Nulllage wieder ein.

Offenbar veranlaßt also das Licht eine derartige chemische
Veränderung des Elektrolyten, daß die Bedingungen zur Entstehung des Stromes gegeben sind. Die Ursachen des Zustandekommens der Potentialänderungen durch Belichtung sind
durchaus noch nicht aufgeklärt.

Obige Versuchsanordnung ist, weil sie für Unterrichts-
zwecke bestimmt ist, so gewählt, daß der Effekt ein möglichst auffallender ist. Bei schwächeren Konzentrationen des
Elektrolyten reagiert das Element, wie ein feineres Galvanometer beweist, sogar auf eine mehrere Meter entfernte Kerzenflamme. Derartige Aktinometer sind zu meteorologischen und
photometrischen Zwecken bisweilen empfohlen worden, doch
haben sie meines Wissens praktische Verwendung noch nicht
gefunden. Jedenfalls ist dieser Apparat insofern von großem
Interesse, als er ein durch das Experiment leicht zu veran-
schaulichendes Beispiel dafür bietet, wie strahlende Energie
unter der Vermittlung chemische Energie in elektrische Energie
übergehen kann.

---

9. Kapitel.

Die Akkumulatoren.

§ 1. Allgemeines.

Die Möglichkeit, durch die Vorgänge der Elektrolyse die
Bedingungen für spätere galvanische Stromerzeugung zu
schaffen, oder mit anderen Worten, die elektrische Energie
in Form von chemischer so zu deponieren, daß die letztere
nach Bedarf in die erstere wieder übergeführt werden kann,
war bereits durch die Polarisationserscheinungen an Platinelektroden gegeben. Doch konnte dieses Prinzip einer Aufspei-
cherung von Elektrizität erst dann für die Praxis Verwendung
finden, als es gelang, das teure Platin durch ein billiges

Metall zu ersetzen, dessen chemischer Charakter es gleichzeitig gestattete, daß der elektrolysierende Strom statt gasförmiger feste Produkte lieferte. Es ist das Verdienst Plantés, in dem Blei das Material erkannt zu haben, welches diesen Anforderungen entspricht. Seine ersten Versuche stammen aus dem Ende der fünfziger Jahre. Im Jahre 1879 hatte er sie soweit gefördert, daß an ihrer praktischen Bedeutung nicht mehr gezweifelt werden konnte. Insbesondere auf Grund des Patentes von Faure und der mannigfachen Modifikationen desselben hat sich dann die Fabrikation der Akkumulatoren bis auf den heutigen Tag in so rationeller Weise entwickelt, daß die Elektrotechnik von diesen galvanischen Elementen den ausgiebigsten Gebrauch macht. Aber auch in den wissenschaftlichen Laboratorien und den Unterrichtsanstalten haben sie sich so eingebürgert, daß die anderen galvanischen Stromquellen höchstens noch in den Fällen in Betracht kommen, wo sehr schwache Ströme gefordert werden.

Es liegt daher in der Natur der Sache, daß eine reichhaltige Literatur über das Kapitel der Akkumulatoren entstanden ist. An dieser Stelle soll nur das Wesentliche derselben kurz zusammengefaßt werden, um dem Leser einen Einblick in den Charakter dieser Stromquellen zu gewähren und ihn zum Studium von Spezialwerken[1]) vorzubereiten.

Als Elemente mit festem Depolarisator schließen sich die Akkumulatoren dem Typus der Leclanché-Elemente an. Die Tröge von rektangulärer Form enthalten mäßig verdünnte, etwa 30-prozentige Schwefelsäure. Als Elektroden dienen Bleiplatten, denen die „aktive Masse" einverleibt ist, und zwar besteht letztere, falls der Akkumulator in völlig geladenem Zustand vorliegt, an der Anode aus porösem Blei, an der Kathode aus Bleisuperoxyd. Bisweilen sind die Elektroden fast ganz aus aktiver Masse, die nur von einem Bleirahmen umschlossen ist, zusammengesetzt. Das Bleisuperoxyd derselben leitet den Strom wie ein Metall. In den kleineren

---

[1]) Die „Theorie des Bleiakkumulators" ist besonders von F. Dolezalek, dessen eigene Arbeiten auf diesem Gebiete wesentlich gefördert haben, in seinem gleichnamigen Buche (Knapp, Halle 1901) eingehend behandelt worden. Weitere Speziallitteratur über Akkumulatoren siehe am Schluß dieses Kapitels.

und einfacheren Formen der Akkumulatoren befinden sich
drei Platten, nämlich zwei parallel geschaltete Anoden (Bleiplatten) und zwischen diesen eine Kathode (Bleisuperoxyd-
platte). Die größeren Formen enthalten eine größere Anzahl
von Elektroden, die immer so angeordnet sind, daß $n+1$
Anoden mit n Kathoden abwechseln, und daß die Elektroden
jeder Art unter sich durch angelötete Bleistreifen parallel ge-
schaltet sind.

Die chemischen Vorgänge in den Akkumulatoren sind im
allgemeinen folgende. Die Bleianode schickt Ionen in den
Elektrolyten, die aber, wegen der Schwerlöslichkeit des Bleisulfats an Ort und Stelle festes Bleisulfat $PbSO_4$ bilden. An
der Kathode findet an Stelle der Abscheidung von Wasserstoff ein Reduktionsprozeß statt, in dem das Bleisuperoxyd bis
zur Oxydstufe reduziert wird unter abermaliger Bildung von
Bleisulfat. Da die Ionisierungstendenz des Bleies gegenüber
der Haftintensität der Wasserstoffionen nur gering ist, so wird
die elektromotorische Kraft der Akkumulatoren, die durchschnittlich den hohen Wert von 2 Volt erreicht, vor allem durch
das elektrochemische Verhalten des Bleisuperoxyds hervorgerufen.

§ 2. Die Vorgänge beim Entladen der
Akkumulatoren.

Fig. 73 stellt ein HOFMANNsches U-Rohr dar. K ist ein
Platinblech, A ein aus der Bleiplatte eines Akkumulators ge-
sägtes Prisma von etwa 1 cm² Querschnitt und 10 cm Länge.
Steht ein solches nicht zur Verfügung, so ersetze man dasselbe durch einen zylindrischen Bleistab, welcher kurz vor
dem Versuch in folgender Weise mit porösem Blei zu versehen
ist. Man drücke in den Stab sechs tiefe Längsrinnen ein,
fülle dieselben mit einem dicken Brei von Mennige und konzentrierter Schwefelsäure aus, befestige ihn mittels zweier
Pfropfen axial in einem Bleiblechzylinder und reduziere die
dem Stab anhaftende Mennige auf elektrolytischem Wege, indem man den Stab als Kathode und den Bleiblechzylinder
als Anode in verdünnte Schwefelsäure (1:4) einsenkt und
6 bis 8 Stunden den Strom von 2 Akkumulatoren hindurch-
schickt. Wird nun der Apparat Fig. 73 nach Anbringung der

Elektroden und Füllung mit verdünnter Schwefeisäure (1 : 6) an das kleine Galvanoskop angeschlossen, so erweist sich A als Anode.   Nach der Gleichung

$$Pb + H_2 \cdot\cdot SO_4'' = Pb \cdot\cdot SO_4'' + H_2$$

entsteht Wasserstoff, der am Platinblech K aufsteigt. Bei 60 Minuten langem Kurzschluß sammeln sich im Kathodenschenkel etwa 20 cm³ Wasserstoff an, also eine Menge, die weit geringer ist, als wenn die Bleianode durch eine solche von Zink vertreten würde.   Da nur eine kleine Quantität Bleisulfat in der Säure löslich ist, so scheidet sich der größte Teil dieses Salzes in fester Form am Bleistab ab.

Bleibt die durch den Apparat Fig. 73 gebildete Kette kurz nach der Reduktion des Bleistabes einige Zeit offen stehen, so erheben sich langsam Wasserstoffblasen von A aus. Dies beweist, daß das poröse Blei während der Reduktion Wasserstoff zu okkludieren vermag. Dieselbe Erscheinung ist auch an den Anoden der frisch geladenen Akkumulatoren zu beobachten und hängt unter anderem auch damit zusammen, daß sich die elektromotorische Kraft derselben unmittelbar nach der Ladung auf 2,4 Volt beläuft.

Um die Wirkungsweise der Bleisuperoxydelektrode der Akkumulatoren zu demonstrieren, befestige man in einem Hofmannschen U-Rohr nach Fig. 71 neben der Platinanode A ein aus der Superoxydplatte eines Akkumulators geschnittenes Prisma von 1 cm² Querschnitt und 10 cm Länge. Die Masse desselben enthielt in dem unten mitgeteiltem Versuch 51,8% PbO_2 bezw. 3,3% verfügbaren Sauerstoff. Hinter diesen Apparat schalte man einerseits noch ein entsprechend konstruiertes Hofmannsches U-Rohr, dessen Kathode ein Kohlebraunsteinprisma mit 35,7% MnO_2 bezw. 6,6% verfügbarem Sauerstoff ist, andrerseits ein Hofmannsches U-Rohr mit einer Platinblechanode und einer Kohlekathode ein. Diese drei mit verdünnter Schwefelsäure (1 : 6) gefüllten Apparate werden

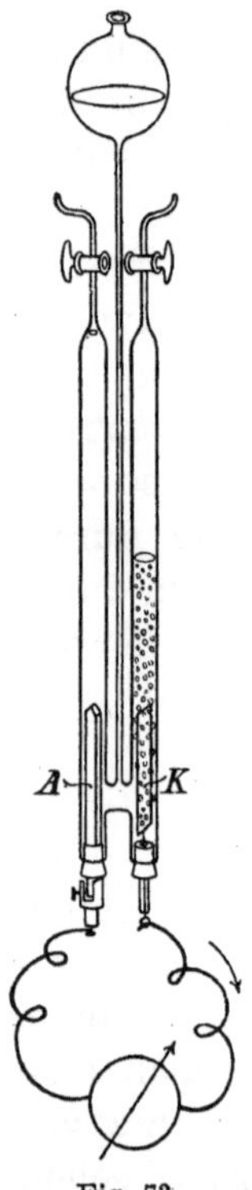

Fig. 73.

nun z. B. mit einer Batterie von 20 Akkumulatoren verbunden, und es entwickelten sich nach 12 Minuten an den Platinanoden gleich große Mengen Sauerstoff, nämlich 31 cm³. Von der Kohlekathode stiegen demnach 62 cm³ Wasserstoff auf. Die an der Kohlebraunsteinkathode entbundene Wasserstoffmenge betrug 41 cm³. Dagegen zeigte sich der Schenkel der Bleisuperoxydkathode vollkommen gasfrei. Folglich besitzt das Bleisuperoxyd ein viel stärkeres Depolarisationsvermögen als das Mangansuperoxyd. Während sich jenes Kohlebraunsteinprisma schon bei einem Strom von 0,063 Amp. polarisiert, vermag ein Bleisuperoxydprisma obiger Größe sogar einen Strom von 4 Amp. auszuhalten, ohne daß Wasserstoff frei wird, d. h. ohne daß die elektromotorische Kraft eines Akkumulators mit Platten von entsprechender Größe durch die Polarisation geschwächt wird. Dies ist im allgemeinen auch die maximale Stromintensität, bei welcher man einen Akkumulator mit nur drei Elektroden von etwa 12×18 cm Oberfläche auf einige Zeit entladen darf. Jedoch kann sich dieses Maximum bei gehöriger Größe oder Anzahl der Elektroden auf sehr viel höhere Stromstärken belaufen.

Vergleicht man das Verhalten der Kohlebraunstein- und Bleisuperoxydkathoden, so muß es sehr auffallen, daß die letzteren trotz ihres geringeren Gehaltes an verfügbarem Sauerstoff weit kräftiger depolarisierend wirken, und daß die elektromotorische Kraft der Akkumulatoren derjenigen der Leclanché-Elemente bei weitem überlegen ist. Die Erklärung dieses außerordentlichen Vorzugs der Akkumulatoren hat Liebenow[1]) durch eine Theorie erbracht, welche auf verschiedenen Wegen durch die Arbeiten andrer Forscher bestätigt ist. Liebenow nimmt an, daß das feste Bleisuperoxyd in verdünnter Schwefelsäure eine erhebliche Tendenz besitzt, die zweiwertigen Anionen PbO_2'' zu bilden, so daß die Elektrode ein starkes positives Potential erhält. Auch das Jod lieferte ja ein Beispiel dafür, daß ein fester Körper in Anionenform in den Elektrolyten eintreten kann (S. 166). Das wirkliche Bestehen der PbO_2-ionen wird übrigens auch durch die Existenz der löslichen Salze der Säure $H_2\cdot PbO_2''$ gefordert, in denen

---

[1]) Zeitschr. für Elektrochem. 2, 420—422, (1895/96).

der Wasserstoff durch Kalium oder Natrium vertreten ist. Bleisalze sind nämlich in wässeriger Lösung bis zu einem gewissen (allerdings nur geringen) Grad hydrolytisch gespalten, demnach ist auch eine kleine Menge Bleihydroxyd gelöst, welches neben seiner basischen Dissoziation $Pb^{..}(OH')_2$ auch als Säure $PbO_2''(H^.)_2$ zu wirken vermag. Die an der Kathode der Akkumulatoren beim Entladen sich abspielenden Vorgänge bestehen nun nach LIEBENOW darin, daß die Anionen PbO_2'' von der Superoxydplatte in den Elektrolyten getrieben werden. Hier wirken sie anziehend auf die von der Bleiplatte verdrängten Wasserstoffionen und bilden undissoziierte $Pb(OH)_2$

$$PbO_2'' + H_2^{..} = Pb(OH)_2.$$

Dieses dissoziiert aber sofort als Base und geht mit der Schwefelsäure nach der Gleichung:

$$Pb^{..}(OH'')_2 + H_2^{..}SO_4'' = 2H_2O + Pb^{..}SO_4''$$

sofort in Bleisulfat über, welches sich, da es wegen seiner geringen Löslichkeit in der Schwefelsäure nur in beschränktem Maße bestehen kann, an der Kathode in fester Form ausscheidet.

Fasst man die Vorgänge, wie sie an den beiden Elektroden der Akkumulatoren beim Entladen stattfinden, zusammen, so ergibt sich:

$$Pb + 2H_2^{..}SO_4'' + PbO_2 = 2Pb^{..}SO_4'' + 2H_2O.$$

Für je 2 Grammatom Pb der Anode und 1 Grammolekel PbO_2 der Kathode, die in Sulfat verwandelt werden, müssen 2×96540 Coul. den Stromkreis passieren. Wie man sieht, nimmt bei fortgesetztem Entladen der Akkumulatoren die Menge der aktiven Massen und die der Schwefelsäure ab, die des Bleisulfats und des Wassers zu, die Schwefelsäure wird also immer verdünnter und da sich mit dem Konzentrationsgrad derselben ihr spezifisches Gewicht verringert, so kann man an dem Stand eines in den Elektrolyten eingesenkten Aräometers ungefähr beurteilen, welche Elektrizitätsmengen einem Akkumulator bereits entnommen sind, und welche er noch enthält.

Die hohe elektromotorische Kraft und Konstanz der Akkumulatoren wird ferner durch die Versuchsanordnung

Fig. 74 dargetan, bei welcher die Vorgänge an der Anode und Kathode zugleich zur Geltung kommen. In dem einen Schenkel der mit verdünnter Schwefelsäure (1:4) gefüllten Zelle Z, welche dieselbe Form wie im Apparat Fig. 69 hat, ist der oben beschriebene zylindrische Bleistab A luftdicht befestigt, während in dem den anderen Schenkel verschließenden Pfropfen die platinierte Platinelektrode K nebst einem rechtwinkelig gebogenen Röhrchen r, welches mittels eines

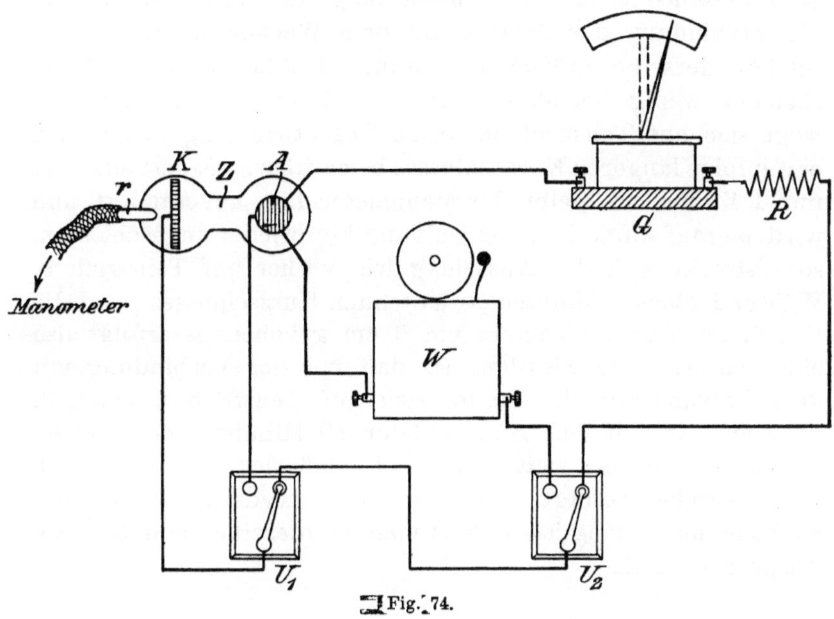

Fig. 74.

Schlauches mit einem Manometer des LOOSERschen Doppelthermoskops verbunden wird, angebracht ist. Der Umschalter U_1 ermöglicht einerseits den Kurzschluß der Zelle Z, andrerseits mittels des zweiten Umschalters U_2 den Anschluß der Zelle sowohl an den Wecker W, als an das große, mit dem Widerstand R von 100 Ohm versehene Galvanoskop G. Das Element $Pb|H_2SO_4|Pt$ vermag den Wecker W nicht in Tätigkeit zu setzen. Die Nadel des Galvanoskops bewegt sich nur auf Teilstrich 2, und während dasselbe eine Minute angeschlossen bleibt, steigt das Manometer infolge der Wasserstoffentwicklung um 1 cm. Das Manometer steigt in der nämlichen Zeit bei Kurzschluß um 13 cm, und wird hierauf Z wieder mit G verbunden, so schlägt die Nadel nur noch auf Teilstrich 1 aus. Nunmehr ersetze man K durch eine Bleiplatte, welche in eingravierten Längsrinnen eine gewisse Menge Bleisuperoxyd enthält. Letzteres wurde dadurch erzeugt, daß man die Platte, nachdem die Rinnen mit dem Gemisch von Mennige und konzentrierter Schwefelsäure ausgefüllt waren, als Anode der Wirkung der Elektrolyse der Schwefelsäure etwa 10 Stunden lang aussetzte. Wird jetzt die Verbindung der Zelle Z mit dem Wecker hergestellt, so schlägt derselbe kräftig an, während ihm ein Leclanché-Element wenig beeinflußt. Die Nadel des Galvanoskops bewegt sich auf Teilstrich 9. Eine Gasentwicklung macht sich erst infolge längeren Kurzschlusses bemerkbar. Dauert letzterer nur 1 Minute, so bleibt das Manometer fast unverändert, und wird hierauf kurze Zeit das Galvanoskop wieder angeschlossen, so erstreckt sich der Ausschlag wie vorher auf Teilstrich 9. Während eines 5 Minuten anhaltenden Kurzschlusses wird die Flüssigkeit des Manometers um 2 cm gehoben, es erfolgt also eine schwache Polarisation, so daß bei der Verbindung mit dem Galvanoskop die Nadel sich auf Teilstrich 6 einstellt. Läßt man jedoch den Akkumulator 10 Minuten offen stehen, so hat er sich so weit „erholt“, daß der Nadelausschlag 8 Teilstriche beträgt. Da die Superoxydschicht auf der Kathode nur gering ist, so darf man an dieselbe keine höheren Ansprüche stellen.

§ 3. Die Vorgänge beim Laden der Akkumulatoren.

Die elektromotorische Kraft eines Akkumulators nimmt bei längerem Entladen desselben ab. Ist sie auf 1,8 Volt gesunken, so fällt sie bei weiterer Stromentnahme rapid ab. Ein großer Teil der aktiven Massen beider Elektroden ist in Sulfat verwandelt. Der Akkumulator ist erschöpft.

Die Akkumulatoren sind aber nicht bloß konstante, sondern auch reversible Ketten, denn die Konstruktion derselben gestattet es, durch Einführung eines umgekehrt gerichteten Stromes die Prozesse der Entladung an beiden Elektroden rückgängig zu machen. Beim Laden wird die Sulfatschicht an der Bleielektrode zu Blei reduziert und an der anderen Elektrode zu Superoxyd oxydiert.

Folgender Versuch veranschaulicht das Laden eines Akkumulators, sowie insbesondere auch die Formierung desselben nach dem früheren PLANTÉschen Verfahren, von welchem die neueren Verfahren im Prinzip nicht wesentlich abweichen. Fig. 75 stellt einen Glastrog dar, der mit verdünnter Schwefelsäure (1 : 4) gefüllt ist. In den Rinnen der schmalen Seitenwände desselben sind die Bleiplatten P_1, P_2 und P_3 so angebracht, daß sie leicht herausgehoben werden können. Sie sind mit einer dünnen Schicht Bleisulfat überzogen, wenn sie, nachdem sie mittels einer Stahldrahtbürste vollständig gereinigt waren, der Wirkung der Säure mehrere Stunden ausgesetzt wurden. In solchem Zustand ist die Zelle natürlicherweise stromlos. Die Platten P_2 und P_3 sind untereinander verbunden. An sie wird mittels der Klemmschraube k der negative Pol einer aus zwei Akkumulatorenzellen bestehenden Ladungsbatterie angelegt. Der positive Pol der letzteren wird an die Klemmschraube a der Platte P_1 befestigt. Nach etwa

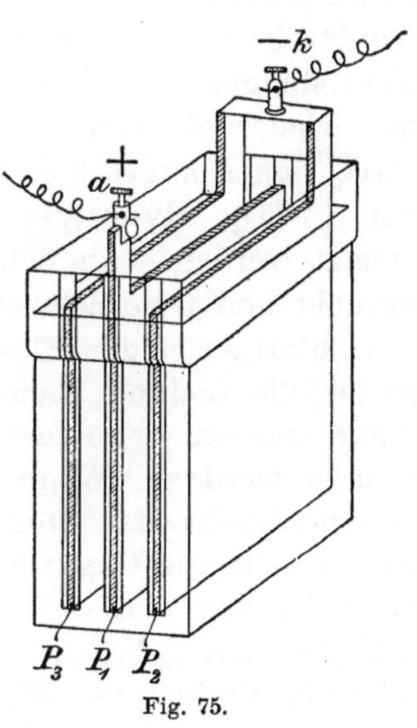

Fig. 75.

20 Minuten langem Stromdurchgang zeigt sich die Platte P_1 beiderseits von einer tiefbraunen Superoxydschicht bedeckt, während die Platten P_2 und P_3 infolge der Reduktion des Bleisulfats, sowie durch die Okklusion des Wasserstoffs mattgrau erscheinen. Schon nach jener kurzen Dauer der Ladung ist der Strom der Zelle kräftig genug, um einen Wecker in Bewegung zu setzen. Er reicht sogar aus, verdünnte Schwefelsäure zu zerlegen. Fertigt man sich mindestens drei solcher Zellen (Fig. 75) an und ladet und entladet sie wiederholt, so läßt sich zeigen, daß die Strommengen, die sie bis zur Erschöpfung liefern, mit jedem Mal wachsen. Die Gasmengen nämlich, welche sich beim Entladen am Knallgasvoltameter er-

16*

geben, oder die Anzahl der Minuten, innerhalb deren ein Glühlämpchen von etwa 5 Volt brennt, nehmen um so mehr zu, je öfter jene Ladung und Entladung vor sich gegangen ist, je mehr also die Mengen der aktiven Massen zugenommen haben.

Die Vorgänge an dem Elektroden während des Ladens pflegt man durch die Gleichung:

$$2\,Pb^{..}SO_4{}'' + 2\,H_2O = Pb + 2\,H_2{}^{..}SO_4{}'' + PbO_2$$

auszudrücken. Ein allerdings nur minimaler Teil des Bleisulfats ist im Elektrolyten gelöst. An der mit dem negativen Pol der ladenden Batterie verbundenen Platte scheiden sich Bleiionen ab. Neue Mengen Sulfat lösen sich, und die Neutralisation der Bleiionen wiederholt sich. Am Superoxydpol werden beim Laden $PbO_2{}''$-ionen abgeschieden, die in der Lösung durch Auflösung von $PbSO_4$, Hydrolyse und Säuredissoziation des PbO_2H_2 ersetzt werden. An beiden Elektroden wird also Sulfat verbraucht und freie Schwefelsäure bleibt übrig. Ist schließlich das Sulfat an beiden Elektroden in aktive Masse umgewandelt, so ist die Ladung beendet, und bei weiter fortgesetzter Ladung würden unnützerweise Wasserstoff und Sauerstoff entwickelt werden. Wenn die Intensität des ladenden Stromes in Anbetracht der Dimensionen des Akkumulators zu groß ist, so tritt die Gasentwicklung auch schon vor völlig beendeter Ladung ein, da zu jenen Umsetzungen nicht die erforderliche Zeit geboten wird. Natürlich wird hierdurch ebenfalls ein Verlust von Elektrizität herbeigeführt.

In der Technik wird das Laden der Akkumulatoren mit ganz wenigen Ausnahmen nur mittels Dynamomaschinen ausgeführt, und zwar womöglich zu einer Zeit, wo jene anderwärts nicht in Anspruch genommen sind.[1]) Zum Laden einer

---

[1]) Das ermöglicht dann z. B. den Betrieb einer Beleuchtungsanlage mit verhältnismäßig kleinem Machinenaufwand. Nehmen wir z. B. an, daß während 7—8 Stunden (also etwa $^1/_3$ des Tages) 300 Kilo-Watt d. h. ca. 400 Pferdekräfte gebraucht werden, so würde sich dies bei permanent laufender Maschine mit einer 100 Kilowatt-Dynamo erreichen lassen. Während der 16—17 Stunden, wo die Beleuchtung ruht, würde die von der Maschine gelieferte Elektrizität in einer entsprechend großen Akkumulatorenbatterie aufgespeichert werden. Während der eigentlichen Verbrauchszeiten dagegen können dann Batterie und Dynamo zusammen den Bedarf bestreiten.

kleinen Zahl von Akkumulatoren, die als Stromquelle beim Experimentieren dienen sollen, sind vielfach die GÜLCHERschen Thermosäulen empfohlen worden. Anstatt der letzteren sind auch die in der Reichstelegraphie verwendeten und zu einem mäßigen Preis zu beschaffenden DANIELL-Elemente des Systems KRÜGER brauchbar. Dieselben sind, wie Figur 76 zeigt, konstruiert. Das Gefäß g von 1 Liter Inhalt enthält als Anode einen dickwandigen Zinkring Zn, der mittels dreier Zapfen auf dem Rande des Gefäßes hängt. P ist eine als Kathode dienende Bleiplatte, in welche der Bleistab s eingegossen ist. Man füllt das Gefäß mit Wasser, löst darin ungefähr 20 g Zinksulfat auf und bringt dann auf den Boden etwa 100 g Kupfersulfatkristalle. Die so vorgerichteten Zellen kombiniert man in entsprechender Weise zu einer Batterie, die man in einem Schrank ruhig stehen lassen muß, damit eine Mischung der Salzlösungen möglichst vermieden wird. Die elektromotorische Kraft eines derartigen Kupferelementes ist nach einigen Stunden 1 Volt, bleibt mehrere Wochen konstant und sinkt dann auf 0,95 Volt. Je nach der Konzentration der Lösungen beträgt der innere Widerstand 3 bis 8 Ohm. Daher ist die Intensität des zu entnehmenden

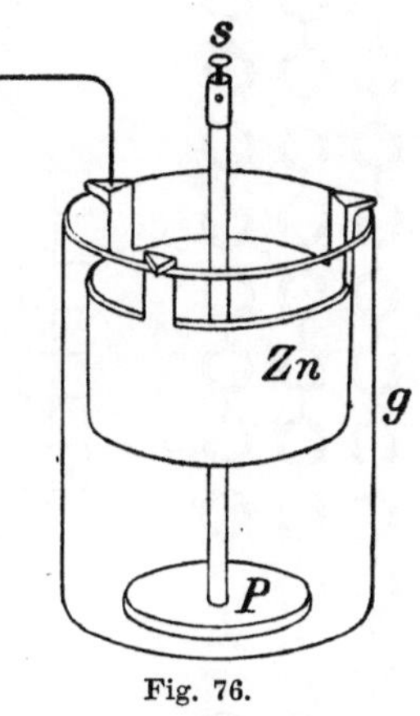

Fig. 76.

Stromes gering, schwankt aber, selbst im Verlauf mehrerer Monate, nur innerhalb enger Grenzen, wenn man die nötigen Mengen Kupfervitriol hinzufügt. Die Zinkringe halten längere Zeit aus. Mittels eines Kontaktes schließt man diese Batterie der KRÜGER-Elemente an die zu ladenden Akkumulatoren an und schaltet sie nach etwa stattgefundener Benutzung des Akkumulatorstromes sogleich wieder ein, um weiter zu laden.

Folgendes Beispiel möge erläutern, wie man etwa die Schaltung einer solchen Ladungs- und einer Akkumulatorenbatterie vornehmen könnte.[1]) Es seien 8 Akkumulatorenzellen

---

[1]) Dieses Beispiel entspricht etwa der am Betriebe kleinerer Telephonämter häufig angewendeten Schaltung.

mit 36 KRÜGER-Elementen zu laden. Je 12 der letzteren schließe man hintereinander zu einer Reihe und kombiniere die drei Reihen parallel. Die Akkumulatoren ordne man zu je vier hintereinander, verbinde beide Reihen parallel und lege die Pole der Ladungsbatterie an, wie es Fig. 77 zeigt.

Ist die elektromotorische Kraft eines KRÜGER-Elementes 1 Volt, und sein innerer Widerstand 5 Ohm, und setzt man die elektromotorische Gegenkraft eines Akkumulators gleich 2,2 Volt, so liefert die Ladungsbatterie, wenn man von dem geringen Widerstand der Akkumulatoren absieht, einen Strom von der Intensität

$$i = \frac{12 - 2{,}2 \times 4}{12 \times 5 : 3} = 0{,}16 \text{ Amp.}$$

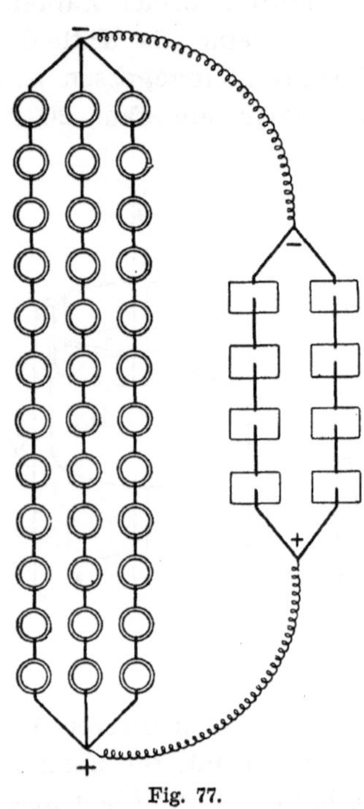

Fig. 77.

Wenn nun die Kapazität (S. 247) eines Akkumulators 40 Ampère-Stunden beträgt, so sind wegen der Parallelschaltung der beiden Akkumulatorenreihen von der Ladungsbatterie 80 Ampère-Stunden zu leisten. Demnach wird die Akkumulatorenbatterie in 80/0,16 = 500 Stunden geladen sein. Das Beispiel zeigt deutlich, daß die Akkumulatoren im wahren Sinne des Wortes Aufspeicherungsvorrichtungen sind. Denn langsam sammelt sich in ihnen die elektrische Energie an, läßt sich aber daraus beliebig wieder entnehmen, sowohl in geringen als auch in größeren Quantitäten, die sich im vorliegenden Fall auf 9 Ampère wenigstens für kürzere Zeit, belaufen dürfen. Da ferner 1 Amp. während einer Stunde 1,181 g Kupfer ausscheidet, also 4,651 g kristallisiertes Kupfersulfat und 1,213 g Zink verbraucht werden, so konsumiert die Ladungsbatterie während der Dauer der Ladung $3 \times 80/3 \times 12 \times 0{,}004651 = 4{,}5$ kg Kupfersulfat und 1,2 kg Zink.

§ 4. Der Nutzeffekt.

Die in Ampère-Stunden auszudrückende und dem Gesamtgewicht der ausfließenden Wassermasse einer Wasserleitung vergleichbare Elektrizitätsmenge, welche ein Akkumulator liefern kann, heißt seine **Kapazität**, Sie ist bedingt durch das auf je 1 kg der Platten kommende Gewicht der aktiven Masse.

Die **Arbeits- oder Energiegröße** eines Akkumulators wird nach Wattstunden bestimmt. Sie entspricht dem Produkt aus der ausfließenden Wassermasse und der Druckhöhe des Wasserreservoirs, ist also von dem Verhalten der elektromotorischen Kraft des Akkumulators abhängig.

Die beim Entladen eines Akkumulators erzielbare Elektrizitätsmenge ist nahezu gleich der beim Laden aufgewendeten, falls die Stromintensitäten niedrig genug gehalten werden. Der wirkliche Nutzeffekt an Elektrizitätsmenge beträgt bei den besseren Typen 90 bis 96 $^0/_0$. Wird z. B. ein Akkumulator in 18 Stunden bei der mittleren Stromintensität von 2 Amp. geladen und in 8 Stunden mit 4,25 Amp. durchschnittlicher Stromintensität entladen, so ist der Wirkungsgrad in Ampèrestunden

$$\frac{4,25 \cdot 8}{2 \cdot 18} = 0,944 = 94,4 \ ^0/_0$$

Die Differenz rührt hauptsächlich daher, daß sich die oberflächlichen Partien der aktiven Masse schneller laden als die tieferliegenden, so daß eine Gasentwicklung nicht ganz zu vermeiden ist.

Größer sind die Differenzen der aufgewendeten und gewinnbaren Watt-Stunden. Der Energienutzeffekt beläuft sich selbst bei mäßiger Inanspruchnahme der Akkumulatoren nur auf 75 bis 85 $^0/_0$. Ist im obigen Fall die mittlere Spannung beim Laden 2,2 Volt und beim Entladen 1,97 Volt, so ist der Nutzeffekt in Watt-Stunden

$$\frac{1,97 \cdot 4,25 \cdot 8}{2,2 \cdot 2 \cdot 18} = 0,845 = 84,5 \ ^0/_0.$$

Der nicht unbedeutete Energieverlust von 15 bis 25 $^0/_0$ wird zum geringeren Teil durch die Joulewärme, zum größeren aber dadurch verursacht, daß die von dem Ladungsstrom zu überwindende elektromotorische Gegenkraft im Mittel 2,2 Volt aus macht, während der Akkumulator bei der Entladung durchschnittlich nur eine elektromotorische Kraft von 1,95 Volt aufweist. Er verhält sich also wie ein Wasserreservoir, welches nach der Füllung auf ein etwas tieferes Niveau herabgesetzt wird.

In Anbetracht dieses 0,2 bis 0,3 Volt betragenden Unterschiedes könnte man vermuten, daß die chemischen Vorgänge im Akkumulator nicht völlig reversibel sind. Indessen hat DOLEZALEK[1]) die Richtigkeit der Gleichung

$$Pb + 2\,H_2{}^{..}SO_4{}'' + PbO_2 \rightleftharpoons Pb^{..}SO_4{}'' + 2\,H_2O + Pb^{..}SO_4{}''$$

($\rightarrow$ Entladung, $\leftarrow$ Ladung) bewiesen und jene Spannungsdifferenz erklärt. Indem er nämlich von jener Gleichung ausging, ermittelte er durch thermodynamische Betrachtungen die Beziehung der elektromotorischen Kraft eines Akkumulators zur Konzentration der Schwefelsäure und konstatierte die Übereinstimmung der theoretischen und empirischen Werte. Nach der seiner Abhandlung entnommenen Tabelle:

Tab. XXIV.

Elektro-motorische Kraft	Dichte der Schwefelsäure	$^0/_0 H_2SO_4$
2,29	1,496	58,37
2,18	1,415	50,73
2,05	1,279	35,82
1,94	1,140	19,07
1,82	1,028	3,91

fällt die elektromotorische Kraft des Akkumulators mit der Konzentration der Säure ab. Nun muß aber in der porösen Elektrodenmasse beim Laden die Säuredichte schneller zunehmen und beim Entladen schneller abnehmen als im Elektrolyten, da sich der Ausgleich durch Diffusion nicht schnell

---

[1]) Zeitschr. f. Elektrochem. **4,** 349—355, (1898).

genug vollziehen kann, und zwar um so weniger, je größer
die Stromintensität ist. Folglich verhält sich der Akkumulator
beim Laden wie ein solcher mit konzentrierterer, beim Entladen wie ein solcher mit verdünnterer Säure, d. h. die Gegenkraft ist beim Laden größer als die elektromotorische Kraft
beim Entladen. Der Energieverlust besteht demnach, abgesehen von der Joulewärme, wesentlich in demjenigen Wärmequantum, welches der Arbeit der Konzentrationsströme, die
zwischen der Säure innerhalb und außerhalb der Elektroden
auftreten, äquivalent ist. Am geringsten ist der Verlust bei
einer 30,4 prozentigen Schwefelsäure von der Dichte 1,224.

§ 5. Die Selbstentladung der Akkumulatoren.

Es ist ferner noch hervorzuheben, daß der Nutzeffekt der
Akkumulatoren auch durch die allmähliche Selbstentladung
geschwächt wird, und zwar kommt dieses Moment um so mehr
zur Geltung, je länger die Akkumulatoren unbenutzt stehen.
Das Blei wird nämlich von selbst, wenn auch langsam, unter
der Mitwirkung des Luftsauerstoffs in Sulfat übergeführt. Viel
schneller aber geht die Selbstentladung vor sich, wenn fremde
Metalle in den Akkumulator gelangen, z. B. durch eine unreine
Schwefelsäure, durch die an den Polen angebrachten Messing-
klemmen etc. Daß die Anwesenheit von Kupfer im Akkumulator denselben gänzlich unbrauchbar machen kann, zeigt
folgender Versuch. Ein 9 cm langes, 1 cm dickes und 2 cm
breites Bleiprisma (am besten aus der Bleiplatte eines wesentlich aus aktiver Masse aufgebauten Akkumulators geschnitten),
welches der Stabilität wegen mit einer Bleifassung zu umgeben ist, ist als Kathode mit einem dasselbe isoliert umschließen-
den Platinblech als Anode in verdünnte Schwefelsäure zu
bringen und mehrere Stunden elektrolytisch zu reduzieren.
Hierauf wird an dieses Prisma P (Fig. 78) ein Kupferrahmen R,
mit welchem die sechs Kupferblechstreifen S vernietet sind,
mittels Schrauben befestigt. Diese Vorrichtung wird in ein
mit verdünnter Schwefelsäure (1:5) gefülltes Gefäß G gesenkt,
dessen Pfropfen K das Manometerrohr M (Lumen 3 mm) und
das Verschlußstäbchen V trägt. Sogleich entwickeln sich an
den Kupferstreifen Wasserstoffbläschen. Die Flüssigkeit im

Manometerrohr steigt in wenigen Minuten 10 cm. Nach drei Stunden betrug das in einem Eudiometerrohr aufgefangene Gasvolumen 25 cm³.

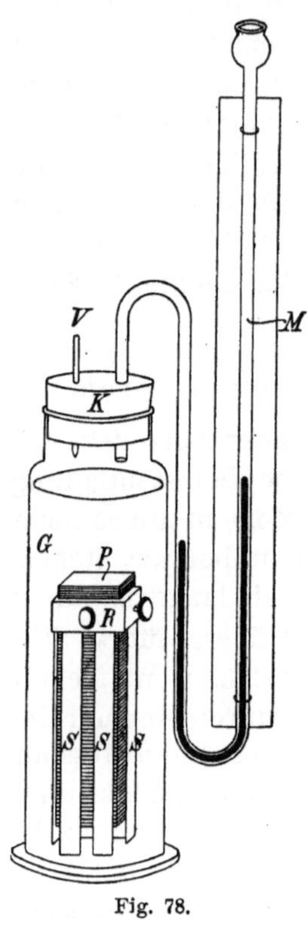

Fig. 78.

Wenn aber auch ein gewisser Energieverlust bei der Verwendung der Akkumulatoren nicht zu vermeiden ist, so fällt derselbe doch in Anbetracht der mannigfachen Vorzüge, welche diese Elemente allen anderen galvanischen Stromquellen gegenüber auszeichnen, nicht so sehr ins Gewicht. Um es kurz zusammenzufassen, so bestehen diese Vorzüge in der hohen elektromotorischen Kraft, dem geringen, nur nach Hundertsteln oder Tausendsteln von Ohm zählenden inneren Widerstand und der verhältnismäßig großen Konstanz und Kapazität. Freilich ist für manche Zwecke die bedeutende Schwere der Elektroden sehr hinderlich. Zu Traktionszwecken (elektrische Automobile) sind die Akkumulatoren speziell aus diesem Grunde nur dann zu verwenden, wenn das Aktionsbereich des Wagens nur ein beschränktes zu sein braucht. Dazu kommt, daß starke Erschütterungen ebenfalls den Akkumulatoren nicht dienlich sind und ihre Lebensdauer herabsetzen. Infolgedessen ist die Verwendung der Bleiakkumulatoren in ganz überwiegendem Grade mit der stationären Aufstellung verknüpft. Es sind vielfältige Bemühungen gemacht worden, leichtere Akkumulatoren zu erfinden; von einem Erfolge jedoch, der sich auch nur annähernd mit dem der Bleiakkumulatoren messen kann, ist aber bisher nicht die Rede und wird es in absehbarer Zeit auch wohl kaum sein.[1]

---

[1] Wer sich über die Akkumulatoren weiter orientieren will, sei verwiesen auf die Broschüre: K. Elbs, Die Akkumulatoren, Leipzig 1901, ferner auf: E. Hoppe, Die Akkumulatoren für Elektrizität, 3. Aufl. Berlin 1898.

10. Kapitel.

Die Thermodynamik der galvanischen Elemente und der Elektrolyse.

§ 1. Wärmeentwicklung des Stromes ohne äußere Arbeitsleistung.

Die elektrische Energie hat den großen Vorzug, daß sie sich leicht aufspeichern und mit nur geringen Verlusten in die andern Energieformen umwandeln läßt.

Wie die mechanische Arbeit, die ein frei fallender Körper zu leisten fähig ist, aus dem Produkt der durch die Fallhöhe bedingten treibenden Kraft und der Masse des Körpers bestimmt wird, so wird die elektrische Energie durch das Produkt der Potentialdifferenz π und der Elektrizitätsmenge J, also nach Volt-Coulomb, gemessen, und zwar ist

$$1 \text{ Volt} \times 1 \text{ Coulomb} = 10^7 \text{ Erg} = 0{,}239.$$

Falls man ein galvanisches Element von der elektromotorischen Kraft π und dem innern Widerstand w_1 durch einen Leitungsdraht von dem Widerstand w_2 schließt, so geht die gesamte elektrische Energie π J in die Wärme C über, welche, wenn der Strom bei konstanter elektromotorischer Kraft und der Stromintensität i während t Sekunden zirkuliert,

$$C = 0{,}239 \, \pi \, i \, t = 0{,}239 \, i^2 \, (w_1 + w_2) \, t \text{ cal.}$$

beträgt, denn es ist $J = i\,t$ und $\pi = i\,(w_1 + w_2)$. Die Wärme

$$c_1 = 0{,}239 \, i^2 w_1 \, t \text{ cal.}$$

verbleibt im Element, die Wärme

$$c_2 = 0{,}239 \, i^2 w_2 \, t \text{ cal.}$$

wird im Schließungsbogen entwickelt.

Beide Wärmen c_1 und c_2, die als Joulewärmen bezeichnet werden, lassen sich wenigstens näherungsweise durch den Versuch demonstrieren. Als Stromquelle ist hierzu ein Daniellsches Element mit Tonzelle wenig geeignet, weil dasselbe wegen des verhältnismäßig hohen innern Widerstandes nicht genügend starke Ströme liefert. Auch ein aus Zink, Chromsäure und Kohle bestehendes Bunsensches Element ist für den Versuch nicht brauchbar, denn beide Elektroden erzeugen für sich schon im Elektrolyten Wärme, so daß bereits im offenen Element Wärme frei wird. Diese Mängel treten bei den Akkumulatoren weniger hervor. Zu jenem Versuch diente daher ein Bösescher Akkumulator Type Y, der drei $3,5 \times 9$ cm große Platten enthält und bei der Stromentnahme von 1 Ampère eine Kapazität von zwei Ampère-Stunden aufweist. Als Wärmeindikator wurde das Doppelthermoskop von Looser verwendet. Dasselbe besteht (Fig. 79) aus den Manometern M_1 und M_2 und den mit ihnen durch die Gummischläuche g_1 und g_2 verbundenen, gleich großen Rezeptoren R_1 und R_2. Jeder der letzteren ist ähnlich wie beim Bunsenschen Eiskalorimeter aus zwei ineinander geschobenen zylindrischen Gefäßen hergestellt, deren obere Ränder zusammengeschmolzen sind. Das innere Gefäß, welches das sich erwärmende Material aufnehmen soll, muß 4 cm weit und 10 cm hoch sein, während das äußere Gefäß einen Durchmesser von 6 cm hat. Die in dem ersteren entstehende Wärme dehnt die Luft des zwischen beiden Gefäßen befindlichen mantelförmigen Raumes aus, so daß die Flüssigkeit in den an der Skala S befestigten Manometerschenkeln steigt.

In den Rezeptor R_1 wurde nun der Akkumulator nebst 70 cm³ Schwefelsäure (1 : 4) gebracht. Das gleiche Quantum Schwefelsäure enthielt der Rezeptor R_2. Derselbe war mit einem Kork verschlossen, in welchem zwei Kupferdrähte steckten, an deren Enden ein 25 cm langer, 0,1 mm dicker Platindraht p von dem Widerstand 2,5 Ohm mit Neusilberlot angelötet war. Die Lötstellen tauchten in die Säure ein. Nach dem Laden zeigte der Akkumulator die elektromotorische Kraft von 1,9 Volt und den Widerstand von 0,15 Ohm. Nachdem die Flüssigkeit der Rezeptoren die Temperatur des Zimmers angenommen hatte, wurden die Schließungsdrähte angelegt, wie Fig. 79 zeigt (Stöpsel des Umschalters U in l_1). Die Stromintensität betrug unter diesen Umständen

$$i = \frac{1,9}{0,15 + 2,5} = 0,717 \text{ Ampère.}$$

In R_1 hätten also nach 20 Minuten

$$c_1 = 0,239 \cdot 0,717^2 \cdot 0,15 \cdot 1200 = 22,1 \text{ cal.,}$$

und in R_2

$$c_2 = 0{,}239 \cdot 0{,}717^2 \cdot 2{,}5 \cdot 1200 = 368{,}5 \text{ cal.}$$

entstehen, oder die Wärmen c_1 und c_2 hätten sich wie $w_1 : w_2$, d. h. wie $1 : 16{,}6$ verhalten müssen. Tatsächlich zeigten die Manometer eine Steigung des Flüssigkeitsfadens von 4 bezw.

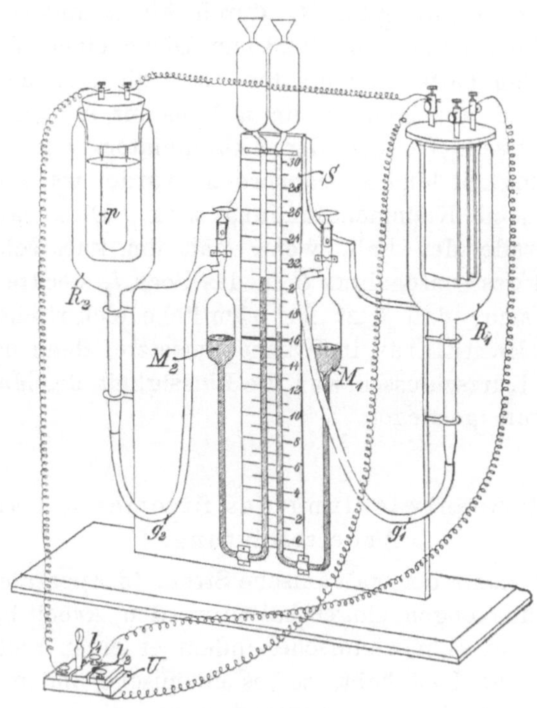

Fig. 79.

48 mm an, ein Resultat, das in Anbetracht der durch die Leitungsdrähte hervorgerufenen Wärmeverluste sowie der sonstigen der Methode anhaftenden, nicht unbeträchtlichen Mängel, einigermaßen befriedigt.

Bei konstantem π wächst das Verhältnis $c_2 : c_1$, wenn w_2 zunimmt, denn es ist $c_2/c_1 = w_2/w_1$. Aber der absolute Wert von c_2 muß sich bei Zunahme von w_2 verringern, da i abnimmt. Der Wert von c_2

$$c_2 = 0{,}239 \cdot i^2 \cdot w_2 \cdot t = 0{,}239 \left(\frac{\pi}{w_1 + w_2} \right)^2 \cdot w_2 \, t \text{ cal.}$$

erreicht, falls sich π und t nicht ändern, ein Maximum, wenn $w_2 = w_1$ ist, d. h. wenn der äußere Widerstand gleich dem inneren ist, und dann ist stets die Wärme im Element gleich der Wärme im Schließungsbogen. Der Versuch bewies es, denn die Flüssigkeiten stiegen in beiden Manometern fast gleich hoch, nämlich in 2 Minuten 12 mm, wofern man den Platindraht p im Rezeptor R_2 durch einen andern ersetzte, der bei 5,3 cm Länge und 0,28 mm Dicke einen Widerstand von 0,15 Ohm hatte. Es müßten zwar die Manometer einen höheren Stand anzeigen, wenn π konstant bliebe. Weil jedoch bei diesem Versuch der Akkumulator weit über seine Leistungsfähigkeit hinaus beansprucht wurde, trat Polarisation ein, sodaß seine Klemmenspannung sank. Dies war in noch höherem Grade der Fall, wenn man ihn kurz schloß, also den Stöpsel des Umschalters U in das Loch l_2 steckte. Immerhin zeigte sich, daß jetzt fast sämtliche elektrische Energie sich im Akkumulator in Wärme umsetzte, denn nach einer Minute des Kurzschlusses war die Flüssigkeit des Manometers M_1 um 20 mm gestiegen.

§ 2. Wärmeentwicklung des Stromes bei äußerer Arbeitsleistung.

Ferner kann der galvanische Strom in Apparaten, die in den Schließungsbogen eingeschalten werden, Arbeit besonderer Art leisten, sei es mechanische, indem er einen Elektromotor treibt, der eine Last hebt, sei es chemische, indem er einen Leiter zweiter Ordnung elektrolysiert und aus demselben Bestandteile abscheidet, die zusammen einen höheren Energieinhalt haben, als die Verbindung selbst. In solchen Fällen muß die gesamte Stromwärme um das Energieäquivalent derartiger Arbeiten geringer sein. Auch dies läßt sich durch den Versuch veranschaulichen. Auf den Rezeptor R_2 setze man einen Pfropfen, der wie bei der Zelle Z (Fig. 58) ein mit einem Dreiweghahn versehenes Manometer M und zwei Drähte trägt, an denen 1 cm² große Platinbleche befestigt sind. Beträgt die Entfernung dieser Elektroden 1,5 cm, so ist der Widerstand der Zelle 2,5 Ohm, also so groß wie der Widerstand des Platindrahtes p in Fig. 79. Die elektromotorische Kraft des Akkumulators reicht aus, die Schwefelsäure im Rezeptor R_2 zu zersetzen. Nach einer Minute ergibt sich am Manometer M, dessen Rohr eine innere Weite von 2 mm hat, eine Niveaudifferenz von 30 cm. Setzt man die Summe der kathodischen und anodischen Polarisation gleich 1,7 Volt, so fließt pro Sekunde durch den Querschnitt der Strombahn

$$\frac{1,9 - 1,7}{0,15 + 2,5} = 0,0755 \text{ Cb.,}$$

und demnach würde, wenn keine chemische Arbeit im Rezeptor R_2 geleistet würde, die gesamte Stromwärme nach 20 Minuten

$$C = 0,239 \cdot 0,0755 \cdot 1,9 \cdot 1200 = 40,66 \text{ cal.}$$

ausmachen. Da aber 1 Coulomb 0,00009351 g Knallgas entwickelt, und zur thermischen Zersetzung von 18 g Wasser 68400 cal. erforderlich sind, was wir einmal als Maß für die elektrisch aufzuwendende Energie betrachten wollen, so ist das durch die chemische Arbeit hervorgerufene Defizit der Stromwärme

$$c = \frac{68400}{18} \cdot 0,00009351 \cdot 0,0755 \cdot 1200 = 32,19 \text{ cal.}$$

Mithin werden im Stromkreis nur $40,66 - 32,19 = 8,47$ cal. frei, also eine Wärme, die so gering ist, daß die Manometer M_1 und M_2 kaum eine Veränderung wahrnehmen lassen.

Würde dagegen die Platinanode vorher verkupfert sein, und der Strom durch eine Kupfersulfatlösung statt durch verdünnte Schwefelsäure geleitet werden, so müßten in den Rezipienten R_1 und R_2 wiederum die Joulewärme $c_1 = 22,1$ bezw. $c_2 = 368,5$ cal. frei werden, da jetzt chemische Arbeit nicht geleistet wird.

§ 3. Beziehung der elektromotorischen Kraft einer galvanischen Kette zur Wärmetönung der in ihr stattfindenden chemischen Vorgänge.

Die weitere Frage betrifft die Beziehung der gewinnbaren elektrischen Energie einer galvanischen Kette zur chemischen Energie, aus welcher erstere hervorgeht. Die Kette verliert an chemischer Energie um so mehr, je länger sie elektrischen Strom liefert, und je lebhafter die chemischen Umsetzungen in ihr erfolgen, d. h. je größer die in cal. auszudrückende Wärmetönung der stattfindenden Prozesse ist. Lange Zeit nahm man gemäß der Thomsonschen Regel an, daß jenem Verlust an chemischer Energie die gewinnbare elektrische genau entspreche, mit anderen Worten, daß die chemische Wärme gleich sei der im gesamten Stromkreis entwickelten Stromwärme, falls der Strom zur besonderen Arbeitsleistung nicht in Anspruch genommen wird. Bezeichnet nun π die elektromotorische Kraft der Kette, so liefert letztere pro g-Atom des an der Anode sich lösenden, n-wertigen Metalles die elektrische Energie

$$\mathrm{n} \cdot \pi \cdot 96\,540 \cdot 0{,}239 = \mathrm{n} \cdot \pi \cdot 23\,073 \text{ cal.}$$

Bedeutet ferner Q die gesamte Wärmetönung des auf 1 g-Atom des Kations bezogenen chemischen Umsatzes, so müßte nach obiger Regel

$$\mathrm{n} \cdot \pi \cdot 23\,073 = Q$$

sein, und die elektromotorische Kraft einer Kette ließe sich aus dem Werte von Q nach der Gleichung

$$\pi = \frac{Q}{\mathrm{n} \cdot 23\,073} \text{ Volt}$$

direkt berechnen.

Für die Kette $\mathrm{Zn}|\mathrm{ZnSO_4}|\mathrm{CuSO_4}|\mathrm{Cu}$ erwies sich diese Formel nahezu richtig. Denn in dem Prozeß

$$\mathrm{Zn} + \mathrm{Cu}^{..}\mathrm{SO_4}'' = \mathrm{Zn}^{..}\mathrm{SO_4}'' + \mathrm{Cu}$$

ist Q $= 50130$ cal., weil (Zn, O, $\mathrm{SO_3}$ aq) $= 106090$ cal. und (Cu, O, $\mathrm{SO_3}$ aq) $= 55960$ cal. ist. Somit müßte

$$\pi = \frac{106090 - 55960}{2 \cdot 23073} = 1{,}09 \text{ Volt}$$

sein, ein Wert, wie er durchschnittlich ja auch gemessen wird.

Bei genauerer Prüfung der andern Ketten stellten sich aber zwischen der chemischen Wärme und der Stromwärme nicht unerhebliche Differenzen heraus, so daß der Thomsonschen Regel, dem Satz von der völligen

Verwandelbarkeit der Wärmetönung einer Reaktion in elektrische Energie, nicht eine allgemeine, sondern höchstens eine angenäherte Giltigkeit zukommt. Es erwies sich nämlich die elektromotorische Kraft der Ketten abhängig von der Temperatur. Sie nimmt mit der Temperatur mehr oder weniger ab oder zu. Für den Zusammenhang der absoluten Temperatur T mit jenen beiden Energiegrößen, der Wärmetönung und der elektrischen Energie, berechnete H. v. HELMHOLTZ für die reversiblen Ketten auf Grund des zweiten Hauptsatzes der Thermodynamik die Gleichung

$$n \cdot \pi \cdot 23073 = Q + 23073 \cdot n \cdot T \frac{d\pi}{dT}, \text{ oder}$$

$$\pi = \frac{Q}{n \cdot 23073} + T \frac{d\pi}{dT}.$$

Hier bedeutet $d\pi/dT$ den Temperaturkoëffizienten der Kette, d. h. die Veränderung der elektromotorischen Kraft bei Zunahme der Temperatur um 1^0. Derselbe ergibt sich aus den Messungen der elektromotorischen Kräfte π_1 und π_2 einer Kette bei den Temperaturen T_1 und T_2 nach der Gleichung

$$\frac{d\pi}{dT} = \frac{\pi_2 - \pi_1}{T_2 - T_1}.$$

Das Produkt $23073 \cdot n \cdot T \cdot d\pi/dT$ heißt die sekundäre Wärme. Sie ist gleich der Differenz der Stromwärme $n \cdot \pi \cdot 23073$ cal. und der chemischen Wärme Q. Ist $d\pi/dT$ negativ, d. h. nimmt die elektromotorische Kraft mit der Zunahme der Temperatur ab, so ist die erzielbare elektrische Energie geringer als der durch die chemischen Vorgänge im Element bedingte Energieverlust. In diesem Fall wird im Element bei Stromentnahme außer der Joulewärme die sekundäre Wärme frei, so daß sich das Element erwärmt. Ist andererseits $d\pi/dT$ positiv, d. h. nimmt die elektromotorische Kraft mit der Steigerung der Temperatur zu, so ergibt das Element eine größere Stromenergie, als dem Verbrauch an chemischer Energie äquivalent ist; es kühlt sich ab und nimmt daher aus der Umgebung Wärme auf, die es gleichfalls in elektrische Energie umsetzt.

Die Richtigkeit der HELMHOLTZschen Gleichung ist von JAHN und anderen Forschern vollkommen bestätigt. Es ergab sich eine befriedigende Übereinstimmung zwischen dem gefundenen und dem auf Grund der experimentell ermittelten Werte von π und Q berechneten Temperaturkoëffizienten.

Zwei Beispiele werden die HELMHOLTZsche Gleichung näher erläutern. Für die Kette

$$Pb|Pb(NO_3)_2|AgNO_3|Ag$$

sei auf je $206{,}4\,g$ gelöstes Blei bei 0^0

$$\text{die Stromwärme} \qquad = 42872 \text{ cal.,}$$
$$\text{die chemische Wärme} = 50900 \quad „$$

gefunden. Demnach ist die sekundäre Wärme

$$23073 \cdot 2 \cdot 273 \cdot d\pi/dT = -8028 \text{ cal.}$$

Daraus folgt $d\pi/dT = -0{,}000637$ Volt, während man fast den gleichen Wert $-0{,}000632$ Volt beobachtete. In diesem Element werden nur $84\,^0/_0$ der chemischen Energie in elektrische umgesetzt. Dasselbe verhält sich somit ähnlich wie die Dampfmaschinen, insofern auch in ihnen nur ein Bruchteil der bei der Verbrennung der Kohlen freiwerdenden Wärme als mechanische Arbeit gewonnen werden kann.

Den Fall eines positiven Temperaturkoëffizienten exemplifiziert die Kette

$$Pb|Pb(C_2H_3O_2)_2|Cu(C_2H_3O_2)_2|Cu.$$

Hier fand JAHN

$$\text{für die Stromwärme} \qquad 21684 \text{ cal.}$$
$$\text{und für die chemische Wärme } 17533 \quad „$$

Aus der sekundären Wärme $+4151$ cal. erhält man $d\pi/dT = +0{,}000330$ Volt, und beobachtet wurden $+0{,}000385$ Volt. Die Kette verdankt den fünften Teil ihrer Stromenergie der äußeren Wärme. Sie führt also außer der chemischen Energie der im Innern verlaufenden Prozesse noch ein bedeutendes Wärmequantum der Umgebung in elektrische Energie über und arbeitet daher in dieser Hinsicht ähnlich einem Gasvolumen, welches bei seiner Ausdehnung auf Kosten der Wärme der Umgebung Arbeit leistet.

Bei weitem die meisten galvanischen Elemente besitzen einen negativen Temperaturkoëffizienten. Doch sind die Elemente mit positivem Temperaturkoëffizienten interessanter, insofern sie Vorkehrungen repräsentieren, welche eine gewisse, von außen aufgenommene Wärme in elektrische Energie verwandeln. Eine Kette dieser Art, die sich für Demonstrationszwecke sehr gut eignet, ist in einer Abhandlung von BUGARSZKY[1]) beschrieben. Zum Versuche benutze man den Apparat Fig. 42, S. 158. Auf den Boden der Becher B_1 und B_2 bringe man reines Quecksilber, fülle sie mit Normal-Kaliumnitratlösung, die als indifferenter Elektrolyt dienen soll, und senke die Elektroden a und k ein. Die Hartgummideckel, in denen letztere befestigt sind, sind mit je einer 8 mm weiten Öffnung zu versehen. Den so vorbereiteten Apparat senke man in ein Wasserbad, nachdem man ihn mit dem kleinen Galvanoskop verbunden hat. Schüttet man nun in den Becher B_2 etwas zusammengedrücktes Merkurochlorid nebst einigen Kristallen Kaliumchlorid, so wird das Galvanoskop noch nicht beeinflußt. Sobald man aber ein Stückchen Kaliumhydroxyd in den Becher B_1 befördert, bewegt sich die Nadel sofort auf Teilstrich 12, falls die Temperatur des Wasserbades 16^0 ist. Die Elektrode a erweist sich als Anode, k als Kathode. Beim Erhitzen des Wasserbades nimmt der Nadelausschlag allmählich zu. Bei 55^0 hat er den Teilstrich 20 erreicht. Wird die Kette wieder abgekühlt, so geht die Nadel in entsprechender Weise zurück. Das Quecksilber im Becher B_1 zeigt sich jetzt mit einer braunen Oxydulschicht bedeckt.

Die chemischen Vorgänge dieser Kette:

$$\overset{-}{\mathrm{Hg}}|\mathrm{KOH}|\mathrm{KNO_3}|\mathrm{HgCl}|\overset{+}{\mathrm{Hg}}$$

verlaufen nach der Gleichung:

$$2\,\mathrm{KOH} + 2\,\mathrm{HgCl} = \mathrm{Hg_2O} + \mathrm{H_2O} + 2\,\mathrm{KCl}.$$

Der Strom kommt also dadurch zustande, daß sich die Merkuroionen des Kalomels an der Elektrode k entladen, während an der anderen Elektrode entsprechend Quecksilber als Merkuroionen in Lösung geht, wobei aber der praktisch völligen Unlöslichkeit des Merkurooxyds wegen sogleich $\mathrm{Hg_2O}$ ausfällt.

---

[1]) Zeitschr. für anorg. Chem. **14**, 145—163, (1897).

Nach den Messungen von BUGARSZKY beträgt bei 0^0 die elektromotorische Kraft jener Kette 0,1483 Volt und bei $43,3^0$ 0,1846 Volt. Demnach ist

$$\frac{d\pi}{dT} = \frac{0,1846 - 0,1483}{43,3} = + 0,000838 \text{ Volt.}$$

Setzt man die betreffenden Werte von π und T für 0^0 und $43,3^0$ in die HELMHOLTZsche Gleichung ein, so erhält man

$$2 \cdot 23073 \cdot 0,1483 = Q + 2 \cdot 23073 \cdot 273 \cdot 0,000838 \text{ und}$$
$$2 \cdot 23073 \cdot 0,1846 = Q + 2 \cdot 23073 \cdot 316,3 \cdot 0,000838.$$

Daraus folgt $Q = -3600$ bezw. $= -3400$ cal. Diese Werte stimmen in Anbetracht der Fehlerquellen sehr gut überein. Die Wärmetönung des chemischen Prozesses liefert nach den thermochemischen Daten von OSTWALDS *Lehrbuch der allgemeinen Chemie* den Wert von -3040 cal., so daß die HELMHOLTZsche Gleichung als bestätigt angesehen werden kann, da die Differenzen von 560 bezw. 360 cal. in diesem Falle für thermochemische Angaben belanglos sind. Das Verhalten dieser Kette ist insofern merkwürdig, als durch sie der Fall verwirklicht wird, daß ein endothermer Prozeß freiwillig verläuft, indem die erforderliche Wärme von außen aufgenommen wird.

Galvanische Elemente, für welche die THOMSONsche Regel zutrifft, müssen einen sehr kleinen Temperaturkoëffizienten haben, d. h. ihre elektromotorische Kraft darf von der Temperatur nur wenig beeinflußt werden. Dies gilt eben für das Element $Zn|ZnSO_4|CuSO_4|Cu$, dessen Temperaturkoëffizient zu $+ 0,000034$ Volt bestimmt ist. Besonders müssen die zu Meßzwecken dienenden Normalelemente der Bedingung eines geringen Temperaturkoëffizienten genügen. Das CLARK-Element

$$Zn|ZnSO_4 \cdot 7H_2O|Hg_2SO_4|Hg$$

hat bei 15^0 die elektromotorische Kraft von 1,4328 Volt. Nach den Messungen von KAHLE[1]) gilt für dasselbe in dem Temperatur-Intervall von 0 bis 30^0 die Gleichung

$$\pi_t = \pi_{15} - 0,00119\,(t - 15) - 0,000007\,(t - 15)^2,$$

---

[1]) Fortschr. der Physik. 574—575, (1893).

woraus als mittleres $d\pi/dT = -0,00117$ Volt folgt. Indem HIBBERT im CLARK-Element die Zinksulfatlösung durch eine Zinkchloridlösung von der Dichte 1,38 ersetzte, erhielt er das Ein-Volt-Element, das sich wegen ungenügender Definiertheit aber als Normalelement nicht hat einbürgern können. Zwischen den Temperaturen von 16^0 bis 31^0 ist für dasselbe $\pi = 0,9993$ bis 1,0004 Volt, also $d\pi/dT$ nur $+\,0,00001$ Volt. Selbst für für genauere Messungen, die mittels dieses Elementes ausgeführt werden, ist es daher nicht nötig, Petroleumbäder zur Konstanthaltung der Temperatur zu benutzen. Auch bei dem jetzt am meisten gebrauchten Kadmium-Normal-Element

$$Cd|CdSO_4 \cdot \tfrac{8}{3}H_2O|Hg_2SO_4|Hg$$

ist diese Vorsichtsmaßregel überflüssig, da sein Temperaturkoëffizient im Mittel nur $-0,00001315$ Volt ist. Bei 0^0 beträgt seine elektromotorische Kraft 1,02551 Volt. Innerhalb der Temperaturen von 0^0 bis 26^0 besteht nach JÄGER und WACHSMUTH für das WESTON-Element die Beziehung:

$$\pi_t = 1,0186 - 0,000038\,(t - 20^0) - 0,00000065\,(t - 20^0)^2.$$

Gemäß der HELMHOLTZschen Gleichung kann die elektromotorische Kraft einer reversiblen Kette aus der Wärmetönung nur dann genau berechnet werden, wenn gleichzeitig auch der Temperaturkoëffizient bekannt ist. Da nun an der Richtigkeit jener Gleichung ein Zweifel nicht mehr besteht, so ist durch den Vergleich der berechneten und empirischen elektromotorischen Kraft einer Kette die Theorie der in derselben vor sich gehenden chemischen Prozesse bis zu einem gewissen Grade kontrollierbar.

Von besonderem Interesse ist es, eine derartige Rechnung für die Akkumulatoren durchzuführen, nachdem STREINTZ den Temperaturkoëffizienten derselben zu $+\,0,00032$ Volt ermittelt hat. Die Wärmetönung der an der Anode und Kathode vor sich gehenden Prozesse eines Akkumulators bezogen auf 1 g-Atom Blei ergibt sich zu:

$$Q = 84960 \text{ cal.}$$

Daraus ergibt sich bei 15^0

$$\pi = \frac{84960}{2 \cdot 22782} + 288 \cdot 0,00032 = 1,957 \text{ Volt.}$$

Dieser theoretische Wert stimmt mit der Beobachtung gut überein, es kann demnach auch hierdurch die im vorigen Kapitel erörterte Theorie des Chemismus der Akkumulatoren, welche bei obiger Rechnung zugrunde gelegt wurde, also die Gleichung

$$Pb + 2\,H_2 \cdot \cdot SO_4'' + Pb\,O_2 \rightleftarrows Pb \cdot \cdot SO_4'' + 2\,H_2O + Pb \cdot \cdot SO_4''$$

als bestätigt gelten.

§ 4. Erklärung der sekundären Wärme.

Von den sekundären Wärmen der reversiblen Ketten hat JAHN auf Grund seiner Versuche nachgewiesen, daß sie auf Peltierwärmen zurückzuführen sind. Bekanntlich tritt beim Übergang des elektrischen Stromes von einem Metall zum andern an der Lötstelle beider, und zwar nur an dieser, eine Wärmetönung auf, die ihr Vorzeichen je nach der Richtung des Stromes wechselt. Diese Erwärmung bezw. Abkühlung nennt man nach ihrem Entdecker die Peltierwärme. Sie ist der ersten Potenz der Stromstärke proportional, hängt aber im übrigen in noch nicht näher bekannter Weise von der substantiellen Natur der Leiter ab. Am deutlichsten läßt sich diese Wärme mittels eines aus Antimon und Wismut zusammengesetzten Stabes zeigen, wenn letzterer dick genug, und der Strom nicht zu stark ist, so daß die Joulewärme gering bleibt. In Fig. 80 ist K ein Glaskolben von 4 cm Durchmesser. r ist ein Ansatzrohr, welches durch den Schlauch s mit einem der Manometer des Thermoskops (Fig. 79) zu verbinden ist. In den Tuben t_1 und t_2 ist mittels dicht schließender Pfropfen der 8 mm dicke Stab befestigt, welcher aus einem Antimonstück Sb und einem Wismutstück Bi besteht, die beide bei l mittels der Stichflamme aneinander geschmolzen sind. Die Enden des Stabes werden an eine Batterie aus zwei Akkumulatoren angeschlossen, in deren Stromkreis ein Kommutator, und wenn nötig, noch ein Widerstand von 1 bis 2 Ohm einzuschalten ist. Geht nun der Strom vom Antimon zum Wismut, so steigt die Manometerflüssigkeit in wenigen

Minuten um etwa 40 mm, ein Zeichen, daß sich die Lötstelle l erwärmt. Nach der Umkehr der Stromrichtung aber sinkt die Manometerflüssigkeit infolge der Abkühlung bei l unter das ursprüngliche Niveau 20 bis 30 mm herab und steigt bei der Unterbrechung des Stromes allmählich wieder empor, indem die Lötstelle Wärme aus der Umgebung aufnimmt.

Solche Peltierwärmen machen sich nun auch deutlich bemerkbar, wenn der Strom zwischen einem Leiter erster Ordnung und einem Elektrolyten übergeht, während sie an der Grenzfläche zweier Elektrolyte gering sind. JAHN hat die Peltierwärmen an den Kontaktstellen der Metalle und der Lösungen ihrer Salze bestimmt. Aus den Daten er-

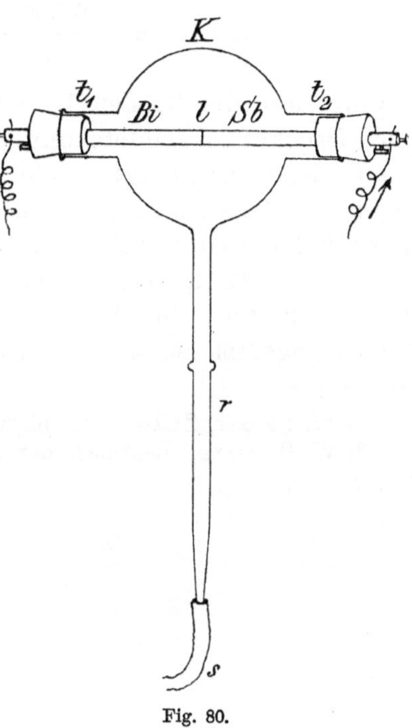

Fig. 80.

gab sich, daß die sekundäre Wärme eines galvanischen Elementes mit der algebraischen Summe der an den Elektroden auftretenden Peltierwärmen übereinstimmt. Die sekundäre und die Peltierwärme sind demnach wahrscheinlich identisch, was auch daraus hervorgeht, daß erstere ihr Vorzeichen wechselt, wenn ein Strom in umgekehrter Richtung das galvanische Element passiert.

§ 5. Schlußbemerkung.

Für die elektromotorische Kraft einer galvanischen Kette sind zwei Gleichungen aufgestellt worden, die eine von HELMHOLTZ, welcher den rein thermodynamischen Weg einschlug, die andere von NERNST, der den osmotischen Druck zugrunde legte. Den Zusammenhang beider Gleichungen hat schon

NERNST[1]) selbst für die Konzentrationsketten erbracht. Ferner hat OSTWALD[2]) indem er von der NERNSTschen Gleichung

$$\pi = \frac{0,0002}{n} \cdot T \cdot \log \frac{P_1}{P_2}$$

ausging, auf die Größen P_1 und P_2 die Gesetze des osmotischen Druckes anwendete und so rechnerisch zur HELMHOLTZschen Gleichung gelangte, die Vereinbarkeit beider Anschauungen ebenfalls gezeigt, was sich auch bei den verschiedensten Spezialfällen später weiterhin bewährt hat.

Demgemäß ist die osmotische Theorie der galvanischen Stromerzeugung, in deren Sinne der Abschnitt III dieses Buches abgefaßt ist, auch thermodynamisch begründet.

---

[1]) W. NERNST, Zeitschr. für physik. Chem. 4, 162, (1889).
[2]) W. OSTWALD, Lehrbuch der allgemeinen Chemie. Leipzig 1893, II. 858.

Autorenregister.

Sachregister.